Étude technique 63f

La technologie, le rôle des sexes et le pouvoir en Afrique

Patricia Stamp

Titre original de l'ouvrage : *Technology, Gender, and Power in Africa*

© International Development Research Centre 1989

© Centre de recherches pour le développement international 1990
Adresse postale : CP 8500, Ottawa, Ont. (Canada) K1G 3H9

Stamp, P.
                                                                                            IDRC-TS63f
   La technologie, le rôle des sexes et le pouvoir en Afrique. Ottawa, Ont., CRDI, 1990.
x + 213 p. (Étude technique / CRDI)

   /Rôle des femmes/, /transfert de technologie/, /changement social/, /Afrique/ — /droits de la femme/, /prise de décision/, /autoassistance/, /conditions économiques/, /besoins de recherche/, /organisation de la recherche/, références.

CDU : 396:001.92(6)   ISBN : 0-88936-537-7

Révision : Lise Proulx-Thérien

Édition microfiche offerte sur demande.

Les opinions émises dans la présente publication sont celles de l'auteure et ne reflètent pas nécessairement celles du Centre de recherches pour le développement international et de la Fondation Rockefeller. La mention d'une marque déposée ne constitue pas une sanction du produit ; elle ne sert qu'à informer le lecteur.

Résumé / Abstract / Resumen

Résumé — L'auteure montre que l'étude des rapports des sexes et le pouvoir de la femme sont au coeur de l'évaluation des efforts de développement en Afrique. Elle explore l'interaction du transfert technologique et des facteurs liés au sexe à l'aide d'études de cas et d'exemples tirés de la littérature du développement en agriculture, santé et nutrition et de l'ensemble des connaissances sur le féminisme en Afrique. De fausses approches du sujet et les préjugés dont sont empreintes les politiques à tous les niveaux ont entraîné la réalisation de projets inefficaces, voire nocifs. Les idées sur la signification des facteurs liés au sexe ne franchissent pas facilement les frontières entre les disciplines. Dans la partie I, l'auteure présente les différentes perspectives dans lesquelles le sujet a été étudié. Elle fait la critique des perspectives études africaines, études des femmes et études sur le développement et indique des perspectives utiles. L'auteure s'étend longuement sur le fait que le rôle des sexes soit passé sous silence dans les études sur le développement et dans l'aide au développement. Dans la partie II, elle se penche sur les résultats de la recherche sur la femme africaine pour déterminer les facteurs qui la rendent impuissante et la défavorisent ou créent les conditions favorables à sa participation autoritaire au développement. Dans la partie III, l'auteure s'arrête sur les questions et les interrelations qui n'ont pas encore été étudiées et suggère des perspectives intéressantes dans lesquelles placer les futures études sur la femme et la technologie en Afrique. L'auteure estime que l'acquisition d'un pouvoir social, économique et technique par la femme au niveau communautaire est essentielle à l'efficacité des efforts de développement.

Abstract — This book demonstrates that the study of gender relations and the power of women is central to an evaluation of development efforts in Africa. The interactive relationship between technology transfer and gender factors is explored using case studies and examples from the development literature on agriculture, health, and nutrition, as well as from feminist scholarship on Africa. Faulty approaches to the topic and biases at all levels of policy-making have led to ineffective or even harmful projects. Insights about the significance of gender factors do not easily cross the boundaries between different fields of inquiry. Part I presents the different conceptual frameworks within which the topic has been considered. The fields of African studies, women's studies, and development studies are critiqued, and useful approaches are identified. The invisibility of gender in development studies and aid practice is explored at length. Part II examines the research findings of African women to identify the factors that either render women powerless and disadvantaged or create the conditions for their authoritative participation in development. Part III identifies issues and interrelations that have not been addressed in previous research and suggests promising ways to frame future research on women and technology in Africa. The social, economic, and technical empowerment of women at the community level is seen as vital to effective development efforts.

Resumen — Este libro demuestra que el estudio de las relaciones entre los sexos y el poder de las mujeres es fundamental para evaluar los esfuerzos que se hacen con el fin de desarrollar a Africa. En sus páginas se explora la interacción entre la transferencia tecnológica y los factores relacionados con ambos sexos utilizando estudios y ejemplos extraídos de la bibliografía del desarrollo sobre agricultura, salud y nutrición, así como del conocimiento feminista sobre Africa. Enfoques erróneos sobre el tema y prejuicios en todos los niveles de formulación de políticas han conducido a proyectos inefectivos o incluso dañinos. Los conocimientos acerca de la importancia de factores relacionados con el hecho de pertenecer al sexo masculino o femenino no se transmiten fácilmente entre diferentes campos de estudio. En la Parte I se presentan los diferentes marcos concetuales de trabajo dentro de los cuales se ha considerado el tópico. Se hace una evaluación crítica de los campos de estudios sobre Africa, las mujeres y el desarrollo y se identifican enfoques provenchosos. Se explora extensamente el papel invisible que ha desempeñado el sexo en los estudios sobre el desarrollo y en las prácticas de prestación de ayuda. En la Parte II se examinan los resultados de la investigación realizada sobre las mujeres africanas con el fin de identificar los factores que las despojan del poder y las dejan en situación de desventaja o bien crean las condiciones para que participen con pleno derecho en el proceso de desarrollo. En la Parte III se identifican cuestiones e interrelaciones no tratadas en investigaciones anteriores y se sugieren maneras promisorias para enmarcar investigaciones futuras sobre las mujeres y la tecnología en Africa. La concesión de autoridad a las mujeres en los niveles social, económico y técnico de la comunidad se considera como vital para que sean efectivos los esfuerzos en la esfera del desarrollo.

Table des matières

Avant-propos vii

Préface ix

Remerciements x

Introduction 1

Partie I : Cadres conceptuels 9

   1. Les domaines de la connaissance 10
      Études de la femme en Afrique : un historique 13
      Théories féministes : un classement 17
      Économie politique féministe et l'étude des femmes africaines 22

   2. Conceptualisation de la question de la technologie, du rôle des sexes
      et du développement 30
      Absence persistante de la question du rôle des sexes 31
      Rôle des sexes, santé et nutrition : démarches conceptuelles 36
      Questions du rôle des sexes et de la femme dans les foyers de
      recherche-action 44

**Partie II : Transfert de technologie : rôle des sexes et pouvoir dans
le village et la famille** 53

   3. Technologie, rôle des sexes et développement en Afrique : les
      constatations 54
      La femme africaine et la technologie 54
      Politique de la technologie et du rôle des sexes 60
      Transfert de technologie et recul du pouvoir féminin 74
      Importance des formes populaires d'organisation féminine 82

   4. Économie politique féministe 87
      Rapports entre les sexes et groupes d'entraide féminins 88
      Cas d'économie politique féministe 99

Partie III : Nouvelles démarches 109

   5. Nouvelles questions de technologie, du rôle des sexes et
      de développement 110
      Introduction 110
      Les six catégories 111

      Vers une nouvelle synthèse 113
      Associations féminines et systèmes fondés sur le rapport entre
         les sexes 116
      Aspects clés négligés de la transformation sociale 120
      Problème des frontières 127
      Qui fait la recherche ? 128

6. Problèmes conceptuels de l'étude de la question des femmes et du
        développement 130
      Introduction 130
      Dichotomie domaine public/domaine privé 132
      «Famille» et «sphère domestique» 136
      L'économique comme plan socialement déterminant de la société . 139
      Le «traditionnel» 142
      La nature de la «nature» 145
      Affranchissement des connaissances étouffées 151

7. Établissement d'un cadre pour les recherches futures 156
      Classement des systèmes fondés sur les rapports entre les sexes . . 156
      Solution du problème des frontières 160
      Organisation de la diffusion de la technologie 161
      Inventaire des initiatives fructueuses 162
      Transformation de la relation d'aide spécialiste–bénéficiaire . . . 170

Bibliographie 185

Sigles et abréviations 203

Index, matière et auteurs 207

Avant-propos

Ce n'est que ces dernières années que les chercheurs ont commencé à examiner les liens entre la technologie et les sexes. Ce rapport a été élaboré au départ en prévision d'une réunion qui a eu lieu à New York les 26 et 27 février 1989 et qui visait à dresser le bilan de la documentation spécialisée disponible sur la question de la technologie, du rôle des sexes et du développement. Parrainée conjointement par la Fondation Rockefeller et le Centre de recherches pour le développement international (CRDI), cette rencontre a permis à un petit groupe de chercheurs et de spécialistes des pays en développement et du monde industrialisé d'échanger des idées sur les lacunes de la bibliographie traitant des rapports entre la santé, l'agriculture, le rôle des sexes et le développement.

Une des grandes constatations qui sont ressorties de cette réunion est que, pour la majeure partie de la population féminine du Tiers-Monde, la technologie est un échec. Les participants se sont attachés aux technologies du domaine de la santé ayant pour objet la nutrition, la limitation de la reproduction et l'amélioration des soins destinés aux enfants, ainsi qu'aux technologies agricoles liées à la mécanisation, aux variétés de semences à rendement élevé, aux engrais, aux pesticides, aux herbicides, à la transformation alimentaire, aux sélections végétales et au génie génétique. Ils se sont accordés à dire que la plupart des technologies mises au point n'avaient pas rempli efficacement leur mandat. Souvent, elles ne sont pas utilisées ou leur usage est intermittent ou fautif. Elles se fondent le plus souvent sur les modèles de l'Occident et la perception qu'entretient le monde occidental sur les aspirations et les besoins de la population des pays en développement. Loin d'être neutres, ces technologies sont porteuses de valeurs.

L'auteure de cet exposé étudie les liens entre la technologie, le pouvoir et les sexes. Elle fait une recension poussée des études spécialisées et offre plusieurs suggestions éclairées en vue de la création et de l'utilisation de technologies plus efficaces et plus appropriées. Cette publication se révélera sans doute un précieux instrument d'enseignement et de recherche pour les chercheurs, les planificateurs et les étudiants qui s'intéressent au domaine du développement.

Eva M. Rathgeber
Coordonnatrice, section Rôle des sexes et développement
Centre de recherches pour le développement international

Préface

Cet ouvrage est né d'un projet réalisé conjointement par le Centre de recherches pour le développement international (CRDI) et la Fondation Rockefeller. En 1986, ces deux organismes ont commandé un certain nombre d'études sur la question du rôle des sexes, de la technologie et du développement dans le Tiers-Monde. La première version du présent document figure parmi ces études. Elle avait pour objet les façons dont les diverses formes d'organisation communautaire en Afrique, tant africaines qu'imposées de l'extérieur, influent sur l'introduction et l'utilisation soutenue de technologies en agriculture, en santé et en nutrition. Le rapport devait comprendre quatre grands thèmes : les démarches conceptuelles existantes sur le sujet, les principaux résultats de la recherche en insistant sur les points d'accord et de désaccord, les questions et relations non examinées dans les recherches antérieures et les aspects prometteurs du sujet dans le cadre de recherches futures.

On a étendu considérablement le champ d'examen à l'occasion des révisions substantielles en 1987 et en 1988 ; certaines voies d'investigation ont été exploitées et des références se sont ajoutées. Tout en retenant l'organisation initiale de la matière selon les quatre thèmes précités, le document a élargi son propos, s'intéressant aussi bien aux transferts de technologie qu'à toute une gamme de questions sur les femmes et le développement (FED). Nous espérons donc que cette publication sera utile non seulement à ceux qui se spécialisent dans les transferts de technologie, mais aussi à un public plus général comprenant chercheurs et praticiens pour qui les questions du rôle des sexes et du développement, et en fait tout le domaine de l'économie politique du Tiers-Monde, présentent un intérêt.

Remerciements

Je me dois de témoigner toute ma gratitude à plusieurs personnes au CRDI. Richard Wilson, directeur de la Division des sciences de la santé, et Eva Rathgeber, coordonnatrice de la section Rôle des sexes et développement, m'ont soutenue et encouragée aux différents stades de mon projet. Margo Hawley, spécialiste du service de référence de la bibliothèque du CRDI, a entrepris à mon intention une vaste recherche documentaire avec l'enthousiasme, l'imagination et l'efficacité qu'on lui connaît et m'a donné accès à une grande diversité de documents. À Toronto, mon assistante à la recherche, Vuyiswa Keyi, m'a été d'une aide précieuse en repérant les sources et en formulant les questions devant servir à l'examen de la bibliographie. Tous mes remerciements vont à mon mari, M. Stephen Katz, pour ses judicieuses suggestions, son aide «tactique» et la façon dont il a appuyé l'intense activité de manipulation électronique que représente la production d'un document de ce genre.

Introduction

Selon Achebe (1983), la technologie est une attitude d'esprit, et non pas un agencement d'objets fabriqués. La technologie occidentale telle qu'éprouvée par les sociétés du Tiers-Monde depuis un quart de siècle confirme la sagesse de cet énoncé. Les transferts massifs de technologie, sous forme d'objets fabriqués et de connaissances, ont souvent été accompagnés d'erreurs d'utilisation, d'affectation ou de perception par les pays bénéficiaires. Nulle part ailleurs qu'en Afrique n'a-t-on subi des conséquences aussi négatives, les femmes, les enfants et les collectivités ayant été particulièrement touchés.

Qui faut-il blâmer ? La question a été débattue dans une interminable série de publications et de conférences parrainées par des organismes donateurs, des universitaires et des organisations non gouvernementales. Pour trouver la réponse et aller au-delà des reproches adressés aux auteurs ou aux bénéficiaires du transfert de technologie, nous devons pousser quelque peu l'idée d'Achebe (1983) et voir dans la technologie une construction et une pratique sociales, à savoir le produit de l'histoire d'une société particulière. Il nous faut en outre reconnaître que les technologies nouvelles, nées des besoins politiques et économiques à une époque donnée de développement dans une société donnée, engendrent de nouvelles forces productrices et créent de nouveaux rapports sociaux. En d'autres termes, le matériel technologique est une sorte de matière première issue de l'expérience historique qui, à son tour, recrée la société.

En Occident où le progrès technologique et le développement économique sont allés de pair, nous ne discernons pas la spécificité historique et culturelle de nos produits, les considérant plutôt comme des objets neutres, les fruits inévitables du progrès disposés de façon à en faciliter la manutention (Achebe 1983). Nous devons maintenant commencer à nous interroger sur les effets de l'utilisation de certaines technologies, depuis les applications informatiques jusqu'à l'emploi de pesticides, sur notre société et l'environnement. Dans l'ensemble, cependant, nous considérons la technologie comme une présence matérielle plutôt qu'une présence sociale. Ceux qui soutiennent, à l'instar des groupements écologiques, que la technologie est une question de conception sociale éprouvent de la difficulté à se faire entendre à cause de la perception prédominante de la nature de l'activité technologique.

C'est pourquoi nous avons du mal à comprendre les problèmes de transfert de technologie du Tiers-Monde. Les dirigeants des pays en développement et les spécialistes eux-mêmes, qui se sont pénétrés de notre vision de la technologie comme force socialement neutre, connaissent les mêmes difficultés. Les critiques des pays du Tiers-Monde trouvent rarement des moyens légitimes politiquement de contester cette vision. Ainsi, toute étude des problèmes de transfert de technologie doit prêter une attention particulière aux cadres conceptuels qui façonnent notre connaissance des relations entre les pays développés et les pays en développement. Il convient notamment de procéder à un examen critique de la façon dont ces cadres définissent les problèmes du Tiers-Monde.

Heureusement pour le développement du Tiers-Monde et notre compréhension du domaine, la question du rôle des sexes attire maintenant l'attention. Le mouvement féministe a suscité une quête de réponses à deux questions clés concernant les transferts de technologie. On doit d'abord se demander si le résultat envisagé est réellement le développement. Si les femmes et, de manière implicite mais non toujours évidente, les enfants ne sont pas les bénéficiaires absolus, on peut conclure que la société elle-même n'a rien reçu d'utile. Par exemple, les initiatives dites de «technologie appropriée» n'ont souvent pas été convenables à la femme. L'émergence d'une sensibilisation morale et scientifique au fait avéré que les femmes forment la moitié de l'humanité et que les rapports des sexes sont une force agissante dans la société aussi fondamentale que les relations économiques ou les structures politiques constitue la réalisation majeure du féminisme au cours des 15 dernières années. Il n'y a donc pas d'économie politique qui soit neutre du point de vue des sexes, comme le constatent ceux qui se donnent la peine de pousser leurs recherches. Dans le discours lié au développement, les femmes ne sont plus entièrement absentes, même si leur «temps d'antenne» est encore loin de correspondre à celui des hommes.

La seconde question est étroitement liée à la première. Vu la tendance à évaluer le transfert de technologie à la lumière des rapports entre les sexes, on doit se demander si les réalités sociales du Tiers-Monde ont été prises en compte convenablement dans les programmes et les études ayant pour objet le transfert de technologie. Il n'est plus possible de considérer la technologie uniquement comme un produit, ni d'éviter la tâche difficile que constitue l'examen de nos hypothèses de base concernant les sociétés du Tiers-Monde. On peut juger de la rigueur scientifique des diverses études sur le développement ainsi que de leur valeur en examinant la place accordée aux questions du rôle des sexes.

Voilà les questions qui intéressent cet ouvrage. Le principe de l'assimilation de l'évolution technologique à un processus social est implicite au mandat de cette étude. Il nous est cependant impossible d'examiner les processus sociaux sans nous attacher aux liens dialectiques que nous venons de mentionner. Tout nouvel élément technologique, qu'il provienne du parc technologique occidental ou qu'il corresponde à une perception des besoins des collectivités du Tiers-Monde, véhicule des suppositions au sujet de l'organisation sociale favorables à sa mise en application. Les structures communautaires, depuis les structures familiales jusqu'aux organismes féminins, n'ont donc pas été des récipiendaires purement passifs des apports technologiques. Elles se sont plutôt activement réajustées en fonction des exigences des nouvelles technologies ou elles ont rejeté ou réorienté les usages prévus de ces mêmes technologies. La nouvelle technologie a nettement rempli sa fonction lorsque le transfert technologique a été conçu en fonction des besoins réels, tels que perçus par les bénéficiaires, et de relations sociales pleinement comprises.

En Afrique, agriculture, santé et nutrition sont largement la responsabilité des femmes. Un transfert de technologie réussi dans ces secteurs sera, par conséquent, celui qui «habilite» les femmes, renforce au lieu d'affaiblir leur participation communautaire et leur pouvoir de prise de décision dans le village et la famille. Trop souvent, l'inverse s'est produit avec des répercussions très néfastes. La nouvelle technologie n'a pas produit l'effet désiré et, par surcroît, les femmes africaines se sont retrouvées avec une charge de travail augmentée, un statut diminué au sein de la famille, une participation réduite aux activités communautaires impliquant les autres femmes et la perte de leurs droits à la propriété des ressources. Ces circonstances nuisent à la capacité de la femme de s'acquitter de ses responsabilités traditionnelles dans les domaines de la production, de la santé et de la nutrition, ainsi que des nouvelles responsabilités créées par le développement. Et pourtant, les études antérieures ont eu tendance à s'attacher aux questions d'adoption de technologie à l'exclusion des problèmes suscités par l'entretien et le contrôle de l'exploitation des nouvelles technologies (Bryceson 1985:8). C'est dans cette optique que nombre d'études ont vu dans le village et la famille des obstacles à l'évolution technologique plutôt que des participants dynamiques à son acceptation, à sa modification ou à son rejet. Qui plus est, cette orientation a occulté les effets de la technologie sur les rapports sociaux.

C'est pourquoi les efforts de planification appuyés par les organismes de développement se sont si souvent soldés par un échec. Mohammadi (1984:80), de la Commission économique et sociale pour l'Asie et le Pacifique (Economic and Social Commission for Asia and the Pacific), exprime l'avis que, à tous les égards, les tentatives de sensibilisation des planificateurs et de réorientation des mécanismes de planification nationale en vue d'accroître la participation des femmes n'ont pas donné de résultats appréciables ; par contre, la formation que ces dernières recevaient dans le but de prendre part aux activités nécessitant une prise de décision et une planification au niveau local avait des effets étonnamment rapides et considérables. Cette participation n'est jamais aussi importante que dans les questions de transfert de technologie. Les femmes sont les productrices primaires et les responsables des soins de santé des collectivités africaines ; elles sont les utilisatrices premières de la technologie qui exerce un effet le plus immédiat sur le bien-être économique, la santé et l'état nutritionnel de la famille africaine.

Dans cette étude, nous nous attacherons tout particulièrement au caractère dialectique du transfert de technologie, phénomène qui a pour effet soit de démunir, soit de renforcer les femmes des villages face aux tâches liées au développement véritable. Nous nous soucierons beaucoup moins du moment où le transfert s'effectue que des modes complexes d'interaction des technologies nouvelles et de la société. Nous verrons en outre que les problèmes auxquels s'attaquent les nouvelles technologies sont souvent le résultat d'une interprétation sociale. La faim, la sécheresse, la pénurie de combustible et la maladie ne sont pas des phénomènes naturels en Afrique. Comme Doyal (1979:100–101) l'affirme et contrairement à ce que l'on croit généralement, les maladies du sous-développement ne sont pas nécessairement liées aux conditions tropicales d'ordre géographique ou climatique. Le choléra, la peste, la lèpre, la variole, la typhoïde, la tuberculose et de nombreuses parasitoses de l'intestin ont tous fait des ravages en Europe occidentale par le passé. Les problèmes de santé de l'Afrique ne doivent pas être considérés comme une fatalité «naturelle» et inéluctable de la vie dans le Tiers-Monde. Il faut plutôt y voir la conséquence d'une évolution historique spécifique. En faisant passer de la sphère du naturel à celle de l'analyse historique et sociologique les problèmes de technologie en agriculture, en santé et en nutrition, nous pourrons ménager une recherche scientifique qui promet des éléments de solution.

La documentation spécialisée sur les femmes et le développement dans le continent africain démontre abondamment qu'une connaissance de l'économie politique nationale et internationale est nécessaire à l'explication des processus qui jouent contre la femme et nuisent au développement. De nombreuses études ont décrit les liens entre les marchés internationaux, la production de biens et l'emprise masculine sur les cultures commerciales, par exemple, avec leurs effets négatifs sur la participation économique et politique des femmes. Les deux chapitres de la première partie exposent l'évolution des domaines de la connaissance en cause dans les différents foyers de recherche-action et présentent les diverses interprétations du problème de la technologie, des sexes et du développement. Un important volet de cet aperçu, présenté au chapitre 1, est un bilan de la genèse de la recherche féministe comme domaine d'examen remettant en question les hypothèses classiques des sciences sociales, ainsi qu'un examen des liens entre ce nouveau domaine et les études africaines. Au chapitre 2, nous portons notre regard sur la question de l'absence persistante de la question du rôle des sexes dans un certain nombre de foyers de recherche-action ; nous passons ensuite à l'étude des problèmes et des possibilités particuliers de la recherche en santé et nutrition pour enfin parler des sources qui contestent les vues conservatrices sur le développement, et notamment des éléments de remise en question venant des femmes africaines (souvent soutenues à cet égard par les éléments progressistes des organismes multilatéraux et bilatéraux).

La partie II passe en revue les résultats de la recherche et examine principalement la communauté où il est possible de dégager les subtilités de l'interaction entre la technologie et les rapports entre les sexes. Bryceson (1985:8) fait remarquer que, dans la majeure partie de la documentation spécialisée actuelle sur les femmes et la technologie, la domination masculine sur les plans culturel et institutionnel est considérée comme un fait historique établi. Les analyses se contentent de constater l'importance et l'incidence de l'avantage des hommes sur les femmes dans l'acquisition et le contrôle de la technologie et ne se livrent pas à une étude approfondie de sa nature. Une cause majeure du problème évoqué par Bryceson (1985) est le manque de spécificité historique et culturelle d'une grande partie des études consacrées à la question des femmes et de la technologie. On retrouve cependant une telle spécificité dans les travaux d'une poignée de spécialistes des sciences sociales, et notamment d'anthropologues et d'historiens, qui se sont employés à expliquer les rapports hommes-femmes dans différentes sociétés africaines. Le chapitre 3 examine les questions de technologie, du rôle des sexes et de développement sur lesquelles les auteurs s'accordent maintenant dans la bibliographie des domaines des femmes et du développement (FED) et des femmes et de la technologie. Le chapitre 4 examine les analyses des relations entre les sexes en Afrique qui peuvent fournir un cadre d'examen des questions présentées au chapitre 3. En première partie, il analyse ces rapports sur le continent africain à l'aide d'une étude de cas de groupes d'entraide féminins au Kenya. En cours d'analyse, il en arrive à recommander que la question des relations hommes-femmes en Afrique soit étudiée sous un angle particulier, à savoir la démarche de l'économie politique féministe (terme introduit et expliqué au chapitre 1). Dans le même chapitre, des résumés de deux études de chercheurs féministes africains sont présentés en seconde partie en vue de démontrer le bien-fondé de l'orientation proposée.

Un des principaux buts de cet ouvrage est d'indiquer comment les vues conjuguées de la recherche FED et de la démarche de l'économie politique féministe pourraient constituer la base des recherches futures sur les transferts de technologie. Un problème de frontières existe non seulement entre domaines de recherche dont l'interaction demeure insuffisante, mais aussi entre réseaux d'élaboration de politiques qui se sont fréquemment révélés incapables de tirer mutuellement parti des connaissances acquises. Selon Patricia Kutzner du World Hunger Education Service (communication personnelle, 1986), l'incapacité du réseau des politiques alimentaires de puiser à même les ressources du réseau des études féminines est un bon exemple de ces lacunes. C'est pourquoi la partie III s'intéresse aux questions et aux relations nouvelles qui pourraient orienter les recherches futures et supprimer les limites des démarches passées. Les chapitres 5 et 6 présentent ces questions et rapports, étayant l'exposé d'exemples pour nous convaincre de l'efficacité de l'orientation proposée, et examinant les problèmes conceptuels reconnus par la documentation spécialisée. Le chapitre 7 décrit cinq tâches, chacune recourant à sa propre méthode, comme façons concrètes susceptibles d'«encadrer» le sujet en vue des recherches futures.

L'étude fait intervenir plusieurs paramètres essentiels. Le premier est d'ordre géographique, puisque nous avons voulu exclure l'Afrique au nord du Sahara de notre examen. Bien qu'il n'existe pas de ligne de démarcation très précise entre l'Afrique «noire» et l'Afrique arabe et qu'on dispose de toute une série d'arguments pour prouver l'union historique et culturelle des deux Afriques, il existe une convention dans les études africaines qui considère l'Afrique noire comme secteur géographique et culturel distinct. Malgré leur grande diversité, les pays de cette région de l'Afrique possèdent en commun des thèmes historiques ainsi que des possibilités et des contraintes environnementales. Les sociétés africaines ont développé des réactions communes à ces possibilités et contraintes tandis que leurs ancêtres, répartis en quatre grands groupes linguistiques, ont peuplé le continent au cours de milliers d'années de migration et de colonisation fructueuses. Par la suite, à l'époque du mercantilisme et pendant l'ère coloniale, elles ont toutes subi de lourdes pertes en ressources humaines et ont vu leur intégrité économique et politique s'effriter aux mains des Européens. Le rôle considérable des femmes dans la production économique et une situation socio-économique et idéologique concomitante se trouvait au coeur même de la nature de la société africaine d'avant le colonialisme. Bien qu'inférieure à celle des hommes, cette situation semble avoir été beaucoup plus favorable que celle des femmes des autres régions du monde. Depuis lors, les femmes ont vu se détériorer leur autonomie et leur autorité traditionnelles. Une des tâches fondamentales du développement dans l'Afrique d'aujourd'hui est la découverte des façons dont les femmes pourraient recouvrer le pouvoir de prise de décision et le contrôle qu'elles exerçaient autrefois sur les ressources.

Notre deuxième paramètre est d'ordre linguistique. Afin de limiter la matière et en raison de ma connaissance limitée du français, l'Afrique anglophone constitue la base de cette étude. Je voudrais cependant faire remarquer que, bien que les différences de stratégies coloniales et postcoloniales aient fait emprunter des voies distinctes à l'Afrique francophone et anglophone et que la tradition intellectuelle française ait déterminé des particularités de traitement théorique et d'orientation de recherche, la langue des colonisateurs n'est pas une source de différences appréciables dans les expériences décrites ici. Les exemples sont tirés d'un grand nombre de pays en vue d'illustrer à la fois les problèmes et les voies de recherche fécondes qu'on retrouve dans la documentation spécialisée. Les études de cas intéressent deux pays en particulier, le Kenya et le Nigéria. Les travaux de recherche sont abondants dans ces deux pays et viennent de chercheurs tant locaux qu'étrangers. Dans les deux pays on a beaucoup étudié les rapports entre les sexes et la situation des femmes et illustré les problèmes et les possibilités pour les femmes que présentent les relations hommes-femmes contemporaines en Afrique ; les deux fournissent des exemples de sociétés pastorales et agricoles ayant à faire face aux dilemmes du développement. Il existe cependant plusieurs différences importantes, notamment l'urbanisation plus poussée, l'importance de la participation des femmes au commerce et la présence appréciable de l'islamisme au Nigéria. Le Kenya, pour sa part, compte une proportion moins grande de musulmans et a le christianisme comme religion dominante. Une dernière différence intéresse la recherche sur la question de la femme et du rôle des sexes : les études médicales abondent au Nigéria, mais sont relativement peu nombreuses au Kenya ; en revanche, de nombreuses études sociologiques et anthropologiques, dont d'excellents travaux théoriques, ont été effectuées au Kenya, la somme des travaux de recherche en sciences sociales au Nigéria étant moins intéressante.

Un troisième paramètre exclut l'étude de la participation des femmes à la technologie «développée» que représente la production industrielle. Plus particulièrement en Afrique du Sud et au Swaziland, les femmes sont attirées vers le genre de salariat industriel léger que l'on a si bien décrit en Asie du Sud-Est. Les mutations qu'a subies la division internationale du travail au cours des 20 dernières années ont de plus en plus déplacé les activités de production dans les domaines comme l'électronique et le textile vers des pays en mesure de fournir aux entreprises multinationales une main-d'oeuvre bon marché habituellement constituée de jeunes femmes. L'Afrique n'échappe pas à cette tendance et les conséquences peuvent être profondes pour la femme africaine comme elles l'ont été ailleurs.

L'examen de ces conséquences dépasse la sphère de cette étude. Dans cet exposé ayant pour objet les technologies liées à l'agriculture, à la santé et à la nutrition, nous nous attachons au caractère foncièrement rural des sociétés africaines. Alors que les villes en expansion rapide étaient l'objet de grande attention et que l'industrialisation devenait un important sujet d'analyse, la majorité des Africains avaient rarement, ou jamais, la chance de connaître la production industrielle avancée. Pour les femmes en particulier, on doit identifier les problèmes et trouver des solutions au niveau local. Nous laissons à d'autres auteurs les questions techniques plus générales susceptibles d'être examinées dans l'importante documentation spécialisée sur l'urbanisation, l'industrialisation et les femmes et le travail en Afrique.

Le dernier paramètre présente un caractère plus aléatoire. Les documents traitant de technologie et de développement, d'une part, et de la question des femmes et du développement, d'autre part, sont si abondants qu'aucun bilan ne pourrait embrasser et encore moins commenter de façon significative toutes les études publiées dans ce domaine. Nous présentons néanmoins un aperçu de cette documentation qui, autant que nous sachions, décrit avec précision les différentes écoles de pensée, orientations et données que l'on retrouve dans la documentation. Le lecteur remarquera que nous n'avons pas divisé la bibliographie entre auteurs africains et non africains. Comme notre exposé le montre, les Africains apportent leur contribution à chacun des cadres conceptuels ; l'ethnie et la race ne peuvent servir de base à un classement. Il n'existe pas de démarche proprement «africaine», bien que les Africains s'inquiètent de ce que la pensée africaine soit dominée par les valeurs occidentales.

Il n'est pas dans les intentions de cette étude de discréditer tous les transferts de technologie. Il existe maints cas d'adoption fructueuse de technologies au profit des femmes et des collectivités, depuis les épingles de sûreté jusqu'aux machines à coudre en passant par les puits, les moulins et les bains antiparasitaires. Le projet parrainé conjointement par le CRDI et la Fondation Rockefeller visait cependant à comprendre les problèmes suscités par le phénomène de la technologie et du rôle des sexes en Afrique, et non pas à louer les merveilles technologiques destinées au Tiers-Monde. C'est pourquoi nous consacrons une grande partie de notre exposé au comment et au pourquoi de l'échec du transfert de la technologie et aux moyens d'en garantir la réussite.

Partie I

Cadres conceptuels

1   Les domaines de la connaissance

Les problèmes liés à la technologie et au rôle des sexes en Afrique ne tiennent pas à l'absence de connaissances, mais à leur morcellement. La compréhension des phénomènes est structurée selon différents cadres conceptuels issus de la diversité des intérêts et des orientations des chercheurs de divers secteurs d'activité (professions, organismes ou domaines). En outre, un grand nombre d'auteurs qui ont étudié l'Afrique n'ont traité de la technologie, s'ils se sont intéressés à cet aspect, que d'une manière accessoire ou purement descriptive et y ont vu un produit de l'époque plutôt qu'une force sociale agissante. Ce n'est qu'en considérant les cadres conceptuels généraux que nous pourrons élucider les suppositions sous-jacentes aux explications de l'interaction entre la technologie, le rôle des sexes et le développement. Dans l'exposé qui suit, il devient évident que, dans un grand nombre d'explications, la conceptualisation des liens entre le rôle des sexes et la technologie n'a pas été réalisée.

Un autre aspect du morcellement de la connaissance est la pluralité des foyers de recherche et d'action en ce qui concerne le développement du Tiers-Monde en général et les transferts de technologie en particulier. Les connaissances acquises par chacun de ces foyers ne sont pas facilement partagées ni même recherchées par les autres foyers, bien que chercheurs et décideurs se déplacent individuellement entre ces foyers, permettant ainsi une diffusion des idées et des informations. Ces foyers se répartissent en cinq catégories : organismes de recherche savante ou universitaire, organismes multilatéraux, organismes bilatéraux de recherche et de développement, organismes non gouvernementaux (ONG) et organismes publics africains.

Pour les besoins de notre étude, le terme «recherche savante» ou «recherche universitaire» comprendra les activités de recherche telles qu'entreprises en Occident, en Afrique et dans l'ensemble du Tiers-Monde.

On compte quatre types d'organismes multilatéraux. Il y a d'abord des organismes onusiens tels l'Organisation internationale du travail (OIT), l'Organisation pour l'alimentation et l'agriculture (FAO ou OAA), l'Organisation mondiale de la santé (OMS), l'Institut international de recherche et de formation pour la promotion de la femme (INSTRAW), la Commission économique pour l'Afrique (CEA), l'Institut des Nations Unies pour la formation et la recherche (UNITAR), le Fonds des Nations Unies pour l'enfance (UNICEF ou FISE), le Programme des Nations Unies pour le développement (PNUD) et l'Organisation des Nations Unies pour l'éducation, la science et la culture (Unesco). On compte ensuite des organismes à vocation financière comme la Banque internationale pour la reconstruction et le développement (BIRD ou Banque mondiale) et le Fonds monétaire international (FMI). On peut ranger dans une troisième catégorie des organismes régionaux africains comme l'Organisation de l'unité africaine (OUA) et le Centre africain de recherche et de formation pour la femme (ATRCW). Il y a enfin les organismes multilatéraux divers : Fonds international de développement agricole (FIDA), Secrétariat pour les pays du Commonwealth, etc.

Parmi les organismes bilatéraux de recherche et de développement figurent le CRDI, l'Agence canadienne pour le développement international (ACDI), la United States Agency for International Development (USAID), l'Office central suédois pour l'aide au développement international (SIDA), l'Agence danoise pour le développement international (DANIDA), le Centre de recherches sur la coopération avec les pays en développement (RCCDC de la Yougoslavie) et le Centre for Development Research (CDR du Danemark).

Les organismes non gouvernementaux appartiennent soit à l'Occident soit au Tiers-Monde (et à l'Afrique en particulier). Au nombre des organismes occidentaux, on compte les fondations, les organismes des Églises et des organismes spécialisés comme l'Equity Policy Center, la Fédération internationale pour le planning familial et le Centre for Development and Population Activities (CDPA) ; des organismes de regroupement comme le Conseil canadien pour la coopération internationale (CCCI) et le World Hunger Education Service (WHES) ; et des instituts de recherche comme ISIS International (on peut trouver dans ISIS International 1983 une liste utile d'ONG et d'organismes de développement publics et internationaux). Comme exemples d'organismes du Tiers-Monde et de l'Afrique, mentionnons l'Association des femmes africaines pour la recherche sur le développement (AFARD), le Development Alternatives with Women for a New Era (groupe DAWN) ; et des organismes nationaux comme le Women in Nigeria (WIN), le Maendelao ya Wanawake (Kenya), le Women's Action Group (WAG du Zimbabwe), le Projet de recherche et de documentation sur la femme («Women's Research and Documentation Project» ou WRDP de Tanzanie) et la Babikar Badri Association for Women Studies (Soudan).

Parmi les organismes publics africains jouant un rôle dans ce secteur figurent les ministères chargés du développement rural, des questions féminines, etc. (au Zimbabwe, il s'agit du ministère du Développement communautaire et des Affaires féminines), et des organismes gouvernementaux comme le Kenya Women's Bureau.

Aucun de ces foyers ne se caractérise par un cadre conceptuel unique. Chacun fait toutefois sien un ensemble particulier de vues sur la nature des problèmes associés au transfert de technologie que l'on doit examiner dans le contexte de l'évolution générale de la connaissance dans le domaine des sciences sociales depuis 20 ans.

Le type d'orientation le plus familier est l'éventail des hypothèses au sujet des causes du sous-développement (état faisant du transfert de technologie un problème pour l'Afrique). À une extrémité de cet éventail, on trouve une foule de gouvernements africains et occidentaux et d'organismes comme le FMI et la Banque mondiale qui croient que la principale difficulté du continent africain est un manque de modernisme sous tous ses aspects, que l'intégration à l'économie mondiale est la voie menant au développement et que les politiques ou les structures sociales qui empêchent cette intégration massive sont des obstacles au progrès. En d'autres termes, pour les tenants de ce concept, le problème de la technologie réside dans l'élimination des entraves à son adoption. À l'autre extrémité de l'éventail, il y a ceux qui pensent qu'une intégration aussi générale a engendré une dépendance dangereuse qui constitue elle-même la source du problème, étant au service du régime capitaliste international et non pas de la société d'un Tiers-Monde en développement[1]. Le défi du transfert de technologie consiste dans ce cas à restreindre son incidence négative et à le mettre à l'écoute des besoins sociaux. C'est le point de vue qu'ont adopté un certain nombre d'États africains, les spécialistes de l'économie politique de gauche et un nombre croissant de féministes du Tiers-Monde.

On connaît moins la gamme d'hypothèses au sujet de la nature du problème des sexes dans le Tiers-Monde. Le mouvement féministe, qui a en grande partie nourri la critique de la planification du développement depuis 15 ans, est lui-même une question débattue. L'image médiatique de ce mouvement en Occident a souvent été négative, la femme étant représentée comme une individualiste s'emparant de tout et faisant passer son propre bien-être avant celui de sa famille, de l'autre sexe ou de la société en général. En Afrique comme dans le reste du Tiers-Monde, la femme s'est souvent distanciée des objectifs du féminisme occidental tels qu'elle les percevait. Abstraction faite des préjugés répandus sur le féminisme et les stéréotypes caractérisant celui-ci, il est possible d'analyser la pensée féministe pour en dégager les éléments utiles à une compréhension des rapports entre les sexes et des problèmes de développement en Afrique. La résistance que connaissent la théorie et la recherche féministes de la part des planificateurs, des décideurs et d'une grande partie de la population féminine du Tiers-Monde s'expliquent par une assimilation au féminisme radical, aux assises idéologiques et à orientation polémique, des autres formes de féminisme qui s'appuient sur les études en profondeur telles que menées par les sciences sociales. Les médias et les préjugés populaires ont fait du féminisme radical, qui croit que l'oppression de la femme a des fondements biologiques et l'emporte sur toutes les autres formes d'oppression, la figure de proue de tout le mouvement féministe. L'argument selon lequel de tout temps toutes les femmes ont été opprimées dans toutes les cultures par tous les hommes est un point de vue pessimiste, politiquement peu acceptable et sans fondement scientifique. Il a fait des vues féministes mieux étayées une cible facile pour un «ressac» sexiste.

Une démarche féministe plus raisonnable a consisté à décrire et à théoriser les façons précises dont les femmes ont été et sont opprimées dans la plupart des sociétés humaines. Il s'agissait de produire des modèles de changement basés sur des expériences plus égalitaires du passé et les principes démocratiques du présent. Il s'en dégage un tableau de la genèse des études de la femme comme domaine de recherche au cours des 20 dernières années. On y décrit les diverses expériences qui ont donné les différents cadres théoriques du féminisme occidental. On peut aussi y suivre l'apparition des questions féminines comme objet des études africaines, qui sont elles-mêmes une discipline en cours de développement dans le domaine des sciences sociales. L'examen fait ressortir que la pensée radicale sur la femme n'est pas nécessairement gauchisante (parce qu'elle mettrait l'accent sur les questions de justice sociale et de redistribution des ressources). À l'opposé, on peut

---

1. Les théories de la dépendance et du sous-développement ont une histoire complexe qui s'étend des premiers travaux de Frank (1967) et de Baran (1968), en passant par les applications au contexte africain d'Amin (1972), de Leys (1975) et de Rodney (1972), à l'activisme en nutrition de George (1977, 1979) et de Lappé (1978, 1980). Ces 10 dernières années, on a vu naître des variations sur la théorie de la dépendance comme celle du développement dépendant d'Evans (1979). D'autres chercheurs comme Taylor (1979) ont critiqué la théorie pour son économisme et retenu une optique «modes de production». Dans les pages qui suivent, nous évoquerons certains des arguments exposés dans cet important domaine de la recherche théorique.

dire que l'économie politique radicale n'est pas nécessairement féministe (parce qu'elle s'intéresserait aux questions d'égalité des sexes et de droits de la femme). Qui plus est, ces deux formes de radicalisme peuvent pécher par ethnocentrisme et partager des idées erronées au sujet des sociétés non occidentales qui suivent le courant de la pensée sur le développement.

Par souci de clarté théorique et pour aider les chercheurs et les décideurs soucieux de mieux saisir les questions du rôle des sexes et de se doter d'outils de structuration des données empiriques, je propose que l'on adopte le nouveau point de vue que certains ont choisi pour mieux comprendre les rapports des sexes en Afrique. On peut coiffer du terme «économie politique féministe» les écrits peu abondants mais rigoureux qui présentent ce nouveau point de vue. Bien que fondé sur certaines traditions savantes occidentales, celui-ci évite les déformations ethnocentriques et les erreurs de conceptualisation de ces traditions. Au coeur de l'élaboration de ce cadre se situent les travaux de certains théoriciens du féminisme du Tiers-Monde.

Études de la femme en Afrique : un historique

En Amérique du Nord, les travaux de recherche sur la femme et les études africaines ont une origine commune dans les mouvements populaires des années 60 et du début des années 70. L'élan idéologique suscité par le mouvement des droits et libertés et le pacifisme aux États-Unis a stimulé la recherche sur le néocolonialisme et l'oppression de la femme dans le Tiers-Monde. Les études africaines elles-mêmes sont nées d'un désir de comprendre la civilisation du continent africain d'un point de vue non raciste. Les possibilités nouvelles s'offrant maintenant aux chercheuses, de concert avec la puissance idéologique du mouvement féministe, ont ouvert à deux battants les portes de la recherche théorique et entraîné une remise en question des prémisses mêmes de la démarche occidentale dans le domaine des sciences sociales, sans oublier ses méthodes et ses conclusions.

La première vague des écrits féministes au début des années 70 était populaire, enthousiaste et venait du coeur. Elle se distinguait en partie par son radicalisme débridé. D'une part, les femmes se sont servies du bagage acquis pendant leur éducation libérale des années 60 pour s'en prendre à cette éducation et en critiquer les textes sacrés (Millett 1970 ; Slocum 1975) et, d'autre part, elles ont réorienté l'activisme politique radical des années 60. Le sexisme de l'activisme pacifiste en particulier («les femmes font le café, et non la révolution») a été l'élément déclencheur du mouvement féministe et de la production de ses documents de base (depuis la revue *Ms.* jusqu'au manifeste de la S.C.U.M. ou «Society for Cutting Up Men» (Solanas 1968) et à *Sisterhood is Powerful* (Morgan 1970). Il importe de faire mention de ce mouvement «non savant» d'où viennent l'énergie et les orientations des différentes écoles de pensée féministes qui se sont développées pendant les dernières années de la décennie 70 et les années 80.

La deuxième vague d'écrits féministes est immédiatement issue de la première ; il s'agit du mouvement «savant» en faveur des études de la femme. Des chercheurs reconnus et des étudiants (études universitaires supérieures) formés dans diverses disciplines classiques ont commencé à s'intéresser aux études féministes. Ceux qui ont organisé les premiers cours sur les questions féminines au début des années 70 ont dû éplucher la documentation spécialisée pour en extraire des textes utiles. Les cours sur la femme africaine devaient faire appel à de rares études anthropologiques non sexistes comme celle de Cohen (1969), un recueil d'articles français rapidement diffusé en livre de poche (Paulme 1971) et l'étude désormais classique réalisée par Boserup (1970). La pénurie de documents nous a forcés à mener nos propres recherches (Van Allen 1972 ; Stamp 1975–1976) et à réunir en anthologie nos propres textes et numéros spéciaux de revue (Association canadienne des études africaines [CAAS] 1972 ; Bay et Hafkin 1975 ; Hafkin et Bay 1976). Certains de ces chercheurs avaient commencé à critiquer les idées courantes prônées par les sciences sociales, mais la plupart des travaux du début des années 70 s'inscrivaient dans la tradition libérale et se contentaient d'ajouter les questions féminines à leur champ d'analyse au lieu de se livrer à une remise en question cohérente des études existantes en sciences sociales. Tout cela présentait néanmoins un intérêt capital, car on constituait ainsi une masse critique de données nécessaires à l'élaboration de théories nouvelles sur les relations entre les sexes.

En ce qui concerne les rapports entre féministes activistes et féministes chercheurs, dans l'ensemble, les deux groupes affichaient des expériences de vie différentes et formaient des cultures politiques féministes distinctes. Les chercheurs féministes du Tiers-Monde en particulier ne se souciaient pas directement des problèmes et des luttes des activistes. Ce n'est que lorsque l'attention des activistes d'Amérique du Nord s'est tournée vers le Tiers-Monde vers la fin des années 70 (en grande partie grâce à l'impulsion donnée par la Décennie des Nations Unies pour la femme) que les chercheurs reconnus du domaine des études sur la femme ont été confrontés aux autres formes de féminismes (pour une critique, voir Davies 1983 ; Morgan 1984).

Les années 60 et le début des années 70 furent aussi, pour les études africaines, une époque marquée par le libéralisme. Fidèle aux principes énoncés par Rostow (1971), la sociologie du développement ou la théorie de la modernisation plaçait la société sur une voie rectiligne menant du «traditionnel» au «moderne». Ce concept considérait les pratiques économiques, sociales et idéologiques locales comme des obstacles à un progrès perçu comme un processus d'expansion cumulatif. Les «micro-études» se concentraient d'une manière non critique sur les problèmes de la famille et de la vie urbaine, les isolant souvent des phénomènes politiques et économiques plus généraux (p. ex. Hanna et Hanna 1971).

Elles avaient peu à dire au sujet des femmes, si ce n'est qu'elles étaient cantonnées dans la sphère du «traditionnel», seul contexte où elles devenaient un objet légitime d'analyse. Cette tradition libérale a toutefois mené à une critique radicale du développementalisme. En Afrique, cette critique a engendré une nouvelle économie politique qui se proposait de procéder à des analyses plus précises et plus profondes des conditions passées et présentes. L'économie politique africaine a vu le jour au début des années 70, époque où plusieurs chercheurs se sont inspirés de la théorie du sous-développement de l'école latino-américaine (p. ex. Frank 1967) dans une tentative de replacer les problèmes africains dans le contexte historique du colonialisme et du régime économique capitaliste international (voir Amin 1972 ; Rodney 1972). On n'a pas tardé également à battre en brèche la théorie du sous-développement. On créait ainsi la possibilité d'analyser l'exploitation économique de la «périphérie» africaine par les «centres métropolitains» coloniaux et postcoloniaux, mais on perpétuait une conception statique et ahistorique des relations internes en Afrique. Cette démarche ne permettait pas, notamment, une compréhension des rapports entre les classes établis dans les pays africains à l'époque coloniale et postcoloniale. Au milieu des années 70, le débat sur la dépendance battait son plein (pour un résumé de ce débat, voir Kaplinsky et al. 1980).

Les chercheurs se sont alors tournés vers la théorie marxiste anglophone et française dans leur quête d'une appréhension plus rigoureuse de l'économie politique africaine. Le néomarxisme, un produit des années 60 en Europe, a supplanté le marxisme classique qui avait dominé la scène des années 30 aux années 60. Ce dernier, avec son insistance réductionniste sur la lutte des classes en contexte de capitalisme avancé, ne se prêtait guère à l'analyse des sociétés africaines où le capitalisme revêtait des formes très différentes. Le marxisme structural français des années 60, transposé dans le contexte anglais pendant la décennie suivante, était un instrument particulièrement utile pour le nouvel observateur des questions d'économie politique en Afrique. Les théories iconoclastes d'Althusser (1971, 1977 ; Althusser et Balibar 1970), de Poulantzas (1973, 1978) et de Laclau (1977) ont mis les africanistes au défi de livrer des analyses plus fines des relations complexes entre les aspects économiques, politiques et idéologiques de la société. Une grande partie des études effectuées à cette époque visaient à dégager une théorie de la nature de l'économie politique africaine moins tributaire des modèles occidentaux que les études antérieures, marxistes et non marxistes.

Deux démarches étaient étroitement liées à l'intérieur de la nouvelle école de pensée. Ensemble, elles ont réussi à dégager un tableau plus précis des questions d'économie politique actuelles et passées en Afrique. Un mouvement a étudié la nature de l'État colonial et postcolonial à la lumière des classes capitalistes naissantes (voir Leys 1975 ; Mamdani 1976 ; Shivji 1976 ; Saul 1979 ; Kitching 1980 ; Stamp 1981). Les spécialistes des sciences politiques ont mené dans une large mesure les débats sur la nature de l'État. Un autre mouvement apparenté a examiné la notion de mode de production dans le contexte africain et tenté de cerner les éléments d'articulation entre les modes de production précapitalistes et le capitalisme de l'époque coloniale (p. ex. Mamdani 1976 ; Taylor 1979 ; Katz 1980). Les anthropologues et les historiens étaient les plus préoccupés par les théories des modes de production. Grâce aux travaux de ces chercheurs, on en est venu à s'entendre en gros sur la nature de la société précoloniale. On considère maintenant que l'Afrique se caractérisait par deux modes de production : un régime tributaire propre aux royaumes commerçants du continent et un régime communal typique de la multitude de petites sociétés africaines fondées sur les systèmes de parenté (Amin 1972 ; Terray 1972 ; Coquery-Vidrovitch 1977 ; Crummey et Stewart 1981)[2].

Les théories relatives au mode de production contemporain en Afrique ont été plus vivement débattues. Un grand nombre d'auteurs ont retenu la notion de modes de production «articulés» où des éléments des modes précapitalistes s'articulent au mode capitaliste dominant de l'Afrique d'aujourd'hui. Quoiqu'on ait présenté de solides arguments contre la notion de modes de production articulés (voir

---

2. On ne s'entend pas sur les termes à utiliser pour désigner les modes de production précapitalistes. Ainsi, Sacks (1979) qualifie le dernier de ces régimes de mode de production en groupe de parenté solidaire et Meillassoux (1972), de mode de production domestique. Comme Mamdani (1975) nous parlerons pour plus de simplicité de «mode de production communal».

l'Association canadienne des études africaines 1985), on s'accorde généralement à dire que des éléments précapitalistes subsistent, «submergés» et déformés, au profit des mécanismes d'accumulation de capital. Un de ces éléments transformés et défigurés est celui de l'identité ethnique, la théorie repêchant la notion de tribu dans la conception du conflit immuable et primordial. Un autre de ces éléments est le système fondé sur le rapport entre les sexes, comme on le verra au chapitre 4. Des études abondantes sur le paysannat font également intervenir les éléments théoriques de cette école de pensée (p. ex. Bernstein 1977).

Les analyses de l'État et des modes de production se conjuguent pour nous donner un aperçu théorique des rapports de classes en Afrique contemporaine. Dans la structure des classes africaine naissante, il n'y a ni bourgeoisie puissante ni classe ouvrière forte. Les deux classes principales qui s'opposent au capitalisme africain ne sont pas la bourgeoisie et le prolétariat comme dans le modèle occidental, mais une bourgeoisie dépendante et le paysannat[3]. En politique, cependant, les petites bourgeoisies diversifiées et agissantes du continent africain ont eu une voix et une influence qui n'étaient pas en rapport avec leur importance numérique. Elles ont vu le jour au début de l'époque coloniale grâce aux nouvelles activités professionnelles créées par l'administration et l'économie coloniales. Formées de commerçants, de fonctionnaires, de travailleurs intellectuels et de membres des professions libérales, les petites bourgeoisies coloniales se sont bientôt distinguées par leur dynamisme politique et leur rôle économique. Les nouvelles bourgeoisies indigènes de l'Indépendance sont issues de leurs rangs. Aujourd'hui, les petites bourgeoisies en place contestent la domination économique de ces nouvelles classes dirigeantes, comme elles se sont attaquées aux bourgeoisies coloniales du passé.

La *Review of African Political Economy* (ROAPE), fondée en Angleterre en 1974, a été une tribune de premier plan pour les divers débats africanistes que nous avons évoqués. C'est dans cette publication que l'on a présenté pour la première fois une analyse cohérente des problèmes de développement de l'Afrique reposant sur une étude historique des mécanismes politiques et économiques indigènes, ainsi que sur une connaissance des relations afro-occidentales à l'ère du mercantilisme et aux époques coloniale et postcoloniale. Les femmes brillaient toutefois dans une large mesure par leur absence dans cette école de pensée de l'économie politique (p. ex. Lawrence 1986). Si on oublie quelques féministes socialistes (Conti 1979 ; Sacks 1979 ; Bryceson 1980), les études sur la femme étaient laissées aux chercheurs libéraux ou reléguées aux recueils anthropologiques ou sociologiques sur les questions féminines et aux «sections» féminines des conférences, où elles demeuraient largement dans l'ombre.

Ce sont les chercheurs libéraux qui avaient constamment mené des études empiriques sur le terrain pendant toutes les années 70 qui ont vu toute la valeur de la nouvelle économie politique. Leurs travaux ont décrit aussi bien la complexité des rapports des sexes en Afrique que le recul de la femme dans la société dans le passé récent. Leurs études ne puisaient pas leurs fondements théoriques dans les méthodes du matérialisme historique, mais s'appropriaient quelques-unes des conceptions de l'économie politique dans leur tentative d'explication du

---

3. Certains spécialistes des sciences politiques qui s'en étaient tenus dans le passé aux vues classiques ont repensé l'accent trop grand qu'ils avaient mis sur le capitalisme et reviennent à l'étude de questions antérieures comme celles du clientélisme et de la théorisation du règne personnel caractérisant un grand nombre de sociétés africaines (voir Sandbrook 1985).

phénomène de l'oppression de la femme. En particulier, les circonstances bien concrètes de la vie africaine observées par ces chercheurs les ont amenés à remettre en question les hypothèses du modèle (tradition-modernité) de progrès propre au développementalisme (voir Elliott 1977 ; Staudt 1978 ; Buvinic et al. 1983 ; Lewis 1984 ; Afshar 1985).

Les auteurs féministes qui ont étudié l'Afrique pendant les années 70 et au début de la décennie 80 se sont aussi inspirés des débats théoriques sur le rôle des sexes, la production et la reproduction (sens biologique et social) qui ont eu lieu en Occident à cette époque. On s'est fort utilement demandé en quoi consistait le patriarcat et s'il s'agissait là d'une notion unificatrice valable pour la compréhension du phénomène de l'oppression féminine. Ces questions ont suscité de très vifs échanges dans les pays occidentaux (voir Barrett 1980 ; Duley et Edwards 1986). Ces discussions animées n'ont toutefois pas capté l'attention des africanistes. Contrairement à ce qui s'est passé en Occident, l'orientation largement empirique de la recherche en Afrique n'a pas donné naissance à des cadres théoriques cohérents et la connaissance de la situation de la femme et des relations entre les sexes en général est demeurée plutôt fragmentaire. Pendant les années 80, on pouvait constater que deux vues opposées sur les rapports des sexes en Afrique étaient présentées dans la documentation spécialisée. Certains auteurs évoquaient le passé égalitaire de la femme africaine, les institutions politiques perdues par des femmes jouissant des droits civiques et l'effritement de l'autonomie et du pouvoir féminins depuis l'époque coloniale (Van Allen 1976 ; Okeyo 1980 ; Muntemba 1982a ; Stamp 1986). D'autres adoptaient le point de vue contraire, jetant un coup d'oeil plus négatif sur le passé et faisant voir le présent et l'avenir sous un jour plus optimiste. Eux aussi voyaient dans le colonialisme et les structures de classes des éléments d'oppression de la femme, mais faisaient valoir que celle-ci avait toujours été opprimée en Afrique. Ces études laissaient entrevoir l'affranchissement des femmes du joug traditionnel après le renversement du régime de néocolonialisme et d'oppression de classes (Urdang 1979 ; Cutrufelli 1983). Pendant ce temps, les chercheurs du Tiers-Monde, et notamment les femmes africaines, commençaient à se faire entendre et à exprimer notamment leur insatisfaction à l'égard du colonialisme intellectuel occidental. Les féministes occidentaux étaient considérés comme aussi coupables que les universitaires orthodoxes à cet égard (AFARD 1982, 1983).

Théories féministes : un classement

Du point de vue qui est le nôtre, nous devons examiner comment organiser ce foisonnement d'idées d'une manière propre à faciliter l'étude des rapports entre les sexes en Afrique. Nous devrions voir plus précisément comment mettre la nouvelle économie politique africaine au service des études féministes. À l'opposé, comme les travaux effectués en Afrique et ailleurs dans le Tiers-Monde ont permis d'éprouver les conceptions et les hypothèses de la théorie féministe occidentale, nous devrions nous attacher aux façons dont la recherche féministe tiers-mondiste a enrichi la démarche théorique.

Pour ce double exercice, le meilleur point de départ est les travaux d'une théoricienne féministe américaine à l'esprit imaginatif et épris de synthèse, Alison Jaggar, qui a élaboré en 1977 une classification des théories féministes qu'elle a exposée dans un manuel (niveau du baccalauréat) mis au point avec

Paula Rothenberg (Jaggar et Rothenberg 1984) et un grand ouvrage théorique (Jaggar 1983). Bien que, de son propre aveu, les lignes de démarcation entre ces cadres féministes soient arbitraires et floues dans une certaine mesure, le classement qu'elle a conçu se fonde sur une nette compréhension du contexte historique de chacune des écoles de pensée. Elle analyse d'abord les traditions sexistes «conservatrices» de la recherche théorique, des théories de Freud à la sociobiologie de Wilson (1975), cadre contesté par les féministes. Les tenants de ce conservatisme, qui remonte jusqu'à Aristote dans sa pensée sociale, ont fait valoir qu'une certaine division du travail et une certaine inégalité entre les sexes sont naturelles, étant prescrites par Dieu, notre constitution génétique ou nos dispositions psychologiques. Jaggar (1977, 1983 ; Jaggar et Rothenberg 1984) examine ensuite quatre cadres féministes, ceux du féminisme libéral, du féminisme radical, du marxisme classique et du féminisme socialiste. L'examen qui suit s'appuie sur ces cadres et en dégage les limites et les possibilités pour une étude transculturelle de la femme.

Féminisme libéral

Le féminisme libéral plonge ses racines dans les théories du contrat social des XVIe et XVIIe siècles avec leurs idéaux de liberté et d'égalité fondés sur la raison humaine et la prémisse d'une nette distinction entre les sphères d'activité publique et privée. Avec Wollstonecraft (1792) comme point de départ, ce féminisme puise son inspiration chez Mill et Taylor (1851). Sur la base des principes du contrat social et des droits de la personne, les tenants du mouvement ne font qu'ajouter la femme aux bénéficiaires du contrat, fondant cette revendication de l'égalité des chances et des droits sur la reconnaissance de la pleine raison féminine (comme critère de traitement égalitaire). Dans cette optique, on ne s'interroge pas sur les inégalités de richesse et de pouvoir et on ne critique pas non plus les structures d'oppression d'où viennent les idéologies sexistes et les lois et les pratiques inégalitaires. L'objet premier de toute étude à caractère libéral est l'individu. Les groupes ne sont que des collectivités de personnes et la notion de contradiction dans une structure sociétale plus grande est habituellement absente.

Le féminisme libéral a été florissant pendant la première vague de féminisme de la fin du XIXe siècle et du début du XXe et a été revitalisé par l'activisme des années 60. Il demeure aujourd'hui un important facteur de réforme de la loi et de participation politique féminine et sa vision réformiste inspire les luttes d'un grand nombre de politiques, de juristes et d'universitaires féministes du Tiers-Monde. C'est le féminisme qui a fait naître la Décennie des Nations Unies pour la femme et, comme il ne remettait pas en cause les hypothèses de notre conception des causes structurales des relations entre les sexes, il a pu constituer une base acceptable pour les projets de réforme dans de nombreux pays du Tiers-Monde. Le document issu de la conférence de fin de décennie organisée par les Nations Unies à Nairobi, au Kenya, et qui s'intitule *Stratégies prospectives d'action* illustre ce point dans sa demande aux gouvernements d'étudier l'incidence du chômage sur les femmes, de mettre en place des programmes d'équité en matière d'emploi, de ménager une égalité d'accès des femmes à l'ensemble des emplois et des moyens de formation, d'améliorer les conditions et les structures des marchés du travail officiel et parallèle, de reconnaître et d'encourager les initiatives féminines de création de petites entreprises, d'assurer et d'appuyer la création de garderies et d'inciter, par des mesures d'éducation et d'information du public, au partage des responsabilités entre hommes et femmes en ce qui concerne le soin des enfants et les tâches ménagères (O'Neil 1986:20). C'est dans ce cadre que la majeure partie des recherches FED (y compris les travaux sur la femme et la technologie) se sont faites.

Féminisme radical

Le féminisme radical a surgi en réaction au sexisme des mouvements radicaux des années 60. Foncièrement idéologique dans ses orientations, il ne livre pas une théorie cohérente, se contentant dans son éclectisme d'emprunter notions et termes à plusieurs traditions. Il emploie notamment le langage marxiste et l'applique par analogie à la situation d'oppression de la femme (Firestone 1970). Voilà en quoi réside la grande confusion créée par ce mouvement. Une théorie qui fait des femmes une classe opprimée peut en effet paraître marxiste, mais sans l'être vraiment au sens rigoureux du terme. Le féminisme radical se caractérise également par une vision ahistorique de l'oppression féminine. La prémisse selon laquelle le patriarcat est universel et prend le pas sur toutes les autres formes d'oppression ne fait qu'occulter les aspects de la diversité culturelle et de la spécificité historique des sociétés humaines. Qui plus est, à l'instar du conservatisme, ce féminisme ramène les relations entre les sexes à une division naturelle d'origine biologique. La notion de patriarcat universel présente un vif attrait pour les féministes et continue à solliciter l'adhésion des chercheurs. Comme telle, elle empêche les progrès féministes dans la compréhension et la réduction du phénomène de l'oppression féminine, notamment dans le Tiers-Monde[4]. C'est dans ce domaine que le féminisme occidental est stigmatisé pour son ethnocentrisme. Le moment de vérité s'est présenté en 1980, au moment où les femmes africaines se sont retirées de la conférence de mi-décennie de Copenhague à cause des leçons que les féministes occidentaux prétendaient leur servir à propos d'une clitoridectomie taxée de barbarie patriarcale.

Le féminisme radical a cependant apporté une précieuse contribution précisément à cause de sa puissance idéologique. Réaction directe à l'expérience des femmes dans la société occidentale, sa critique et sa répression du sexisme en Occident ont tout à fait leur utilité. Il convient de noter l'extrême importance de son intervention en matière de violence sexuelle et de pornographie (Brownmiller 1976, p. ex.). Il a aussi mené la croisade contre le phénomène du «tourisme sexuel» en Asie. Il a surtout réussi à faire comprendre que ce qui est personnel est aussi politique, créant ainsi l'«espace» politique où les relations entre les sexes pouvaient devenir un objet légitime d'analyse. La légitimation de la sexualité comme thème d'étude a fait naître plusieurs importantes études transculturelles sur la question qui dépassent les limites du mouvement (voir Ortner et Whitehead 1981 ; Caplan 1987).

Marxisme classique

Le marxisme classique a, depuis la diffusion de l'important traité d'Engels (1884) sur la famille, la propriété privée et l'État, rejeté la notion d'un fondement

---

4. Coward (1983) s'est livré à une critique exceptionnelle de l'emploi de cette notion depuis un siècle. Son étude, qui «exhume» en quelque sorte le discours du patriarcat, indique que le débat consacré à celui-ci nous a empêchés d'en arriver à une compréhension nette des relations familiales et des rapports entre les sexes.

biologique des différences entre les sexes. Les chercheurs intéressés par le phénomène de la révolution sociale (au Mozambique ou à Cuba, p. ex.) ont tenté d'appliquer la théorie marxiste à l'examen de l'oppression féminine. Hors de tout intérêt pour les luttes féministes occidentales et la recherche libérale tiers-mondiste sur la condition de la femme, ils ont fait valoir que l'oppression féminine est une fonction de l'oppression de classes qui prime toutes les autres formes d'oppression (Urdang 1979)[5]. Une telle façon d'aborder le problème pèche fatalement par réductionnisme, les relations entre les sexes étant ramenées à des rapports de production. Les critiques de l'application du marxisme classique à ces relations ont insisté sur le fait que la théorie marxiste oublie la question des sexes et est incapable de théoriser l'autonomie des rapports entre les sexes dans la société humaine (Hartmann 1981). L'intérêt de ce cadre tient toutefois à son insistance sur un déplacement d'accent de l'individu (orientation propre aux féminismes libéral et radical ainsi qu'au conservatisme) aux structures d'oppression que représentent l'État, la famille et la classe. De plus, le marxisme théorique fournit les fondements d'un quatrième cadre, celui du féminisme socialiste. Signalons que peu de chercheurs féministes s'appuient maintenant sur une appréhension des relations des sexes purement fondée sur le marxisme classique.

Féminisme socialiste

Le féminisme socialiste s'est révélé le plus fructueux des cadres féministes sur le plan théorique. Sa valeur réside dans son esprit de synthèse. Selon Jaggar (1983), ce mouvement allie la méthode rigoureuse du matérialisme historique de Marx et Engels à la conception des féministes radicaux selon laquelle ce qui est personnel est aussi politique et l'oppression féminine déborde les délimitations de classes. Dans cette synthèse, les notions marxistes sont étendues à la spécificité des rapports entre les sexes et on transcende ainsi le réductionnisme biologique du féminisme radical.

Les féministes socialistes ont leur propre conception du problème de l'oppression de la femme. De leur point de vue, les expériences de vie d'une femme sont aujourd'hui façonnées par son sexe et le rôle que celui-ci lui assigne de la naissance à la mort. Ils croient également que les expériences individuelles subissent l'influence de la classe, de la race et de la nationalité. Le défi du féminisme socialiste est donc de rendre compte sur le plan théorique de ces différentes catégories d'oppression et de leurs liens en vue de les faire disparaître toutes... En répondant aux questions qu'il se pose, le féminisme socialiste... s'interroge sur les raisons profondes de la subordination féminine dans l'activité humaine, dans la façon dont les membres d'une société s'organisent pour produire et distribuer les choses indispensables à la vie. Tout comme le tenant du marxisme classique, le féministe socialiste ne pense pas que la politique puisse être séparée de l'économique. Il se propose, par conséquent, d'édifier une économie politique de la sujétion de la femme (Jaggar 1983:134).

À la différence du marxisme classique, le féminisme socialiste ne prétend pas que l'oppression économique soit plus fondamentale que l'oppression féminine. Il

---

5. Dans cette étude et d'autres plus récentes, Urdang a fait faire un grand pas en avant en décrivant les politiques gouvernementales de l'époque coloniale et de l'ère de l'Indépendance à l'égard des femmes en Afrique lusophone. Elle a aussi dépeint de l'intérieur d'une manière saisissante la lutte que livre la femme dans ces sociétés (Urdang 1985, p. ex.).

n'accorde pas non plus la priorité à l'oppression de la femme, comme le fait le féminisme radical. Le cadre théorique s'inspire largement des études transculturelles et historiques, d'où vient la matière première empirique d'une théorisation rigoureuse des rapports des sexes. Le fait qu'anthropologues et historiens soient à la fine pointe de l'investigation théorique dans ce cadre n'est pas un effet du hasard. On jugera particulièrement utiles les études qui s'attachent à l'articulation complexe des relations des sexes et des rapports de production dans les sociétés précapitalistes (Étienne 1980 ; Leacock 1981, p. ex.).

On notera que, bien que la terminologie de Jaggar (1983) soit largement acceptée, il subsiste une certaine confusion du fait de la revendication du titre de féministes marxistes par des chercheurs assimilés aux féministes socialistes à cause de leur orientation théorique. En vérité, la ligne de démarcation entre la démarche du marxisme orthodoxe et celle du féminisme socialiste est ténue. Au-delà d'un certain point d'utilité, le souci de désignations précises peut obscurcir les phénomènes au lieu de les éclaircir.

Les études des rapports entre les sexes dans les sociétés contemporaines du Tiers-Monde jettent un défi plus grand à la classification de Jaggar. Hors Occident, la distinction entre les études de féministes libéraux et celles de féministes socialistes restreint la compréhension au lieu de la favoriser. Il faut comprendre que le contexte politique de l'investigation des féministes libéraux y est radicalement différent de celui du féminisme libéral occidental. Le point de départ est l'oppression par les forces économiques et politiques internationales de toute la région où s'effectuent les recherches. Alors que beaucoup de travaux consacrés au Tiers-Monde, et une foule d'études FED, perpétuent l'insensibilité du libéralisme aux inégalités de richesse et de pouvoir, un nombre important de féministes libéraux des pays en développement vont au-delà des limites du cadre parce que les questions qu'ils abordent exigent une démarche plus critique. Ces chercheurs sont plus enclins que leurs homologues occidentaux à reconnaître et à dénoncer les structures d'oppression et d'iniquité. Ils s'appuient non pas sur une compréhension théorique fondée sur le matérialisme historique, mais sur une connaissance empirique fine et détaillée de l'oppression féminine dans le Tiers-Monde et leur perception de l'origine de cette oppression dans des structures et des pratiques d'exploitation plus générales. Même s'ils n'adoptent pas toute la démarche théorique de la théorie du sous-développement ou d'un autre discours radical, ils ne peuvent éviter les attitudes critiques propres aux tenants de cette théorie. En d'autres termes, ce qu'ils ont devant les yeux les force à contester les hypothèses du féminisme libéral. Le fait que les chercheurs de la tendance libérale dans le Tiers-Monde se fondent sur des données empiriques ne diminue en rien l'importance politique de ce qu'ils affirment.

Ainsi, bien que l'on puisse, dans le contexte africain, établir une nette distinction entre les études relevant des méthodes du matérialisme historique et celles qui perpétuent les hypothèses propres au libéralisme classique, il existe tout un ensemble de documents, qu'il s'agisse d'études de cas en recherche savante ou d'études FED, qu'il est impossible de ranger d'emblée dans l'une ou l'autre de ces catégories. Qu'ils s'inspirent ouvertement ou non de l'analyse marxiste, beaucoup d'auteurs tiennent compte des relations de classes, de l'importance des rapports de production et des liens complexes entre la chose économique et la chose sociale. Ils reconnaissent en particulier l'existence de contradictions inhérentes aux relations entre les sexes, notion souvent absente des ouvrages du féminisme libéral occidental. Qui plus est, ces études ne se contentent pas d'explications universelles simplistes où tous les problèmes logent à l'enseigne d'un phénomène ahistorique appelé le patriarcat. Dans ces études empiriques détaillées, on trouve un tableau complexe des rapports entre les sexes et des situations féminines qui bat directement en brèche la vision un peu simple des divisions de classes hommes-femmes du féminisme radical. Il m'apparaît donc que le concept de féminisme libéral doit être affiné et une distinction établie entre les analyses libérales critiques et celles qui relèvent de la démarche non critique et individualiste de la pensée libérale occidentale. Dans cet exposé, j'évoquerai les études libérales dans une double optique :

- pour critiquer l'application de la théorie et de l'idéologie du féminisme libéral occidental à l'étude de la société africaine ;
- pour présenter les oeuvres du féminisme libéral critique qui s'attaquent à l'hégémonie de la pensée occidentale.

Aujourd'hui, quand on évalue la recherche féministe sur les rapports entre les sexes en Afrique, il convient de se donner un cadre qui embrasse à la fois les écrits du féminisme socialiste et les études du féminisme libéral critique que nous venons de décrire. C'est cet ensemble de documents que j'entends désigner par le terme «économie politique féministe».

Économie politique féministe et l'étude des femmes africaines

L'économie politique féministe précise le cadre pluraliste où ont eu lieu les tentatives les plus rigoureuses de théorisation des relations entre les sexes en Afrique. Le coeur théorique de ce mouvement est les études qui ont visé à démontrer la place essentielle occupée par ces relations dans les rapports de production en société précapitaliste et capitaliste (Sacks 1979 ; Leacock 1981 ; Amadiume 1987, p. ex.). Il comprend également les études qui, par la rigueur de leur analyse des sociétés non occidentales, ont corrigé certaines des déformations et des limites de la pensée féministe occidentale, et notamment celle du féminisme socialiste. La démarche matérialiste s'est heurtée à un certain nombre de graves difficultés théoriques dans sa tentative d'explication des sociétés précapitalistes et capitalistes du Tiers-Monde (comme l'indique notre examen de l'économie politique africaniste). Le problème réside en partie dans l'inapplicabilité des caractérisations de classes et des conceptions économiques occidentales. Ces catégories sont fermement enracinées dans l'expérience du développement du capitalisme faite par l'Occident dans son histoire[6].

Les féministes ont contribué à l'élaboration de théories plus appropriées pour l'explication des rapports de classes du Tiers-Monde et accompli une tâche essentielle en mettant en évidence les apports économiques importants de la femme dans les pays en développement. Ils se sont néanmoins rarement écartés des idées

---

6. Il y a aussi un vif débat en cours sur l'utilité de l'analyse marxiste classique dans l'appréhension de la société occidentale contemporaine. Laclau et Mouffe (1985) doutent de cette utilité et proposent une politique de démocratie radicale comme stratégie socialiste convenant à la situation d'aujourd'hui. Wood (1986) tire à boulets rouges sur ceux-ci, soutenant qu'eux et d'autres ont abandonné le socialisme et la notion de classe.

reçues en Occident sur la nature de la société (et des relations entre les sexes) et des vérités incarnées dans des hypothèses retenues par tout l'éventail politique des mouvements féministes occidentaux et toutes les théories depuis le marxisme jusqu'au développementalisme. En particulier, le fait que la chose économique prenne le pas sur les autres aspects de la vie humaine pourrait plus relever de l'expérience occidentale que des théories appropriées de la causalité dans le monde non occidental, surtout en ce qui concerne l'ère précapitaliste. Les analyses qui reconnaissent l'interaction complexe des aspects sociétaux économiques, politiques et idéologiques (au lieu de voir dans les éléments économiques un facteur déterminant dans tous les cas) pourraient être d'une plus grande utilité. Ainsi, loin de constituer une simple «superstructure» des rapports de production, l'idéologie de la parenté et la pratique des relations de parenté en Afrique précoloniale sont au coeur de la formation des rapports de production. L'activité économique et l'exécution des obligations de parenté étaient inséparables sur les plans théorique et pratique.

Un autre problème conceptuel que partagent un grand nombre de tenants de la pensée féministe et des démarches non féministes dans le Tiers-Monde est celui de l'acceptation d'une dichotomie domaine public-domaine privé suivant laquelle l'homme habite une sphère «publique» plus sociale et la femme est confinée à une sphère «privée» plus proche de la nature (voir Rosaldo et Lamphère 1974 ; Sanday 1981). Des études de cas systématiques où intervenait la question des sexes ont fourni des données permettant de nier l'existence de cette dichotomie dans l'Afrique d'hier et d'aujourd'hui.

Une autre erreur courante est la supposition que la famille et le ménage ont la même signification et la même structure qu'en Occident. Là encore, l'observation de nombreuses sociétés africaines amène à infirmer l'idée d'un ménage indifférencié exempt de contradictions ou de divisions internes. On a souvent découvert qu'en réalité femmes et hommes avaient des intérêts divergents et rivaux dans les ménages concernant les ressources familiales et collectives. Une branche du féminisme occidental a étudié à fond la notion de famille (voir Tilly et Scott 1978 ; Barrett et McIntosh 1982 ; Thorne et Yalom 1982 ; Briskin 1985 ; Dickinson et Russell 1986). Certaines études ont même soulevé des questions au sujet des notions transculturelles de famille (voir Collier et al. 1982). Jusqu'à présent, la question n'a pas été traitée en profondeur par les chercheurs féministes étudiant le Tiers-Monde. À cause du manque de subtilité de la conceptualisation de la famille et du ménage, ces auteurs font fréquemment appel à des arguments réductionnistes imputant les problèmes féminins au sein de la famille à la domination masculine, notion vague et ahistorique dont la valeur explicative laisse à désirer. (Voir au chapitre 6 un examen de ces problèmes et d'autres difficultés conceptuelles auxquelles se heurte l'investigation féministe dans le Tiers-Monde.)

Ce que certaines études libérales apportent à l'économie politique féministe n'est pas une théorie des sexes. Comme je l'ai déjà signalé, les prémisses du féminisme libéral restreignent sa capacité de conceptualiser les structures d'oppression. Par la richesse de leur description empirique, ces études fournissent plutôt les bases d'une contestation des hypothèses épistémologiques occidentales sur l'universalité de maintes caractéristiques dégagées des réalités économiques et politiques et des rapports entre les sexes. On peut citer à l'appui une étude où Ladipo (1981) compare deux coopératives de femmes au Nigéria (voir p. 116–120). Grâce à un examen systématique des raisons de l'échec d'une de ces coopératives et du succès de l'autre, elle nous a beaucoup aidés à comprendre la façon dont les femmes africaines organisaient les productions collectives et nous indique comment les pratiques traditionnelles deviennent pour la femme un moyen important de lutte contre l'oppression et l'exploitation économique actuelles. Son analyse s'appuie sur une appréhension subtile des liens entre les sexes et la production, même si ceux-ci ne font pas l'objet d'une théorisation explicite. Étant à l'écoute des voix locales, les observations de Ladipo nous en disent plus sur l'idéologie des sexes que plusieurs études plus théoriques. Ce sont des études semblables qui fournissent un banc d'essai aux théories féministes issues d'autres contextes historiques.

Ce qui me paraît souhaitable ici, c'est un nouvel examen de la valeur à la fois politique et théorique de la recherche empirique. Des études comme celle de Ladipo (1981) sont précieuses précisément à cause de leur volonté de décrire les choses de l'intérieur. La recherche empirique n'est pas toujours bien vue des théoriciens qui la taxent souvent à tort d'empirisme. Bien sûr, ils n'ont pas tout à fait tort quand ils font valoir qu'un trop vif souci de l'empirique dissimule souvent sous le couvert d'une description impartiale de la «réalité» toute une série de valeurs et de déformations. Mais la théorie qui ne sait pas s'éprouver constamment au contact du monde réel s'expose elle aussi à des déformations. La démarche théorique non balisée par de bonnes données empiriques suppose l'existence d'expériences concrètes communes se prêtant à la formation de propositions générales et à l'application de notions collectives. Nos idées sur ce qui est public et privé et sur la famille sont des exemples de notions communes que nous pensons pouvoir employer. Ce que l'examen de la documentation spécialisée auquel nous nous livrons permet cependant de constater, c'est que l'expérience commune est précisément ce que nous ne devrions pas tenir pour acquis. Nous ignorons la nature, voire l'existence de différences de concepts de famille, de politique et d'économie. C'est cette ignorance qui nous porte à universaliser nos catégories et nos concepts «à l'occidentale». Les réalités concrètes que vivent et interprètent les gens du Tiers-Monde échappent ainsi à notre perception (et souvent de ce fait à la leur).

Compte tenu de cette hégémonie intellectuelle, les études empiriques qui recueillent de telles connaissances détaillées sur les sociétés des pays en développement présentent un intérêt capital. Foucault (1983:217) dit que la petite question «Que se passe-t-il ?», bien que simple et empirique, débouche par son examen sur une étude critique de la thématique du pouvoir. Les études de rapports entre les sexes en Afrique qui posent soigneusement cette petite question forment le noyau critique de connaissances susceptible de servir de base à l'élaboration d'investigations théoriques libres de toute hypothèse tenant à notre propre perception de la réalité.

Une importante voie nouvelle de recherche, l'analyse du discours, qui stimule actuellement la pensée novatrice en sciences sociales, favorise la constitution d'une masse centrée sur l'Afrique de connaissances sur le rôle des sexes et la société. Les études d'économie politique féministe en Afrique n'ont pas jusqu'à présent abordé explicitement les questions relatives à la théorie du discours. Par leur dénonciation de conceptions occidentales erronées de l'économie politique africaine et leur étude des discours entre femmes et entre hommes et femmes dans les sociétés africaines, elles jettent néanmoins les bases du développement d'une analyse de ce genre. Une telle théorisation est sans doute le prochain pas que fera l'économie politique féministe (Mbilinyi 1985a ; Stamp 1987 ; Mackenzie 1988, sont des études qui vont dans ce sens).

Le discours a une foule d'usages en sciences sociales aujourd'hui. Cousins et Hussain (1984:77–78) présentent un classement utile de ces usages qui permettra de préciser les acceptions du terme «discours» dans ce document. Disons d'abord que son emploi dans l'analyse du langage à des fins d'explication de la dynamique sociale constitue une branche de la sociolinguistique. En deuxième lieu, le discours permet d'étudier les liens entre le langage et la subjectivité humaine. Troisièmement, un usage plus philosophique du discours fait partie du débat sur le problème épistémologique de la relation entre connaissance et réalité. Le discours trouve enfin sa place dans l'élaboration des théories marxistes de l'idéologie où il devient un niveau particulier des relations sociales comportant des mécanismes et des effets particuliers. Ceux-ci consistent en pratiques à la fois discursives et non discursives et sont intimement liés au processus du pouvoir[7].

L'étude fait surtout intervenir le quatrième usage du discours, sans toutefois négliger les questions épistémologiques plus générales (pour un examen détaillé de l'utilité de la théorie du discours, voir p. 151–155 et 170–179). Dans le cas du Tiers-Monde, un point de départ pour cette démarche est l'étude de base de Said (1979) sur l'«orientalisme». Son analyse de l'idée de l'Orient comme construction et pratique hégémonique occidentales vise l'Asie (occidentale et orientale), mais peut aussi s'appliquer au Tiers-Monde en général. Ce n'est qu'en comprenant les discours créés depuis des siècles en vue d'expliquer le monde non occidental que l'on pourra saisir la discipline extrêmement rigoureuse par laquelle la culture européenne a pu gérer et même produire le Tiers-Monde politiquement, sociologiquement, militairement, idéologiquement et scientifiquement et dans les imaginations (Said 1979:3).

Dans son étude du discours FED, Mueller (1987:1) expose les raisons pour lesquelles nous devrions nous livrer à une analyse de discours :

> Ce que les membres de l'intelligentsia nord-américaine savent des femmes du Tiers-Monde nous est en grande partie communiqué par les moyens officiels d'information et de connaissance. Peu d'entre nous ont la possibilité de voyager pour rencontrer ne serait-ce qu'une poignée de femmes d'autres pays et leur parler. Notre connaissance ne vient pas de l'expérience directe du monde. Notre compréhension est largement tributaire de textes écrits en Amérique du Nord... [dans le cadre de] la description du phénomène des femmes et du développement, élaborée dans l'organisation sociale du développement en vue d'attirer l'attention des décideurs et des planificateurs des organismes de développement sur la condition féminine.

Mueller (1987) soutient que, loin de libérer les femmes du Tiers-Monde, le discours FED vient d'activités de développement qui favorisent le régime

---

7. La filière de cette réflexion sur l'idéologie va de Marx à Gramsci (1971 ; ses notes ont été écrites pendant les années 30), à Althusser (1971 ; Althusser et Balibar 1970) et à Poulantzas (1973). Une autre filière est l'oeuvre de Foucault (1973, 1979, 1980b) qui, à son tour, puise dans plusieurs traditions (marxisme, structuralisme, linguistique et philosophie de Nietzsche et d'autres). Depuis 10 ans, les deux courants ont convergé dans un certain nombre d'études (Poulantzas 1978 ; Laclau et Mouffe 1985, p. ex.). Des chercheurs comme Coward (1983 ; voir aussi Coward et Ellis 1977) ont entrepris la synthèse théorique du matérialisme, de l'analyse du discours et de la démarche féministe. Ce courant de pensée et ceux qui s'y apparentent sont quelquefois désignés par le terme de poststructuralisme. Weedon (1987) a fait valoir l'utilité de cette orientation pour les questions du rôle des sexes, de classes et de races.

capitaliste international et concourent de ce fait au maintien de l'état d'oppression. Il me semble que l'on doit également examiner la recherche féministe occidentale pour en dégager la contribution au discours hégémonique de l'Occident sur le Tiers-Monde. Il importe de noter qu'en agissant ainsi, on ne revient pas à une orientation libérale qui oublie les causes structurelles profondes de l'inégalité. C'est plutôt une tentative de prendre un peu de recul et d'évaluer le contexte historique où sont nés et le libéralisme et le marxisme, ainsi que de rendre l'analyse de l'économie politique plus sensible aux réalités des relations entre les sexes passées et présentes dans les pays en développement.

Je préconise en somme un matérialisme qui, d'une part, se dépouille de tout ethnocentrisme et de tout économisme et qui, d'autre part, développe l'engagement du féminisme socialiste en matière d'historicisation des rapports entre les sexes. Un autre aspect de notre projet de féminisme socialiste est l'attention prêtée à l'idéologie comme élément primordial de la théorie des sexes. En introduisant la notion d'économie politique féministe, on vise à délimiter un champ d'investigation se prêtant à l'élaboration d'un cadre cohérent aussi bien pour les éléments théoriques précis intéressant les rapports des sexes hors Occident que pour la base empirique nécessaire à la mise en valeur de ces points.

J'essaierai de démontrer aux chapitres 4 à 7 que ce concept qui vient réviser l'énoncé classique de Jaggar (1977, 1983) représente une catégorie plus étendue d'analyse féministe, qui s'appuie sur les idées du féminisme socialiste pour produire des analyses des rapports entre les sexes en Afrique exemptes de déformations. Jaggar s'est prononcée en faveur d'une théorie féministe assumant sa responsabilité sociale. Jaggar et Rothenberg (1984) ont répondu aux critiques des femmes de couleur au sujet de l'exclusion de la race comme catégorie d'analyse de la première édition. Dans la seconde, on trouvait le féminisme et les femmes de couleur non pas en tant que cadre nouveau, mais comme point de vue distinctif sur les réalités sociales. La variante des cadres de Jaggar proposée ici est une tentative d'exercer cette responsabilité, qui est double dans le contexte du Tiers-Monde puisqu'elle consiste à la fois à découvrir les façons dont la connaissance occidentale a rendu muettes les connaissances locales des rapports entre les sexes, et à corriger ces silences. On a étrenné le cadre de l'économie politique féministe avec l'étude de base de Rubin (1975) sur la traite des femmes. Ce travail est précieux non seulement pour ses intuitions théoriques, mais aussi pour son apport à la méthodologie de la démarche féministe. Cet auteur (1975) a montré comment les théories non féministes pouvaient servir à une analyse féministe. Il a fondu les idées sexistes de Freud (sur la théorie psychanalytique de la féminité) et de l'anthropologue Lévi-Strauss (sur les systèmes de parenté et les échanges de femmes) en une théorie de l'économie politique du sexe. Au coeur de sa thèse et des études qui s'en inspirent (Collier et Rosaldo 1981 ; Mackenzie 1986 ; Stamp 1986, p. ex.) se trouve un concept de relations hommes-femmes se fondant sur les distinctions biologiques, mais s'exprimant au niveau de la société d'une manière concrète et historiquement spécifique. Le système basé sur le rapport entre les sexes propre à toute société (pour reprendre le terme utile de Rubin (1975)) est étroitement lié aux rapports de production, mais s'en distingue et ne peut y être réduit.

Les relations entre les sexes ne sont pas simplement un aspect des modes de production, bien que certains types de rapports entre les sexes soient associés à certains modes et à certaines forces de production (technologie et organisation du travail). Ainsi, en Afrique, le système de compensation matrimoniale se rattache au mode communal de production caractéristique de la société précapitaliste et à la technologie de la houe (Stamp 1986). De même, le système de la dot a des liens avec la technologie de la charrue et le mode tributaire de production propre à l'Asie. En ce qui concerne l'économie politique contemporaine, des études décrivant les variations d'incidence du capitalisme selon le sexe commencent à voir le jour (RFR/DRF 1982 ; CWS/cf 1986 ; Robertson et Berger 1986). Certaines de ces études présentent une démarche rigoureuse d'examen des relations entre les systèmes basés sur le rapport entre les sexes et la production. Leurs auteurs sont en grande partie des femmes africaines. Ainsi, Amadiume (1987) est l'auteur d'une étude de cas particulièrement riche qui porte sur le Nigéria et s'attaque aux concepts orthodoxes de l'anthropologie, tout en étudiant la façon dont les relations entre les sexes chez les Igbo se sont affaiblies à l'époque coloniale et aujourd'hui (on peut citer d'autres études africaines comme Okeyo 1980 ; Muntemba 1982a ; Mbilinyi 1984 ; Afonja 1986a,b ; Obbo 1986).

L'utilité de la démarche de l'économie politique féministe devient concrète et immédiate dans le contexte des efforts actuels de réinsertion de la femme au coeur même des études africaines, tant dans les nouvelles recherches que dans l'interprétation de documents sexistes antérieurs (Clark 1980, p. ex.). Comme exemples de phénomènes qui commencent maintenant à faire l'objet d'une théorisation convenable, citons la polygynie et les régimes de la dot et de la compensation matrimoniale, tels que mentionnés précédemment. Dans ce dernier exemple, la démarche permet une analyse de la coutume sous l'angle de relations contractuelles qui, dans le passé, indiquaient la valeur sociale et économique des femmes et servaient de base à une mesure du pouvoir (Stamp 1986). Cette coutume s'est maintenant articulée aux rapports de production capitalistes. La compensation matrimoniale n'était pas un «prix» dans le passé, mais s'assimile maintenant à une transaction à caractère capitaliste qui met un prix sur la tête des filles (Parkin 1972). Le contrat est ainsi devenu une transaction de biens avec des effets oppresseurs, et non pas «habilitateurs», pour les femmes. Au Zimbabwe, les féministes ont fait une priorité de l'abolition par le législateur de la *lobola* (compensation matrimoniale). (On peut trouver une illustration de cette question et une analyse succincte de la «commercialisation» de la *lobola* dans Kazembe et Mol 1986.)

L'économie politique féministe vient ainsi au secours de l'histoire et a aussi des conséquences sur le plan de l'action. Le rétablissement du rôle central et de l'autonomie relative de la femme africaine dans la plupart des sociétés précoloniales et précapitalistes va à l'encontre de l'image négative que l'on a donnée à beaucoup de femmes africaines et est source d'optimisme pour l'avenir. Les réalisations des femmes par le passé font entrevoir les possibilités de lutte contre l'oppression née à l'époque capitaliste. Il est aussi possible de voir sous un jour nouveau certains gestes récents des femmes et de les interpréter plus comme une résistance idéologique et économique à l'oppression que comme une simple réaction au changement (le chapitre 4 présente cet argument dans le cadre d'une étude de cas de femmes du Kenya).

Les questions suivantes occupent une place de choix dans l'esprit des chercheurs de la tendance «économie politique féministe» qui étudient l'Afrique.

L'hypothèse générale suivant laquelle la femme est universellement opprimée est-elle exacte ? Dans quelles conditions les femmes ont-elles joui d'un pouvoir et d'une autonomie relatifs et quels facteurs ont joué contre ces conditions ? On peut constater que les sociétés africaines et les sociétés autochtones d'Amérique du Nord ont accordé une mesure considérable de pouvoir, d'autorité et d'autonomie aux femmes (Van Allen 1972, 1976 ; Sacks 1979 ; Étienne 1980 ; Okeyo 1980 ; Leacock 1981). On voit dans le colonialisme et le capitalisme sous-développé dont il s'accompagne les principaux responsables des pertes de pouvoir et d'autonomie de la femme, comme l'indique bien l'exemple. Dans un numéro hors série sur la femme africaine, la *Review of African Political Economy* (ROAPE 1984) a remédié à son indifférence antérieure aux questions de rapports entre les sexes en faisant paraître une série d'articles incisifs sur l'économie politique féministe qui affirment l'utilité de cette démarche. Une partie appréciable de la conférence biennale ROAPE de 1986 à Liverpool a été consacrée aux luttes des femmes en Afrique.

Dans quelle mesure la «terminologie du pouvoir» de la société occidentale et l'emploi de concepts unitaires comme ceux de «situation» et de «rôle» ont-ils déformé notre compréhension des rapports entre les sexes ? Les travaux de Schlegel (1977), de Sacks (1979), de Leacock (1981), de Mackenzie (1986, 1988) et d'autres chercheurs dégagent la nature complexe du pouvoir, de la prise de décision et de l'autorité dans les sociétés précapitalistes et s'opposent à la notion simpliste d'une dichotomie domination-sujétion. Ainsi, Sacks (1979) fait valoir que les femmes africaines avaient plus d'autorité et d'autonomie comme soeurs que comme épouses. On ne peut donc parler d'un seul rang bas ou élevé pour la femme africaine. Qui plus est, le rôle et la situation sont des catégories essentialistes ne permettant pas une vue dynamique du changement. L'accent mis sur les rôles est une grave limite de publications susceptibles d'exercer une grande influence comme l'étude (parrainée par USAID) intitulée *Gender roles in development projects: a case book* (Overholt et al. 1985).

Dans quelle mesure les études transculturelles ont-elles été «tronquées» par l'absence des femmes de l'objet central de l'analyse en sciences sociales et l'assimilation des relations familiales au domaine de rôle des femmes ? L'accent mis sur le rôle féminin veut souvent dire que les femmes occupent une place plus grande que les hommes dans les rapports entre les sexes, ce qui vient donner du poids à la dichotomie domaine public-domaine privé (plus que contestée) suivant laquelle l'homme occupe la sphère des affaires publiques et la femme, la sphère privée du foyer et de la famille. Les études africaines démontrent que la famille étendue est la sphère publique, formant un continuum avec les niveaux supérieurs d'organisation politique, et que la femme y occupe une place centrale sur les plans économique et politique (voir Mbilinyi 1984). Il est particulièrement dangereux de laisser entendre que la femme est plus importante que l'homme dans les rapports entre les sexes. Comme les femmes sont les principaux occupants de ce que l'on perçoit comme la sphère du traditionnel, leur éloignement du coeur de la société les fait voir comme une anomalie dans le cadre du développement, comme des êtres moins susceptibles que les hommes d'être partie prenante en politique ou en économie dans notre monde moderne. La femme devient le problème.

De plus en plus, des questions comme celles-là infléchissent les critiques et les analyses des recherches les plus fructueuses sur le rôle des sexes et la technologie, de ces études qui font déjà partie du patrimoine naissant de l'économie politique féministe. Les intérêts qui animent ces investigations ne dominent cependant pas dans la réflexion sur la technologie et le rôle des sexes et ne se retrouvent pas non plus dans les efforts concrets de recherche et de planification dans le domaine du développement. Dans le chapitre qui suit, nous examinerons l'absence persistante de la question portant sur le rôle des sexes dans beaucoup de foyers de recherche-action. Le chapitre 3 résume les constatations des ouvrages sur les FED et fait voir la nécessité de dresser un cadre d'analyse plus systématique et plus puissant.

2 Conceptualisation de la question de la technologie, du rôle des sexes et du développement

On peut examiner les démarches conceptuelles qui dominent dans chaque foyer de recherche-action en transfert de technologie sous l'angle des cadres généraux de connaissance évoqués au chapitre 1. Il est également possible de dégager des cadres de référence caractéristiques des différentes disciplines intéressées, depuis la médecine et la nutrition jusqu'à la sociologie et l'anthropologie en passant par l'économie et la géographie. Dans certains foyers, les orientations conceptuelles sont relativement imperméables aux idées nouvelles ; d'autres accueillent cependant volontiers les chercheurs et les idées d'autres foyers.

Le phénomène le plus marquant des initiatives massives FED des 11 dernières années a été le mouvement constant de chercheurs féministes entre un cadre «savant» ou universitaire et un cadre de recherche-action axée sur l'adoption de politiques. Ces chercheurs avaient à peine lancé les études de la femme comme secteur de recherche et terminé leurs premières études sur le terrain dans le domaine des rapports entre les sexes qu'ils étaient appelés au milieu des années 70 à critiquer les politiques de développement en vigueur et à indiquer la voie à suivre en matière de nouvelles orientations de développement. Kathleen Staudt, Achola Pala Okeyo, Nici Nelson, Deborah Fahy Bryceson, Edna Bay, Marjorie Mbilinyi, Claire Robertson, Shimwaayi Muntemba et Carol MacCormack ne sont que quelques-uns des chercheurs africanistes qui ont apporté une contribution appréciable aussi bien à l'appréhension théorique des rapports entre les sexes en Afrique qu'aux efforts de développement. Quand les gouvernements, les organismes d'aide et les organismes non gouvernementaux ont reconnu l'erreur fondamentale qu'ils avaient commise en ne tenant pas compte de la femme, c'est grâce à l'énergie et à la souplesse de ces gens que la révolution «des sexes» a pu pleinement se manifester dans ces milieux. Pour ces chercheurs féministes, le temps manquait pour les tours d'ivoire et leurs travaux, tant dans les revues spécialisées que dans le cadre des organismes de développement, révèlent leur intérêt primordial pour les soucis concrets et les questions pressantes des sociétés africaines.

De leur côté, plusieurs organismes se sont montrés désireux de parrainer des séminaires, des recherches et des projets inspirés par les intérêts des chercheurs africains et occidentaux. La conférence sur le développement rural et les femmes en Afrique, qui a eu lieu à Dakar, au Sénégal, en 1981 et qui était coparrainée par l'OIT et l'AFARD, est un important exemple de cette collaboration (OIT 1984). En 1986, le CRDI a financé un séminaire de méthodes de recherche ayant pour objet les questions du rôle des sexes et organisé à l'intention de 31 chercheurs af. L'organisme hôte était l'Eastern and Southern African Management Institut (Institut de gestion d'Afrique orientale et australe) situé à Arusha, en Tanzan soutien prêté par l'ACDI et le Fonds des Nations Unies pour les activités en matière de population à la production d'un numéro hors série de *Developmen..* *Seeds of Change* est un exemple d'aide aux activités de recherche et de critique, tout comme les fonds octroyés par l'ACDI et le Programme de promotion de la femme du Secrétariat d'État (gouvernement du Canada) à la publication d'un numéro spécial de *Les cahiers de la femme* (*Canadian Woman Studies*) sur Forum 1985, la conférence des organismes féminins non gouvernementaux tenue à Nairobi, au Kenya, en juillet 1985 (voir CWS/cf 1986).

Les engagements à l'égard des études FED ont tendance à s'institutionnaliser de plusieurs manières dans les organismes. Le Centre for Development Research du Danemark (CDR, Centre de recherche sur le développement) fait de la question de la femme dans le Tiers-Monde un de ses trois principaux domaines de recherche. Le CRDI a créé une section RSED, un groupe de personnes-ressources s'occupant d'information et de consultation en matière d'intégration des femmes au développement, et exécutant en plus ses propres projets. L'ACDI s'est donné une politique FED suivant laquelle toutes les propositions de projets doivent comporter une analyse d'incidence sur les femmes pour être acceptées (ACDI 1987:42–43). Le Secrétariat pour les pays du Commonwealth (1984) (Commonwealth Secretariat) a élaboré une stratégie de «breffage» de ses délégués à des rencontres nationales et internationales sur les questions de développement pour qu'ils puissent incorporer les questions féminines au dialogue international sur le développement.

D'un point de vue et théorique et pratique, on ne peut séparer l'Afrique du reste du monde dans l'examen de la question du rôle des sexes, de la technologie et du développement. Les chercheurs ont non seulement circulé entre les organismes de développement et les milieux «savants» ou universitaires, mais ont aussi beaucoup échangé partout dans le monde. À l'heure actuelle, le principal mode de présentation des résultats de la recherche est la communication sous forme de livres à organisation thématique comprenant des études de cas pour chaque région. Ces documents et les conférences qui les ont souvent inspirés ont établi des comparaisons transculturelles très intéressantes et tiré d'importantes conclusions générales au sujet de l'incidence des activités de développement sur les femmes. Par leur description de la grande diversité de systèmes basés sur le rapport entre les sexes et de modes de rattachement de ces systèmes au processus de développement, ils ont mis en relief l'importance de la spécificité culturelle et historique dans les orientations de développement. Trois grands ouvrages sur le rôle des sexes, la technologie et le développement qui ont vu le jour ces huit dernières années témoignent de la valeur de cette démarche, malgré les limites liées à leur emploi d'un cadre relevant du féminisme libéral. Il s'agit de Dauber et Cain (1981), D'Onofrio-Flores et Pfafflin (1982) et d'Ahmed (1985).

Absence persistante de la question du rôle des sexes

Malgré l'abondance des informations et des analyses sur la question du rôle des sexes et du développement depuis 10 ans et les engagements officiels concernant les initiatives FED, une grande partie des foyers «classiques» de recherche théorique et appliquée (milieux «savants» ou universitaires et organismes de recherche) semblent peu se soucier de cette contestation de leurs hypothèses non vérifiées. Cette intransigeance étonne dans un cadre où règnent l'interfécondation des idées et la souplesse des approches évoquée plus haut. Le phénomène ne peut s'expliquer que par l'adhésion persistante de nombreux chercheurs et praticiens à un courant de pensée empreint de conservatisme en ce qui concerne la question des femmes et du rôle des sexes. Comme nous l'avons dit au chapitre 1, un tel cadre s'appuie sur la notion que la division du travail et l'inégalité entre les sexes sont des phénomènes naturels et ne résultent pas d'une interprétation sociale. À la base de cette conception, il y a une dichotomie entre une sphère masculine «publique» et une sphère féminine «privée». Ainsi, la question d'une révision de la notion de domaine «public» en politique et en économie à la lumière de rapports entre les sexes d'origine historique ne se pose pas. Le fait que cette dichotomie découle de pratiques sociales et économiques occidentales spécifiques est tout simplement une question absente de ce cadre.

La séparation du problème de la femme est le principal moyen par lequel les questions du rôle des sexes sont exclues de l'étude et de la planification socio-économiques. Un exemple éloquent de cette pratique est un nouveau livre servant de document de référence aux planificateurs de la Banque mondiale et qui a pour titre *Strategies for African Development* (Berg et Whitaker 1986). Cet ouvrage consacre un bon chapitre à la question des femmes et du développement (Guyer 1986). Il passe en revue un grand nombre de problèmes qui se posent et comporte une critique des programmes des organismes des pays donateurs et une analyse pénétrante des raisons de l'«invisibilité» des femmes. Ce livre de 603 pages fait toutefois mention de la femme dans un seul autre chapitre, celui qui porte sur l'éducation, et se contente d'évoquer et de décrier brièvement l'inégalité de la femme dans le secteur de l'enseignement. La question du rôle des sexes est absente partout ailleurs dans cet ouvrage. Ainsi, le chapitre sur la technologie intitulé *Main-d'œuvre, technologie et emploi en Afrique* (King 1986) néglige d'une manière tout à fait flagrante d'aborder des questions pourtant décrites avec force dans une foule d'études parues depuis 10 ans. L'auteur voit plutôt dans le dossier technologique un problème d'apprentissage de l'utilisation de la technologie dans un contexte de salariat, que ce soit dans le monde du travail «officiel», le secteur parallèle, l'usine ou l'exploitation agricole (King 1986:431–442).

Dans ce document, il est possible, par conséquent, que Guyer (1986:406) voie à juste titre dans les pratiques locales actuelles et les entreprises à petite échelle à activité intensive des atouts possibles pour le développement et que Hyden (1986:55–63) fasse exactement valoir l'opinion contraire et critique l'«économie d'affection» qu'il considère comme caractéristique des sociétés africaines. «Par économie d'affection, on entend les réseaux de soutien, de communication et d'interaction au sein de groupes définis structurellement et constitués par les liens de parenté (sang et alliance) ou d'autres affinités comme les croyances religieuses... L'économie d'affection est l'expression des principes sur lesquels repose l'économie paysanne ou l'économie des ménages» (Hyden 1986:58). Cet auteur soutient que ces réseaux et ces principes nuisent au développement et indique comment le paysannat non intégré pourrait être incorporé à une économie nationale qui se rattache à l'économie internationale.

La Banque mondiale a contribué à faire un ghetto des questions du rôle des sexes. Elle a eu beau reconnaître le problème (BIRD 1979), ses principaux documents d'orientation sur l'Afrique perpétuent l'absence de la femme dans les grandes initiatives de politique économique. Cette pratique est très regrettable, car ces initiatives contribuent à façonner les programmes financiers et les plans de développement des gouvernements africains. En 1981, l'important document *Le développement accéléré en Afrique au sud du Sahara : programme indicatif d'action* (ce que l'on a appelé le rapport Berg (BIRD 1981)) restait muet (texte et tableaux) sur la question de la femme ou des sexes. Dans le chapitre portant sur les contraintes fondamentales, on voyait dans les ressources humaines sous-développées un des problèmes «structurels» internes qui nuisent à la croissance, mais jamais on n'y rangeait la femme parmi les ressources humaines insuffisamment mises en valeur. Même quand il est question d'agriculture, de santé ou de démographie, le document n'évoque pas la nécessité d'inclure la femme dans la planification du développement. Le chapitre sur les ressources humaines accuse la même lacune, la technologie n'étant pas tenue pour un problème distinct, mais plutôt comme une facette des problèmes de main-d'oeuvre.

Un document d'orientation récent sur l'Afrique intitulé *Les besoins financiers de l'ajustement dans la croissance en Afrique subsaharienne* (BIRD 1986) adopte le même point de vue. S'attachant aux réformes structurelles perçues comme un remède nécessaire à la crise économique selon les exigences mêmes du FMI, il critique les politiques africaines qui, usant de discrimination contre l'agriculture, favorisent le secteur urbain (BIRD 1986:18). Toutefois, les politiques de développement agricole que privilégient les auteurs sont celles qui visent à une plus grande intégration du secteur agricole à l'économie mondiale sans tenir compte des problèmes (maintenant bien connus) des femmes et en fait des familles et du milieu même de production culturale commerciale intensifiée. De plus, les moyens d'incitation recommandés pour les exploitants agricoles (BIRD 1986:20) font fi des différences d'incidence selon le sexe et risquent donc l'échec, étant donné l'importance du rôle de la femme dans l'agriculture. Encore une fois, on ne juge pas la question des aspects sociaux des transferts de technologie digne d'être examinée à part. Le rapport se contente d'affirmer que la plupart des observateurs conviennent que le «rayon» de la technologie en Afrique subsaharienne est presque vide. La majorité des agriculteurs ne font guère usage des engrais et l'instrument aratoire qui demeure le plus répandu est la houe à main[1]. De cette analyse, on se limite à tirer la solution d'un développement des capacités de recherche (BIRD 1986:32).

Contredisant son acceptation du fait que l'adaptation structurelle en Afrique ait avant tout visé à un accroissement du rôle des prix, des marchés et du secteur privé dans la promotion du développement, la Banque mondiale préconise un renforcement de la participation des gouvernements, dont on attend une opposition concertée aux contraintes de la croissance. En particulier,

---

1. Exprimant un avis contraire, de nombreuses études ont démontré que la technologie de la houe à main, qui demande beaucoup de main-d'oeuvre, est celle qui se prête le mieux à la conservation par la femme de son emprise sur les productions vivrières. Avec la mécanisation de l'exploitation agricole, les femmes n'exercent plus le même contrôle sur les cultures et les productions de subsistance ou d'autoconsommation cèdent leur place aux cultures commerciales. Le résumé de l'étude de Muntemba en Zambie présenté au chapitre 4 a de quoi faire réfléchir avec sa description des conséquences sur la production nationale de la mécanisation des exploitations familiales. Il n'y a pas de relation directe entre la productivité agricole et les technologies économes de main-d'oeuvre en Afrique. Les familles mangent si les femmes manient la houe. Il n'est pas exagéré de dire que le peu de nourriture que reçoit l'Africain lui est apporté par la houe à main. Le chapitre 3 s'attache aussi aux liens peu connus entre l'autosuffisance alimentaire en Afrique et la production agricole féminine.

> dans des questions comme celles du planning familial, de la conservation des
> ressources et de la recherche agricole, les gouvernements doivent se
> prononcer pour le changement et favoriser l'adoption d'une attitude semblable
> dans la population. Les consensus ainsi dégagés doivent découler d'une plus
> nette compréhension des liens entre ces facteurs à long terme et des
> perspectives d'amélioration de la qualité de la vie.
>
> (BIRD 1986:25)

Ce rapport soulève de graves questions sur le caractère approprié des interventions d'un organisme multilatéral dont les directives influent sur les mécanismes politiques internes, surtout que la Banque mondiale dicte les politiques pour lesquelles les États sont tenus de mobiliser ressources et appuis. Ces gestes sont foncièrement non démocratiques. Il n'y a pas que cette lacune, le document présente d'autres limites sérieuses. Jamais il ne parle, par exemple, de l'importance de l'inclusion des femmes dans de tels consensus. On peut en outre s'interroger vivement sur la possibilité de faire naître un consensus au sujet d'une évolution que la Banque mondiale considère comme manifestement souhaitable, là où les politiques visant cette évolution ont au mieux négligé et au pis gravement défavorisé les femmes. Enfin, cet organisme suppose que les initiatives de développement venant du haut peuvent être fructueuses, le rôle des gens ordinaires consistant simplement à adhérer passivement aux consensus dont les politiques publiques sont l'objet. Les recherches sur les femmes et le développement, y compris les études des transferts de technologie, démontrent en majeure partie l'insuffisance de ce point de vue. Il ne nous appartient pas ici de procéder à une évaluation de la capacité de ces mesures de réaliser les objectifs macro-économiques à long terme qui ont été énoncés, question que l'on pourrait longuement débattre. Kutzner (1986b) se livre à un intéressant examen des politiques d'adaptation structurelle et résume les réactions critiques des ONG et de l'UNICEF à ces politiques (voir aussi Mosley 1986). Elson (1987) a apporté une importante contribution à la critique féministe de ce type de politiques à une conférence organisée par l'Institute for African Alternatives (IFAA).

L'optique de la Banque mondiale a été un mauvais exemple pour les gouvernements africains : même pendant la Décennie des Nations Unies pour la femme, les questions des femmes et du rôle des sexes ont continué à briller par leur absence dans les travaux de planification concrète des États africains. Ainsi, le plan de développement 1984–1988 du Kenya (Kenya 1983) aborde brièvement les problèmes d'emploi des femmes (p. 9) et engage les responsables à adopter des politiques spéciales pour les résoudre, mais ne suggère rien de bien concret pour leur élaboration. On ne parle même pas des liens entre la question du rôle des sexes et les problèmes de développement dans les domaines de la santé, de l'alimentation et de l'agriculture.

Au niveau international en Afrique, les critiques radicales de la théorie et des politiques du développement se retrouvent dans les réactions collectives aux programmes des organismes et des pays donateurs. L'Organisation de l'unité africaine (OUA) s'est opposée à la vision du développement propagée par la Banque mondiale et le FMI. Dans le plan d'action 1980–2000 de Lagos pour le développement économique de l'Afrique (OUA 1980), l'Organisation met en relief les effets négatifs des tendances économiques mondiales sur le développement africain et engage les pays d'Afrique à élaborer ensemble leur propre stratégie de développement. Dans leur application rigoureuse de la stratégie adoptée, ils devraient cultiver les vertus de l'autonomie et de l'autosuffisance. Dans cette vision utile d'un développement autonome, les femmes demeurent cependant encore une fois largement absentes. L'AFARD (1985:2) commente ainsi le plan de l'OUA :

> Il est bon de noter qu'un chapitre a été consacré aux femmes et qu'on y a reconnu le rôle que, parmi les groupements féminins, notre association peut jouer dans la création de chances égales pour la femme. Dans le débat qui a suivi la diffusion du document, nous avons à la fois apprécié l'attention prêtée à cette question et critiqué l'isolement de celle-ci dans un chapitre. En d'autres termes, nous sommes d'avis que l'absence ou la présence des femmes dans des domaines importants comme ceux du développement agricole, de l'industrialisation et de la création et du transfert de technologies, sans oublier les programmes d'éducation et de santé, devrait être examinée dans le corps même de l'analyse, et non pas comme une espèce d'à-côté. À l'heure actuelle, nous continuons à soutenir que les théories et les stratégies de développement qui voient le jour sont erronées et incomplètes dans la mesure où elles ne font pas de la question des sexes une de leurs principales catégories d'analyse.

L'OUA a parrainé un certain nombre d'activités FED pendant les années qui ont suivi l'adoption du plan d'action de Lagos et a voulu encourager officiellement la mise en place en Afrique d'organismes nationaux et gouvernementaux ayant la femme pour objet (voir OUA 1982). Les efforts qui ont été faits manquaient toutefois de vigueur.

L'oubli obstiné, pour reprendre le terme de Henn (1983:1043), des indications surabondantes sur l'importance des rapports entre les sexes et le rôle économique primordial des femmes dans la société africaine n'est pas la seule raison de l'absence de la femme dans le domaine de la technologie et du développement. En raison du caractère spécialisé des domaines liés aux politiques de développement, il existe une séparation structurelle des efforts de recherche entrepris dans différents secteurs où intervient le transfert de technologie. Les recherches par ailleurs excellentes qui ont été effectuées par le CRDI illustrent ce problème. Ainsi, dans le secteur de la recherche agricole, on procède par «inventaires» et les travaux sont classés selon les produits. L'atelier organisé par le CRDI à Singapour en 1981 (Daniels et Nestel 1981) sur l'affectation de ressources à la recherche agricole et qui était structuré en fonction de cette méthode ne pouvait qu'en affirmer l'utilité, étant donné son emploi répandu et sa valeur comme instrument de comparaison. Il en admettait cependant les limites :

> Toutes les études de pays classaient par produit les activités de recherche. C'est l'orientation qui était nettement privilégiée, ce classement étant facile à préparer et pouvant être immédiatement utilisé. On a toutefois reconnu qu'il pouvait ne pas se prêter à une constatation directe des activités de recherche visant des objectifs de planification et de développement à forte orientation socio-économique : systèmes d'exploitation agricole, développement rural intégré et programmes de transmigration.
> (Daniels et Nestel 1981:12)

En d'autres termes, un examen «produit par produit» rend difficile l'étude de la question plus générale du transfert de technologie sous l'angle des questions du rôle des sexes (entre autres aspects socio-économiques).

D'autres projets de recherche ont fait des efforts plus soutenus pour rapprocher les éléments d'examen des questions techniques et sociales. Ainsi, l'atelier de formation tenu au Malawi en 1980 sur l'approvisionnement en eau en milieu rural dans les pays en développement (CRDI 1981) comportait un volet sur la technologie où il était question de données techniques et de recherche sur la formation ; on abordait les facteurs sociaux dans une section consacrée aux questions d'exploitation et d'entretien. La réunion d'études des aspects sociaux et techniques d'un problème de développement ne peut cependant garantir que ces études auront une influence les unes sur les autres. Même dans le cas de cet atelier qui touche au coeur des problèmes de développement des femmes (question de l'approvisionnement en eau), la plupart des études d'aspects techniques de la formation ont rarement fait appel aux données d'analyse sociale. Le compte rendu de l'atelier révèle une grande anomalie : un document insiste en effet sur l'importance de la participation des femmes aux projets de mise en valeur des ressources en eau au Kenya (Getechah 1981) alors qu'un autre document, qui traite de formation en exploitation hydrique dans ce même pays (Shikwe 1981), ne mentionne même pas la responsabilité première des femmes dans les tâches d'approvisionnement en eau et ne fait aucune suggestion pour la formation féminine dans ce secteur. La conclusion tirée par Sue Ellen Charlton de l'expérience qu'elle a faite dans un atelier de USAID sur la femme et le développement international vaut probablement pour cet atelier sur l'approvisionnement en eau et la plupart des ateliers sur la technologie et le développement. Elle a constaté qu'à l'ignorance des questions techniques que l'on pouvait observer chez la plupart des étudiants en sciences sociales correspondait une ignorance des réalités politiques, sociales et culturelles fondamentales du développement chez les étudiants de disciplines comme celles de la nutrition et de l'agronomie (Charlton 1984:xiii).

J'ai traité à loisir du problème des frontières qui se manifeste par une «mise en ghetto» de l'analyse des questions de rôle des sexes ou sa non-intégration aux sujets techniques, car il s'agit probablement là du problème le plus grave que doivent affronter la poursuite fructueuse des recherches consacrées au développement et l'élaboration de politiques convenables de développement. Je reprendrai cette question dans la partie III (chapitres 5–7).

Rôle des sexes, santé et nutrition : démarches conceptuelles

La santé et la nutrition sont des domaines se prêtant au cloisonnement spécialisé que nous avons évoqué plus haut. C'est parfois la conséquence des exigences structurales de l'acquisition de connaissances spécialisées, mais plus souvent il faut y voir l'effet d'hypothèses non vérifiées sur le caractère approprié des pratiques médicales et des bilans nutritionnels occidentaux. Les pratiques et les habitudes alimentaires locales bien adaptées au milieu social et physique sont fréquemment négligées par les spécialistes. En particulier, on a eu tendance à laisser dans l'ombre les connaissances spécialisées acquises par les femmes africaines (avec des exceptions dignes de mention en ce qui concerne la médecine traditionnelle comme les études sur la valeur des sages-femmes indigènes ; citons à titre d'exemple l'étude de Gumede [1978] sur la médecine obstétrique zouloue). Et pourtant, ni la documentation FED en général ni celle qui porte plus particulièrement sur la femme et la technologie ne s'intéressent vraiment à la technologie de la santé, à son incidence sur la femme ou à l'influence de celle-ci sur son adoption. Les chercheurs de l'économie politique féministe ont aussi négligé cet aspect. La critique du transfert de technologie en santé dans le Tiers-Monde revient, par conséquent, à un ensemble disparate de revues interdisciplinaires et d'études d'économie politique.

La recherche sur la santé et la nutrition en Afrique, dont rendent compte un certain nombre de revues médicales, se caractérise par une abondance d'enquêtes statistiques et de données (Ogunmekan 1977, p. ex.). Comme la présence des femmes dans le secteur de la santé et de la nutrition en tant que mères et dispensatrices de soins primaires est plus évidente que leur contribution à la production, la documentation spécialisée en santé et nutrition s'occupe de la question féminine beaucoup plus que la bibliographie économique. Elle a cependant tendance à voir dans les femmes plus des individus et des bénéficiaires passives des programmes de santé et de nutrition que des agents dynamiques déterminant l'adoption de ces mêmes programmes par la collectivité. Ainsi, Oleru et Kolawole (1983) ont étudié un échantillon aléatoire de 500 cas pédiatriques et interviewé 200 mères fréquentant un service d'urgences en pédiatrie à Lagos, au Nigéria. L'étude s'est limitée à un examen de l'incidence sur la santé des enfants du logement, de l'approvisionnement en eau, de l'évacuation des eaux usées et du niveau de scolarité des mères. Elle a négligé les aspects dynamiques et communautaires des décisions maternelles. Un autre exemple des problèmes que présente la documentation en santé et nutrition est une étude de l'accessibilité des hôpitaux généraux en milieu rural au Nigéria (Okafor 1984). On y définit l'accessibilité d'une manière étroite en parlant des obstacles : distances parcourues, moyens de transport, frais de déplacement et coût du traitement (Okafor 1984:663). On considère l'inaccessibilité comme un syndrome de privation que corrigera l'amélioration des décisions d'affectation des autorités locales. L'accent mis dans cette étude sur la prestation de meilleurs services de santé en région rurale est digne d'éloges. Ses conclusions sont cependant d'une valeur restreinte à cause de la non-prise en compte des facteurs liés au rôle des sexes dans le phénomène de l'accessibilité. Un exemple de ces facteurs que toute étude ayant pour objet le Nigéria devrait prendre en considération est la pratique musulmane de l'isolement des femmes, c'est-à-dire des personnes mêmes qui ont la responsabilité des soins de santé au sein de la famille (voir Callaway 1984). Dans un cadre de référence où on traite cette question en considérant les femmes individuellement comme bénéficiaires passives de soins, la seule recommandation pratique possible en matière de politiques est l'élévation du niveau de scolarité de toutes les mères, une solution simpliste s'il en est.

Le problème des frontières rendant les chercheurs médicaux incapables de puiser dans les données de la recherche en sciences sociales peut être mis en lumière dans plusieurs études. L'étude de Rehan (1984) servira d'illustration. À l'aide d'une méthode très répandue et quelque peu critiquée (voir Wicker 1969) appelée CAP (connaissances, attitudes et pratiques), cette étude a vérifié auprès de 500 femmes fécondes haoussa du nord du Nigéria la connaissance du planning familial et de la biologie de la reproduction. En faisant de l'éducation le facteur prédominant de l'adoption d'attitudes à l'égard du planning familial et en excluant de son champ d'examen les facteurs sociétaux d'ordre structurel, cette étude prend encore une fois pour point de vue l'individuel au lieu du social. L'auteur ne se sent nullement tenu de tenir compte des résultats des nombreuses études anthropologiques sur les femmes haoussa. Il est ainsi amené à taxer une pratique socialement fonctionnelle comme celle des mariages multiples d'instabilité matrimoniale, désignation qui tient plus du jugement ethnocentrique que d'une description fidèle des relations entre les sexes dans les populations haoussa. (Une étude classique [1969] de Cohen se livre à une analyse pénétrante des rapports sociaux entre les sexes qui jouent dans les mariages multiples haoussa. Et les périodes alternées de vie de mariage et de vie hors mariage et l'abondance des enfants représentent une stratégie rationnelle de la femme haoussa dans le contexte de la vie urbaine.) Les études fondées sur de tels jugements en viennent nécessairement à des conclusions non scientifiques comme l'affirmation suivante de Rehan (1984:843) : «Cette population attache une grande importance aux enfants nombreux, soit par vanité soit par fatalisme».

Un autre exemple des limites de cette méthode et du problème des frontières est une étude nutritionnelle menée auprès de 250 femmes enceintes à faible revenu de Zaria, au Nigéria, sur leurs attitudes et leurs pratiques en matière d'allaitement (Cherian 1981). Cette étude poussée conclut que 66 % des femmes interrogées utilisaient pour de vagues raisons des préparations de lait commerciales. Le fait que les pères achètent les préparations, comme l'ont signalé quelques personnes interrogées, n'indique pas aux chercheurs que les complexités des modes de décision matrimoniaux pourraient en fait constituer une raison précise. Les auteurs de l'étude n'ont pas tenu compte non plus du rôle de la publicité dans la promotion de solutions commerciales au problème du soin des bébés, fonction mise en évidence par le boycott international contre la société Nestlé pour sa commercialisation outrancière des préparations d'aliments pour bébés dans le Tiers-Monde. L'analyse des discours dominants en santé, un domaine d'étude en progression, présente un grand intérêt pour l'examen des questions de nutrition enfantine. Le cadre conceptuel de l'étude avec l'accent qu'on y met sur l'individu empêche toutefois de se poser des questions sur de tels discours.

Quelques études font référence à la prise de décision communautaire et aux facteurs sociaux. On ne s'y efforce pas vraiment cependant d'examiner en profondeur la nature de la collectivité. Ainsi, un article comparatif sur les soins de santé primaires au Nigéria, à Sri Lanka et en Tanzanie (Orubuloye et Oyenye 1982) a souligné l'importance de la participation communautaire dans le régime nigérian des services de santé de base et critiqué États et gouvernements nationaux pour leur peu de volonté de mobiliser la population pour la réalisation des programmes (p. 679). La notion de participation des auteurs se limite aux apports financiers et à l'adhésion aux programmes publics. Ils font l'éloge des collectivités et de leurs dirigeants qui ont donné généreusement des terres et collaboré avec les responsables de l'application du régime (Orubuloye et Oyenye 1982:679). En évoquant le manque de participation communautaire comme une contrainte, l'article ne tente nullement d'établir un lien entre les lacunes possibles du régime et l'absence d'apports de la population. Dans ce cas, le point de vue ressemble à celui des études à orientation individualiste, la collectivité remplaçant l'individu comme catégorie essentielle et récipiendaire passif de directives venant du haut. Encore une fois, on fait fi de la nature dynamique et complexe des relations sociales.

Certaines revues traitant de santé et de nutrition ont tenté de fondre l'analyse médicale et nutritionnelle et les démarches propres aux sciences sociales. *Social Science and Medicine* et l'*International Journal of Health Services* ont tâché de combler le fossé entre les deux domaines. En 1981, la rédaction de la première de ces revues s'est prononcée en faveur d'une expansion du champ d'activité du spécialiste des sciences sociales. Demandant que les ardeurs curatives actuelles (concernant les programmes de réhydratation orale et les activités d'éducation destinées aux spécialistes de la santé) s'accompagnent de mesures de prévention et d'une amélioration de l'approvisionnement en eau et des conditions d'hygiène, elle a énuméré les questions ou programmes intéressant les pays en développement et pour lesquels on doit prévoir un partenariat pluridisciplinaire en matière de recherche et d'élaboration de politiques.

> Allaitement maternel et compléments alimentaires, maladies diarrhéiques et approvisionnement en eau et mesures d'hygiène, invalidités et handicaps, moyens logistiques et acheminement de médicaments et de vaccins, santé des réfugiés, surveillance, évaluation et établissement d'indicateurs, technologies appropriées et soins de santé primaires (qui embrassent aussi les éléments ci-dessus), voilà des questions présentant actuellement un grand intérêt et formant la base de projets ou de programmes qui font l'objet d'une importante aide bilatérale et multilatérale. Toutefois, si on en juge par leurs activités sur le terrain ou par les documents qu'ils ont fait paraître récemment, les spécialistes des sciences sociales ont très peu participé à ces travaux de recherche.
>
> (Bennett 1981:233)

Un exemple des analyses plus complexes rendues possibles par une telle synthèse est l'étude d'Igun (1982) des habitudes d'allaitement maternel à Maiduguri, au Nigéria. Dans une enquête sur 250 femmes à faible revenu qui ressemble à celle de Cherian (1981), Igun (1982:769) a pu attribuer l'adoption de l'allaitement à la bouteille dans ce groupe de femmes à la culture industrielle occidentale et, en particulier, à la publicité médiatique et à l'exemple de mères de l'élite dont l'adoption mise en évidence de l'allaitement à la bouteille a donné à cette méthode d'alimentation l'attrait de la mode pour les mères à faible revenu. Quand on a su reconnaître le problème en le replaçant dans son contexte social, on peut trouver des solutions qui corrigeront directement une déformation culturelle.

Un certain nombre d'études sur la participation communautaire aux soins de santé se sont attachées aux liens dialectiques entre les régimes de santé établis et les cultures locales, dont le système médical autochtone. Deux études réalisées au Kenya serviront d'exemple. Feuerstein (1976) préconise une démarche communautaire globale en matière de problèmes de santé rurale et, en particulier, l'inclusion des femmes dans la prise de décision pour qu'elles puissent améliorer leur propre santé et de ce fait leur contribution à l'évolution sociale et qu'elles soient mieux armées pour s'acquitter efficacement de leurs responsabilités de «soignantes». Une étude menée par Were (1977) auprès de 400 villageoises visait à établir les attitudes à l'égard de l'égalité des droits entre hommes et femmes. Elle a permis de constater que les femmes ont tendance à penser que les possibilités plus restreintes qui s'offrent à elles par rapport aux hommes gênent leur participation aux activités collectives. Les femmes interrogées ont fait valoir qu'une meilleure instruction améliorerait cette participation et, par conséquent, la santé familiale. Un excellent symposium sur les besoins en matière de santé chez les femmes pauvres du monde, rencontre organisée par l'Equity Policy Center en 1980 (voir Blair 1981), a examiné les divers aspects de la contribution féminine aux services de santé et présenté des études de cas à des fins d'illustration. Il semblerait toutefois que ce genre d'approche n'ait pas encore trouvé sa place dans le cadre général de la recherche médicale et que ses conclusions n'aient pas encore été adoptées dans une mesure appréciable.

La nutrition est un autre domaine où une synthèse de l'analyse sociale et de l'analyse technique s'impose. Dans une foule d'études, la notion occidentale de régime alimentaire approprié est appliquée d'une manière non critique. Une importante étude entreprise pour l'Institute for Development Studies (Sussex) (Institut des études de développement) fait voir les dangers de cette orientation. Le rapport de Gordon (1984) résume concrètement aussi bien les problèmes d'ethnocentrisme en éducation nutritionnelle que la nécessité d'une connaissance locale détaillée pour en découvrir les effets négatifs. Commençant par affirmer que les nutritionnistes sont souvent moins désireux et capables d'étudier les causes profondes de la malnutrition sous l'angle des facteurs et des mécanismes sociaux et économiques, cet auteur décrit son expérience sur le terrain sous la rubrique «Manger plus d'oeufs et d'oranges» :

> Armée d'un BSc en nutrition (obtenu à Londres) et d'un enthousiasme débordant, j'ai entrepris ma carrière en 1966 au ministère de la Santé à Zaria, dans le nord du Nigéria... Les tâches qui m'étaient dévolues consistaient à diriger un service de réadaptation nutritionnelle, à enseigner les rudiments de la nutrition aux mères et à former des auxiliaires locales. Voici quelles étaient les préceptes universels en nutrition à cette époque : il faut commencer à faire prendre des compléments alimentaires aux bébés à l'âge de trois mois ; il faut préparer une bouillie avec de l'eau et de la farine de céréale et ajouter des aliments riches en protéines (des oeufs, par exemple) pilés ou réduits à l'état de purée ; il faut donner aux jeunes enfants beaucoup de légumes, des fruits en purée et des jus, du jus d'orange, par exemple. C'était les messages à communiquer au plus grand nombre de mères possible. Les années ont passé avec peu de rétroaction de la clientèle et sans évaluations en bonne et due forme. À l'instar de nombreux éducateurs en nutrition, nous ne savons pas si nos activités sont utiles ou non.
>
> (Gordon 1984:38)

À l'évaluation des résultats d'une étude qu'elle avait effectuée en 1969 pour mesurer les effets de cette formation en nutrition, elle a constaté grâce aux données de mesure d'état nutritionnel que l'éducation en nutrition avait une incidence négative sur l'alimentation. Elle a tiré la conclusion suivante :

> Les coûts de compléments alimentaires donnés avant le temps peuvent l'emporter sur les avantages dans un milieu pauvre et peu salubre. Les bouillies contaminées et claires causeront une diarrhée plus précoce... Elles sont moins nourrissantes que le lait maternel même si on y ajoute des oeufs. L'aliment de sevrage local... est une farine tendre de mil, le *saab*, qui s'accompagne de feuilles grasses vert foncé et de caroubes fermentées, le dawadawa. Cet aliment est facile à ingérer, savoureux et, s'il est donné entre les âges de 7 et 12 mois, il est plus nourrissant et moins dangereux que la bouillie aux oeufs parce qu'il est fermenté, conservé dans des sels minéralisés et moins riche en eau et en protéines animales. Les pratiques de sevrage locales donnaient probablement de meilleurs résultats dans ce cas que les pratiques «optimales» importées. Beaucoup d'éducateurs en nutrition «blâment la victime» et visent à changer les pratiques des mères prises individuellement. Les conseils ne portent pas sur les problèmes réels ou ne sont pas en rapport avec les ressources et les possibilités des mères. Ce genre d'éducation intensifie les sentiments de culpabilité et d'anxiété sans permettre aux parents de changer leur situation. L'éducation en nutrition recourt rarement au dialogue et l'information contrôlée par les «experts» change tous les deux ou trois ans. Comme nous l'avons indiqué plus haut, dans certains cas le caractère peu approprié de cette éducation peut présenter des dangers. Il faut une recherche participative pour comprendre ce qui empêche les parents de nourrir leurs enfants comme ils le voudraient... J'ai personnellement appris qu'une foule de messages de nutrition paraissant logiques en tour d'ivoire scientifique sont tout simplement absurdes dans la pratique.
>
> (Gordon 1984:39–42)

Cette étude remet également en question l'adhésion développementaliste à la notion de dichotomie tradition-modernité où les croyances, opinions et pratiques traditionnelles deviennent des obstacles au progrès. Il ne fait aucun doute que les préférences alimentaires ne sont pas nécessairement toutes saines d'un point de vue nutritionnel (comme l'expérience de notre propre société le montre si bien et ainsi que l'explique l'anthropologie structurale dans des oeuvres comme celles de Mary Douglas), mais on doit s'efforcer davantage de découvrir la logique des pratiques alimentaires locales et de percer à jour les déformations contemporaines d'habitudes alimentaires antérieurement saines. Des études comme celles d'Ojofeitimi et de Tanimowo (1980) sur les opinions nutritionnelles de femmes nigérianes enceintes, où on fait des croyances traditionnelles le principal obstacle à l'adoption d'un bon régime alimentaire, illustrent les lacunes d'un tel examen. En revanche, l'évaluation que fait Kimati (1986) du phénomène de la malnutrition en Tanzanie est plus éclairée. Ce spécialiste des sciences de l'alimentation de l'UNICEF indique que 70 % des enfants tanzaniens de moins de cinq ans sont bien nourris précisément à cause des connaissances nutritionnelles locales. Cette étude demeure toutefois une exception. (Nous examinerons au chapitre 6 cette même étude et la condamnation par Kimati de la dévalorisation par les nutritionnistes des connaissances traditionnelles.)

Dans un contexte plus général, il existe toute une documentation en économie politique qui conteste la méthode de transfert des technologies des entreprises médicales de l'Occident au Tiers-Monde, y voyant un rouage du système politico-économique mondial où domine le capitalisme, et un des aspects d'une hégémonie culturelle planétaire. Elling (1981:21) résume cet angle conceptuel d'examen du problème :

> Un certain nombre de problèmes de santé mondiaux qui ont été examinés individuellement dans le passé sont considérés... comme étroitement mêlés... Ainsi, les questions de climat (cas de la médecine tropicale) et même la pauvreté quand on y voit un phénomène culturel ou un problème structurel entièrement propre à une nation en particulier sont vues comme permettant de comprendre un ou l'ensemble des aspects étudiés... [Il s'agit] des degrés d'insuffisance de la santé générale dans les pays périphériques et semi-périphériques, et notamment de la montée des taux de mortalité infantile dans des pays comme le Brésil ; de la malnutrition commerciogénique ; du dumping d'exploitation de médicaments, de pesticides et d'autres moyens dangereux de limitation de la population ; d'exportation d'industries dangereuses et polluantes dans les pays périphériques et semi-périphériques ; d'exportation semblable d'éléments d'expérimentation sur l'homme ; de la vente de hautes technologies médicales inutiles à des pays manquant de l'essentiel en fait d'infrastructures de santé publique ; de l'exode des cerveaux et de l'impérialisme médical.

Les phénomènes suivants sont aussi oubliés :

> Exhortations moralistes, plaintes sur l'insuffisance de l'information et de sa communication, évocation des gaffes bureaucratiques ou des menées politiques et des rivalités professionnelles entre agences, façons diverses de blâmer les victimes et autres explications et démarches correctives qui font fi des structures de classes et du contrôle, de la distribution et de l'expropriation des ressources dans les différents pays et le système mondial.
>
> (Elling 1981:21)

Déjà en 1974, le directeur général de l'OMS, le Dr Halfdan Mahler, décrivait en termes lapidaires la situation que l'organisme devait affronter du point de vue de la critique de l'économie politique :

> Le tableau général du monde nous montre une industrie de la santé incroyablement coûteuse s'occupant non pas de promotion de la santé, mais de l'application illimitée de la technologie de la maladie à une proportion un peu maigre de bénéficiaires éventuels, application qui ne se distingue peut-être pas par son efficacité.
>
> (Mahler 1974:1–2)

Dans ce cadre où on trouve deux importants documents (Navarro 1981 ; Doyal 1979) (voir aussi ROAPE 1986), la technologie médicale sort du domaine du matériel pour gagner la sphère du social. Les transferts de technologie médicale sont considérés comme un acte profondément politique aux vastes conséquences économiques, sociales et matérielles. De plus, les problèmes sanitaires de l'Afrique sont replacés dans leur contexte historique. Doyal (1979:101–102) examine, par exemple, les effets de l'expansion colonialiste sur la santé et, inversement, la contribution de la transmission des maladies européennes à la domination coloniale :

> Depuis le XVIe siècle, l'expansion européenne a fait éclater une série d'épidémies catastrophiques dans tous les coins du globe... Le but ici n'est pas de répartir les blâmes, mais de bien faire voir l'importance objective de ce phénomène dans le contexte particulier du développement capitaliste. Bien que la propagation de l'infection n'ait rien eu d'intentionnel dans bien des cas, elle est venue nettement renforcer les politiques génocides appliquées dans beaucoup de territoires colonisés par les Blancs et a affaibli partout les résistances à la domination impérialiste. Les épidémies ont également concouru à détruire les bases économiques et sociales des collectivités autochtones et la désintégration et la paupérisation qui en ont résulté ont grandement facilité l'installation de l'hégémonie coloniale.

En ce qui a trait à la nutrition en Afrique, Doyal (1979:102–103) expose également avec précision les aspects historiques du problème :

> La santé des populations autochtones a aussi été gravement compromise par les guerres qui ont accompagné l'expansion impérialiste. Ce phénomène se dégage très nettement quand nous examinons l'expérience vécue par l'Afrique orientale vers la fin du XIXe siècle et au début du XXe, à l'époque des luttes de la résistance et des affrontements des puissances impérialistes rivales. Au Tanganyika, en particulier, il a fallu une intervention militaire hâtive pour faire taire une résistance grandissante... Des villages ont été brûlés et des récoltes détruites... Les dévastations répétées de terres agricoles pendant 30 ans ont eu des effets structurels persistants. Elles ont non seulement sapé les économies de quelques-unes des principales populations du Tanganyika, mais réduit d'une manière inquiétante la capacité des campagnes de nourrir le reste de la population. Ainsi, la malnutrition et la maladie qui sont devenues des traits permanents du Tanganyika rural au XXe siècle étaient dans un sens très concret un effet d'une première répression coloniale.

C'est en se fondant sur cette analyse pour le présent et le passé que Doyal exprime l'avis qu'aucune déficience alimentaire spécifique causant des maladies chroniques, quelque sérieuse qu'elle puisse être, ne devrait nous dissimuler le fait que la malnutrition qui sévit aujourd'hui dans le Tiers-Monde est principalement imputable à une insuffisance générale des subsistances de base. Les gens n'ont jamais assez de nourriture pour être en santé. Il faudrait donc plutôt parler de «sous-nutrition» (Doyal 1979:98). La distinction est importante, le terme malnutrition ayant une connotation de régime alimentaire insuffisant par la faute des individus, tandis que le terme «sous-nutrition» ramène la pensée aux causes structurelles d'un régime alimentaire déficient.

Par une telle analyse historique concrète et une clarification des hypothèses de base au sujet des problèmes de santé des pays en développement, on corrige la fausse idée suivant laquelle les Africains sont avant tout minés par la maladie et arriérés et la maladie est une catégorie purement naturelle. Si on retient ce point de vue, l'orientation consistant à écarter les obstacles traditionnels à la modernisation de la santé (encore une fois la dichotomie tradition-modernité) cesse d'être une solution viable pour les responsables des politiques de santé. Il devient évident que les solutions se trouvent du côté des politiques visant les mécanismes sociaux et politiques et permettant de tirer parti des initiatives et des compétences locales.

Trait typique de l'école de l'économie politique en général, la bibliographie de l'économie politique de la santé ne s'attache pas constamment aux relations entre les sexes comme partie intégrante de l'analyse. Quand il est fait mention des femmes du Tiers-Monde, on en fait généralement des bénéficiaires passives de politiques de santé négatives, comme pour les expériences dont elles font l'objet en vue de l'essai de substances contraceptives considérées comme dangereuses et interdites à ce titre en Occident (Doyal 1979:283). Encore une fois, on ne tient pas compte du rôle actif des femmes dans les soins de santé et de l'incidence de la technologie de la santé sur leur capacité de s'acquitter de leurs responsabilités traditionnelles.

L'absence d'analyse des rapports entre les sexes dans ce cadre et dans d'autres dénote une grave lacune dans notre connaissance d'un domaine de la santé dont l'étude gagne en urgence, celui des maladies vénériennes. Van Onselen (1976) a été un des rares chercheurs à réaliser une étude en Rhodésie méridionale (devenue le Zimbabwe) pour examiner à fond les facteurs politiques et économiques expliquant la promiscuité des populations africaines urbaines qui est si peu caractéristique des sociétés africaines autochtones. Aussi bien les hommes que les femmes ont été prolétarisés à l'époque coloniale, les hommes devenant des travailleurs itinérants dans l'industrie et les femmes des prostituées qui, par nécessité économique, se déplaçaient vers les zones d'habitation des hommes. D'une part, les soins des prostituées aux mineurs faisaient épargner de l'argent à l'industrie en la dégageant de la responsabilité de l'organisation de services de santé à l'intention de son personnel et, d'autre part, leur présence concourait à la propagation massive des maladies vénériennes.

> La syphilis était causée par les conditions mêmes de l'établissement... Les travailleurs venaient en majeure partie travailler dans les mines sans leur femme et, depuis les tout premiers jours de l'industrie, les prostituées faisaient partie intégrante de la vie de la mine. Pendant toute cette période, elles habitaient dans les quartiers des hommes. Comme leurs services étaient un grand facteur d'attraction et de stabilisation de la main-d'oeuvre, les patrons des mines et l'État hésitaient à les chasser, malgré la contribution directe de la prostitution à la propagation d'une maladie mortelle chez l'ensemble des travailleurs noirs.
>
> (Van Onselen 1976:49)

Cette étude est exhaustive dans son analyse de l'effritement des relations sexuelles traditionnelles et de l'établissement des tendances préjudiciables qui continuent à caractériser les villes africaines. Si on considère les ravages de l'épidémie actuelle de SIDA (syndrome immunodéficitaire acquis), la compréhension des relations complexes du tableau de la sexualité africaine est la tâche la plus urgente à accomplir dans le domaine de la santé. Ainsi, les données les plus récentes venant d'Afrique orientale nous indiquent que les principaux moyens de propagation du SIDA sont les camionneurs faisant du transport à grande distance et un groupe nombreux de prostituées de Nairobi retournant chez elles en visite en Tanzanie (R. Wilson, communication personnelle 1986 ; *Globe and Mail*, 23 mai 1987).

En somme, la documentation spécialisée sur la santé qui prend en compte les facteurs sociaux se rattache à deux des cadres conceptuels évoqués plus haut et partage les limites de chacun. Les recherches médicales et nutritionnelles libérales dont parlent les articles de revues comme *Social Science and Medicine* visent l'individu ou les collectivités (comme ensembles d'individus) comme «siège» des problèmes de services de santé. Dans cette perspective, il est difficile d'en venir à une compréhension dynamique soit des rapports des sexes dans leur interaction avec les transferts de technologie, soit de l'action collective des communautés comme une des principales influences sur l'adoption des technologies de santé.

Les critiques d'économie politique dont font l'objet les systèmes de santé internationaux donnent un bon aperçu dynamique des liens dialectiques entre la technologie sanitaire et les collectivités du Tiers-Monde. Cette idée est toutefois brouillée par un réductionnisme économique qui refuse toute autonomie aux relations entre les sexes comme grande force façonnant la société. Malgré ses limites, cette démarche est propice à l'analyse du rôle des rapports entre les sexes, car elle a pour prémisse l'importance des structures et des processus (et notamment du processus historique) et l'existence de contradictions dans et entre les sociétés. Toutefois, compte tenu des problèmes de frontières dans la communication des connaissances, nous pouvons nous demander si le point de vue de penseurs comme Doyal et Elling et en fait d'un grand nombre de représentants de l'OMS exerce réellement une influence sur les méthodes actuelles des chercheurs en santé et nutrition.

Questions du rôle des sexes et de la femme dans les foyers de recherche-action

Il importe de ne pas voir une espèce de monolithe dans les organismes d'aide. Le degré d'intérêt pour la question du rôle des sexes varie selon les secteurs des organismes et, dans ces secteurs, les cadres féministes peuvent varier selon les chercheurs. La généralisation suivant laquelle les bureaux FED sont quelque peu isolés du reste de l'organisme dont ils font partie est toutefois raisonnable, la question des femmes et du rôle des sexes étant encore une fois considérée comme un à-côté. De plus, les organismes ont l'habitude de se dissocier officiellement des conclusions tirées par les auteurs d'études commandées. Les politiques adoptées par leurs dirigeants peuvent donc souvent être moins progressistes que les mesures recommandées dans les documents de recherche émanant de ces mêmes organismes.

USAID en est un bon exemple. À la suite de mesures prises par le Congrès en 1973, il a créé un bureau des femmes et du développement. Selon un document d'orientation paru en 1982 et résumé par la directrice de ce bureau dans son introduction à *Gender Roles in Development Projects* (Overholt et al. 1985),

> Une des prémisses de la politique des femmes et du développement de A.I.D. [USAID] est que les rôles des sexes constituent une variable clé de la situation économique de tout pays, un facteur qui peut se révéler décisif dans le succès ou l'échec de plans de développement. De plus, le document déclarait qu'il était maintenant primordial pour A.I.D. d'aller au-delà de ses activités initiales et, par des mesures dynamiques et son leadership, de faire en sorte que les femmes jouissent des possibilités et des avantages du développement économique. Il indiquait aussi clairement que la responsabilité de l'application de la politique «femmes et développement» revenait à l'ensemble des services et des programmes de l'organisme à tous les niveaux de prise de décision.
>
> (Tinsley 1985:xi)

Une des nombreuses études commandées dans le cadre de cette initiative est l'excellent bilan de documentation spécialisée d'Isely (1984) sur les stratégies de développement rural en matière de santé et de nutrition et leur incidence sur la fécondité. Ce chercheur (1984) décrit quatre orientations de développement rural et s'attache tout particulièrement à l'importance de la participation communautaire et de l'amélioration des productions vivrières locales dans les stratégies de développement. Cette étude est précieuse à cause de l'accent qu'elle met sur les structures et les mécanismes dans la collectivité, et notamment sur le rôle de la femme, ainsi que sur la santé des femmes et des enfants comme indicateurs clés.

Et pourtant, malgré tous ces efforts de recherche, Staudt (1985a) nous indique que 4,3 % seulement des fonds des bureaux régionaux affectés aux projets de USAID en Afrique sont allés à des projets visant directement les femmes ou comportant un volet féminin. De plus, seuls 4 projets agricoles sur 45 comptaient les femmes comme bénéficiaires désignées. Les constatations faites à USAID, où on dispose d'assez de ressources pour mettre au point un programme FED mais sans qu'il y en ait suffisamment pour une réalisation efficace, valent également pour les Nations Unies et d'autres organismes. De 1974 à 1980, période comprenant la moitié de la Décennie des Nations Unies pour la femme, 4 % des projets uniquement prévoyaient la participation des femmes et la moitié seulement, un degré appréciable de participation féminine (PNUD 1982).

Guyer (1986:416) résume ainsi les difficultés auxquelles se heurtent les programmes FED :

> Les responsables des bureaux de questions féminines semblent se retrouver avec des incompatibilités foncières dans leur mandat. La recherche dans les domaines techniques, qu'il s'agisse de politique fiscale ou de rotation culturale, demande une intégration au reste de la communauté technique. En revanche, l'action politique (défense d'un point de vue féminin dans l'ensemble de l'organisme, pressions en vue de l'accroissement des fonds affectés aux projets féminins ou maintien des liens avec d'autres groupements de femmes) exige une organisation «pandisciplinaire» et une prise de position collective plus axée sur l'affrontement. Les tâches d'administration des projets imposent un autre type de structures défini par l'autorité et la collaboration. Les personnes peuvent être toutes ces choses à la fois, mais un organisme atteint rapidement les limites de la souplesse sur le plan des compétences, de la loyauté, du moral collectif, etc. La difficulté est encore plus grande quand les questions traitées sont elles-mêmes matière à

controverse comme dans le cas des études féminines et que les adversaires cherchent par tous les moyens à éviter de s'en occuper.

À la lumière de cette expérience maintenant bien connue, c'est déjà un effort admirable de juger prioritaire l'amélioration de la connaissance des questions du rôle des sexes chez le personnel de USAID (Tinsley 1985:11) et, par conséquent, de faire paraître des documents comme *Gender Roles in Development Projects* (Overholt et al. 1985), mais cet effort ne réussira guère à éliminer les contraintes structurelles et politiques que connaissent les organismes d'aide. On peut sûrement penser qu'un travail de recherche de USAID sur le même sujet neuf ans auparavant (Mickelwait et al. 1976) n'a eu aucune incidence sur le problème des frontières.

Rogers (1980:48–58) présente un bilan caustique de la question et quelques secs commentaires. Elle donne des exemples de ses conversations avec les planificateurs et raconte la visite qu'elle a rendue aux principaux responsables d'un projet de la Banque mondiale (p. 55) :

«Je vous présente Barbara Rogers, elle vient voir le projet et désire savoir ce que nous faisons pour les femmes, je vous avertis, c'est une féministe.

Silence embarrassé.

Je ne crois pas qu'il y ait quelque chose ici qui présente vraiment de l'intérêt pour vous. L'UNICEF pourrait peut-être vous montrer quelque chose. Nous sommes un énorme programme, avec des millions de dollars, une sorte de consortium d'organismes avec des tâches précises à accomplir et peu de temps pour des projets spéciaux.»

Récemment, à cause de la nature de leur mandat, certains foyers de recherche-action ont pu adopter une position moins ambivalente à l'égard des questions sur le rôle des sexes et du développement. Quelques-uns se sont montrés particulièrement soucieux d'attirer les chercheurs et les praticiens africains et d'encourager une attitude critique à l'égard de la théorie et des politiques de développement. On peut citer l'exemple de l'OIT, mais d'autres foyers de recherche-action ont fait de même (voir Flora 1982 ; Were 1985)[2]. À cause de ses liens avec les mouvements ouvriers et de sa mission ouvertement progressiste, l'OIT a joué le rôle de chef de file en la matière. Selon M. Dharam Ghai, chef du secteur des politiques d'emploi rural de cet organisme, «en ce qui concerne les travailleuses rurales... on a voulu s'attacher à des questions primordiales mais négligées, créer une base de connaissances pour le lancement de programmes pratiques et encourager la participation des chercheurs et des ONG à l'action populaire avec les groupements féminins» (OIT 1985:4). Parmi ses réalisations importantes des huit dernières années, mentionnons la tenue d'un atelier interrégional africain et asiatique sur les stratégies d'amélioration des conditions d'emploi de la population féminine rurale, manifestation qui a eu lieu en Tanzanie en 1984 et qui était coparrainée par la DANIDA (OIT 1985) ; un séminaire régional africain tripartite sur le développement rural et les femmes tenu au Sénégal en 1981 (OIT 1984) ; une conférence sur la femme et le développement rural à Genève en 1978 (OIT 1980). De plus, cet organisme a commandé un grand nombre d'études (Feldman 1981, p. ex.). En ce qui concerne la question des femmes et de la

---

2. En 1982, la Fondation Dag Hammarskjöld a financé un séminaire ayant pour titre «Un autre développement avec les femmes» (FDH/SIDA 1982). La rencontre a été particulièrement importante du point de vue des femmes africaines. Elle a servi de tribune à la diffusion par l'AFARD d'une politique d'africanisation intellectuelle tant de la recherche que de l'action de développement.

technologie, il a commandé plus particulièrement ces derniers temps un important bilan de recherche (Ahmed 1985).

Dans les séminaires notamment, une voie centrée sur l'Afrique commence à se faire entendre pour l'économie politique féministe. L'atelier de 1985 tenu en Tanzanie et auquel ont assisté en majeure partie des femmes africaines (parmi lesquelles figuraient d'éminents chercheurs) en est la preuve. Cette rencontre est née d'«un souci commun des chercheuses d'Afrique et d'Asie de délaisser la recherche fondamentale permettant de découvrir pourquoi le développement rural n'a pas aidé la femme au profit d'une description des initiatives qui concourent d'une manière quelconque à améliorer les conditions économiques et sociales des femmes pauvres des régions rurales... Les participants, femmes et hommes... étaient tout à fait conscients des mécanismes qui ont pour effet de paupériser et de marginaliser une grande partie de la population rurale, et notamment de la population féminine» (OIT 1985:1–2). Le résumé critique de l'atelier des projets et des programmes féminins témoigne du jugement incisif porté par les participants sur les modes existants de développement rural :

> Il existe de nombreux problèmes d'adoption d'une orientation «projets» pour le développement en général et les projets féminins en particulier. Cette orientation présente souvent un caractère réformiste et ne planifie ni n'appuie directement les changements structurels. Les charges administratives sont généralement lourdes et l'effet multiplicateur est restreint. Dans bien des cas, les projets et les programmes féminins marginalisent les intérêts des femmes au lieu de les intégrer aux grandes activités de développement. Ils sont souvent conçus comme des hobbies, des activités à temps partiel permettant d'assurer un revenu supplémentaire aux femmes et ils ne tiennent pas compte des activités économiques principales de la femme ni de leur besoin critique d'emplois à plein temps et de revenus permettant de subvenir à leurs besoins et à ceux de leur famille. Ils maintiennent et reproduisent généralement la division existante des tâches entre les sexes et ne donnent pas aux femmes les aptitudes et les connaissances voulues pour bien suivre l'évolution de la technologie du marché du travail et s'y adapter...
>
> On a fait valoir que l'approche «projets» était nécessaire parce que la plupart des plans et des programmes de développement nationaux se répartissent en projets et que ceux-ci sont une façon de faire voir ce qui peut être fait aux bureaucrates et aux agents d'exécution sur le terrain qui autrement ne prendraient peut-être pas l'initiative de lancer un programme ou de résister à son adoption. De plus, projets et programmes peuvent donner aux femmes pauvres la possibilité d'exploiter des ressources, d'exercer un certain pouvoir et de prendre des décisions, occasion que beaucoup n'auraient pas si on n'organisait pas de projets. On a souligné l'importance de cette expérience dans l'examen des questions de sous-développement et de dépendance.
> (OIT 1985:6–7)

Derrière cet énoncé général, il y a une connaissance fine et historiquement détaillée des rapports entre les sexes en Afrique, du rôle économique des femmes et des réalités de l'économie politique nationale et internationale contemporaine. C'est des observations de la pensée pragmatique collective des chercheurs et des praticiens africains que de nouvelles orientations fructueuses en planification de la recherche et du développement peuvent voir le jour, comme l'indiquent les chapitres 3 et 4.

Une amorce manifeste d'un mouvement d'africanisation de la recherche sur les femmes sur le continent africain est les organismes régionaux qui ont été créés en vue de la promotion de la recherche féminine. L'AFARD a déclaré à maintes reprises à l'occasion de séminaires et dans des publications que la recherche sur la femme africaine devrait appartenir à la femme africaine.

> L'AFARD est née en réaction à l'afflux de chercheurs FED de l'extérieur qui faisaient des incursions dans les pays africains pour recueillir de l'information sur les femmes africaines, obtenir grades et promotions grâce à des publications élaborées pour des lecteurs non africains et emporter à la fin dans leur pays d'origine les connaissances acquises. Les chercheurs africains faisaient face à la concurrence croissante de chercheurs étrangers qui jouissaient d'un avantage inéquitable du fait de leur accès plus grand aux fonds de recherche et aux moyens de publication.
>
> (Mbilinyi 1984:292)

Mbilinyi (1984) reconnaît toutefois que le mouvement de décolonisation des études sur la femme africaine s'est nécessairement orienté dans des directions divergentes. Les femmes africaines de l'élite sont capables de monopoliser les possibilités et les fonds de recherche et beaucoup s'en tiennent aux démarches conceptuelles préconisées en Occident par les chercheurs libéraux. Un autre groupe adopte une attitude plus critique et se range aux côtés des femmes africaines ordinaires. L'optique prédominante à l'AFARD, qui s'est manifestée par une exclusion générale ne laissant que les femmes africaines définies racialement, permet aux inégalités de classes de demeurer dans l'ombre. Aux yeux de Mbilinyi, cette tendance est comme un reflet du racisme colonial en Afrique du Sud. Dans plusieurs pays, des groupes de féministes africains (p. ex., Projet de recherche et de documentation sur la femme (Women's Research and Documentation Project [WRDP] en Tanzanie et le Women's Action Group [WAG] au Zimbabwe) luttent pour garantir que des recherches suffisantes portent sur les femmes pauvres et que la voix de celles-ci peut se faire entendre. Le mouvement Women in Nigeria (WIN) essaie de s'attaquer aux questions de classes. Autant que nous sachions, il n'existe encore aucun groupe de recherche féministe au Kenya qui s'intéresse à ces aspects. La difficulté à laquelle se heurtent ces groupes est que leur démarche remet en question les structures mêmes de la société sur laquelle se fondent les hypothèses sur le développement.

L'orientation privilégiée par la plupart des chercheurs féministes africains est, par conséquent, le projet libéral d'intégration de la femme aux structures établies de la société. C'est dans cette voie que s'engage en gros l'activité des autres organismes régionaux de recherche sur la femme, et notamment de l'ATRCW, qui fait partie de la CEA et a son siège à Addis Ababa, en Éthiopie (voir ATRCW 1985a,b ; CEA [1977] décrit la genèse et la croissance de cet organisme). Presque entièrement financé par des donateurs extérieurs, l'ATRCW se conforme à l'idéologie FED des organismes d'aide occidentaux. Comme Mbilinyi (1984:292) le fait observer, la volonté d'intégration est extrêmement bien ancrée et vient de demandes progressistes d'égalité humaine en réaction à l'absence d'une pleine égalité de la femme sur le plan international et en Afrique. Qu'elle soit préconisée par des féministes africains ou des chercheurs occidentaux, la démarche libérale ne suffit cependant pas à expliquer tout à fait les liens dialectiques entre le transfert de technologie et la famille et la collectivité africaines. Ainsi, l'ATRCW se soucie des indicateurs sociaux comme moyen de compréhension de la situation des femmes (voir ATRCW 1985a). Même si un tel intérêt permet d'assurer une bonne collecte des données nécessaires, il exclut, par son interprétation du sujet de recherche, des questions dynamiques et envisagées dans une perspective historique sur les rapports entre l'évolution des systèmes fondés sur le rapport entre les sexes et la situation des femmes. Il ne permet pas non plus d'examiner la contribution des organismes féminins au maintien et à l'amélioration de cette situation.

Il ne faudrait pas sous-estimer cependant la valeur des apports de l'AFARD en particulier. Ceux-ci assurent une légitimation politique de la recherche locale et amènent les chercheurs occidentaux à adopter une attitude plus prudente. Ils fournissent également un canal aux initiatives d'organismes qui font une priorité de la participation africaine. Ainsi, l'AFARD a fait la promotion du programme de la Fondation Rockefeller visant à examiner les conséquences à long terme de l'évolution des rôles des sexes à l'aide de projets de financement ayant pour objet les phénomènes sociaux, psychologiques, politiques et économiques liés à la transformation rapide de la condition féminine (AFARD 1985:15).

Un autre aspect des activités de recherche-action à étudier est le grand nombre d'ONG s'occupant de la question des femmes et du développement. Comme il s'agit d'organismes à vocation spécialisée (en planning familial, en éducation ou en activités religieuses, p. ex.), leurs buts sont plus modestes et leur perception des problèmes de développement est souvent plus représentative des problèmes à la base. La plupart des ONG se sont donné des buts altruistes qui fréquemment sont compatibles avec les orientations de l'économie politique féministe. Manquant habituellement de ressources financières, ils ont été incapables de financer toute contribution à grande échelle de spécialistes occidentaux et ont cherché à la place à bien exploiter les ressources humaines du pays en développement où ils exercent leur activité. Dans bien des cas, les ressources en question étaient féminines. Le principal inconvénient auquel font face les ONG, le manque de fonds, est aussi leur force, car ils ne subissent pas les contraintes des orientations des politiques nationales comme les organismes d'aide aussi bien bilatéraux que multilatéraux.

Le Centre for Development and Population Activities (CDPA, s.d.) a produit, par exemple, un guide de planification et de réalisation de projets destiné à ménager des efforts de développement novateurs et fortement concentrés. Il établit la distinction entre objectifs vagues (amélioration de la situation des femmes dans le village de Tokara, par exemple) et objets précis (communication aux 3 000 femmes du village de Tokara et des localités voisines de renseignements sur la biologie de reproduction et le planning familial sur une période d'un an, par exemple). Le WHES est un autre exemple d'organisme qui a pu rendre de précieux services avec des ressources restreintes. Grâce à des séminaires, à des publications et à des missions de consultation, il répand la connaissance des causes de la faim et de la pauvreté et constitue un centre de coordination de réseaux. Il s'est beaucoup attaché à l'Afrique et en particulier aux femmes (voir Kutzner 1982, 1986a,b ; WHES 1985).

Dans le passé récent, et notamment dans les années qui ont précédé la tenue de Forum 1985 à Nairobi (conférence d'ONG qui a coïncidé avec la conférence de fin de décennie des Nations Unies), les ONG s'occupant des divers aspects de la vie et de la lutte des femmes se sont multipliées dans tout le Tiers-Monde (CWS/cf 1986 donne un excellent aperçu de ces organismes et des travaux de la conférence). Un bon exemple d'organisme occidental s'occupant d'une manière bien concrète des questions de la technologie et des sexes est l'Equity Policy Center (voir Blair 1981). Signalons également qu'ISIS International, dont le siège se trouve à Genève, procure des services de communications essentiels au Tiers-Monde. Fondé comme organisme à but non lucratif en 1974, il est le fruit de demandes de femmes de nombreux pays qui désiraient voir naître un organisme chargé de faciliter les communications entre les femmes dans le monde et de recueillir et de distribuer à l'échelle internationale les documents et les informations produits par des femmes et des groupes de femmes. Dès 1983, il disposait d'un réseau de 10 000 points de contact dans 130 pays et d'une bibliothèque spécialisée de 50 000 documents (gamme s'étendant des livres aux films). Il rendait en outre une grande diversité de services, notamment en formation dans le domaine des communications et en organisation de conférences (ISIS International 1983:221–222). Son guide de ressources (ISIS International 1983), qui se veut un instrument d'action pour les féministes du Tiers-Monde exerçant des activités FED, aborde avec concision et logique un grand nombre des questions soulevées au chapitre 3 et dans l'ensemble de cet exposé, qu'il s'agisse de la non-prise en compte des connaissances des femmes, des problèmes de l'orientation «création de revenus» ou de l'effritement des droits et du contrôle économique des femmes causé par les projets de développement.

Le Fonds de développement des Nations Unies pour la femme (UNIFEM) fait la promotion d'un important projet ayant pour objet la femme et la technologie alimentaire. Les travaux envisagés visent à diffuser des technologies pour des aliments jugés hautement prioritaires. Le transfert de technologie sera intégré à l'aide sociale et économique destinée aux femmes sous la forme de mesures de crédit et de commercialisation et d'autres facilités. Il s'agit de favoriser l'autosuffisance nationale en matière alimentaire par un soutien des femmes productrices, transformatrices et commercialisatrices de produits alimentaires (Carr et Sandhu 1987, voir un examen de cette étude au chapitre 3, p. 71, et la critique de Carr et Sandhu des hypothèses économiques de ces projets au chapitre 6, p. 139–140).

Au Canada, le CCCI constitue un organisme de regroupement pour un large éventail d'organismes canadiens et tiers-mondistes. Il joue un rôle précieux en rapprochant les chefs de file populaires de la population féminine (voir Gascon 1986). Habituellement, ce sont les femmes «de l'élite» de dirigeants qui assistent aux conférences internationales et il existe d'importants obstacles financiers, politiques et logistiques à l'interaction des chefs de file féministes hors élite du Tiers-Monde. C'est à ce problème que s'attaquent des organismes comme le CCCI.

Dans le Tiers-Monde, le groupe DAWN a vu le jour comme initiative féministe internationale à Bangalore, en Inde, en 1984 (voir DAWN 1986). Cet organisme de regroupement dont la mission est d'améliorer les liens entre organismes féminins dans le Tiers-Monde a été très présent au Forum de Nairobi de 1985. Ce groupe auquel se sont affiliées l'AFARD et d'autres associations régionales devrait donner aux féministes du Tiers-Monde une voix puissante. Il est toutefois peu probable qu'il ait autant accès aux fonds et aux ressources disponibles qu'ISIS International ou le CCCI.

Les chapitres 3 et 4 examinent la conceptualisation de la question du rôle des sexes, de la technologie et du développement dans la recherche «savante» ou universitaire et passent en revue les principaux résultats des travaux. Là aussi, les cadres féministes décrits au chapitre 1 permettront de juger de la valeur explicative des différentes études. La plupart des études universitaires consacrées aux questions de technologie et de rôle des sexes s'insèrent dans le cadre du féminisme libéral. Comme cette démarche s'intéresse à l'individu et ne procède pas à une analyse en profondeur des processus et des structures sociaux, les problèmes de transfert de technologie ne peuvent qu'être décrits. De telles études ne peuvent donner l'explication et livrer, par conséquent, des éléments de solution des problèmes découlant de l'interaction dialectique des sexes, de la collectivité et de la technologie. Beaucoup sont dignes d'intérêt pour les données précieuses qu'elles livrent et leur délimitation des secteurs problèmes où des recherches s'imposent.

On constate qu'un accord s'est fait dans la documentation spécialisée sur une série de questions relatives aux transferts de technologie et au rôle des sexes dans la collectivité. Le chapitre 3 présente et décrit ces questions. C'est l'économie politique féministe qui explique les systèmes fondés sur le rapport entre les sexes et les processus de changement. De telles explications sont nécessaires à la découverte de solutions appropriées. Le chapitre 4 expose une étude de cas et résume deux études de chercheurs africains pour bien faire voir la valeur de cette orientation.

sciences sociales sur la femme africaine, voir Strobel 1982 ; Robertson 1987). Les concepts de la théorie de la dépendance influencent ces écrits dans une certaine mesure, bien qu'on n'ait pas tendance à examiner toutes les conséquences de l'application du cadre de la dépendance. Dans certaines études, l'analyse est comprimée par une tendance réductionniste empruntée au féminisme radical et qui fait des hommes une catégorie à caractère unitaire responsable de l'oppression de la femme. De plus, la plupart de ces études accusent la grande lacune de la théorie de la dépendance, celle d'une perception statique et ahistorique des sociétés dépendantes où nation et personne deviennent la cible passive de structures et de pratiques capitalistes d'exploitation. Dans un tel cadre, on ne peut donc bien comprendre ni les complexités de l'économie politique africaine, et notamment du phénomène de la formation des classes, ni le rôle que jouent les collectivités locales. Plus particulièrement, l'influence des organismes communautaires sur l'introduction et l'utilisation durable des technologies demeure largement absente dans la documentation spécialisée. Bien que nombre d'études se prononcent en faveur d'un accroissement de la participation communautaire, surtout des groupements féminins, elles examinent rarement les fondements historiques sur lesquels cette participation pourrait reposer.

L'angle d'examen de la dépendance appliqué à la question des femmes et de la technologie n'en dresse pas moins un cadre descriptif utile. La description de Charlton (1984:23–28) de l'impuissance des femmes dans tout ce qui est décisions de développement est un bon exemple de cette utilité. Cet auteur voit la femme comme prisonnière d'un triple filet de dépendance. À son avis,

> Dans presque tous les pays du monde... les femmes dépendent des hommes en matière de politiques structurées aux niveaux local, national et international. Un aspect également important de cette conceptualisation est la constatation du resserrement des liens entre ces trois niveaux. Les événements locaux, qu'ils se produisent dans la sphère privée (famille ou groupe de parenté) ou dans la sphère publique, subissent de plus en plus l'influence des institutions publiques nationales. De plus, l'expansion des organismes multinationaux rend à peu près tous les pays sensibles aux influences de l'étranger... Le choix de la villageoise d'allaiter son enfant est conditionné en partie par des forces indépendantes de sa volonté : disponibilité de préparations toutes faites, publicité et autres sources d'information (comme les travailleurs de la santé), prix et revenus en espèces, politiques publiques régissant les activités des sociétés multinationales... Les conditions de la vie féminine même dans les villages isolés subissent l'incidence d'institutions et d'événements lointains... Quelle que soit leur situation traditionnelle, les femmes n'ont par rapport aux hommes que peu de pouvoirs reconnus et institutionnalisés aux niveaux local, national et international. Même quand elles atteignent à une certaine influence publique à l'échelon local ou national, celle-ci est souvent diminuée par l'autonomie restreinte de la nation-État où elles se trouvent.
>
> (Charlton 1984:24–25)

L'incapacité de la femme d'exercer un choix est particulièrement importante dans le cas des transferts de technologie, qui jouent un rôle si considérable dans leur vie. Un grand nombre de chercheurs (Cain 1981:5–6, p. ex.) admettent que les gens appelés à faire des choix technologiques sont habituellement ceux qui sont le moins touchés par ces choix. Ce sont les gens les plus touchés, qui doivent s'adapter et vivre avec les choix, qui ont le moins voix au chapitre. Ce qui ne facilite pas les choses, c'est que cette contradiction n'a que rarement été reconnue et, partant, examinée. Les géographes, par exemple, n'ont jamais abordé la question. Le groupe d'étude «Femmes et géographie» de l'Institute of British Geographers a critiqué le silence de cette discipline sur les questions de rôle des sexes (Momsen et Townsend 1987). Signalons cependant qu'on a élaboré deux atlas féministes pour combler les lacunes de la description en géographie (Seager et Olson 1986 ; Sivard 1985).

L'absence de choix de la femme et l'«invisibilité» de cette impuissance ont une certaine importance dans le contexte de la dépendance africaine à l'égard des femmes en tant que producteurs alimentaires. Lewis (1984:170) résume ce rôle (voir aussi Monson et Kalb 1985) :

> Les femmes africaines sont habituellement les producteurs alimentaires primaires du milieu rural. Elles travaillent généralement deux à six heures de plus que l'homme à la campagne. En moyenne pour les sociétés africaines, la femme intervient pour 70 % de tout le temps consacré à la production d'aliments, la totalité du temps affecté à la transformation alimentaire, 50 % du temps d'entreposage alimentaire et de soin des animaux, 60 % du temps de commercialisation, 90 % du temps de brassage (bière), 90 % du temps d'approvisionnement en eau et 80 % du temps d'approvisionnement en combustible.

La technologie agricole a eu la plus profonde incidence négative sur la capacité de la femme de conserver non seulement ses responsabilités en matière de production alimentaire, mais aussi son rang dans le village et la famille. Est inhérent à une grande partie des politiques antérieures qui ont déterminé la diffusion des technologies agricoles ce que Tinker (1981:52–53) appelle des stéréotypes irrationnels des rôles appropriés pour la femme. Selon ces stéréotypes que renforce une définition boiteuse de l'activité économique, la femme ne travaille pas ou, si elle le fait, c'est une chose qu'elle ne devrait pas faire. Ainsi, un projet d'énoncé de politique agricole [de USAID] élaboré en 1977 pouvait indiquer qu'une des mesures de développement à prendre pourrait consister à diminuer le nombre de femmes appelées à travailler dans les champs (Tinker 1981:52–53). Les organismes FED et les services FED des organismes d'aide ont échangé récemment beaucoup de paroles au sujet de la contribution économique négligée des femmes (voir OIT–INSTRAW 1985, p. ex.). Tout ce débat un peu ronflant ne s'accorde pas avec les hypothèses sous-tendant les politiques d'aide concrètes en matière de technologie.

Cette conception a de graves conséquences. On ne tient pas compte du rôle de la femme africaine dans la production, parce qu'il ne peut entrer dans les modèles économiques existants. Comme on a radicalement réduit les choix des femmes concernant leurs activités économiques, on considère leur emploi du temps de travail comme irrationnel à l'aune de la théorie économique occidentale (qui pose que les gens répartissent leur temps de travail comme ils affectent les ressources, c'est-à-dire selon la notion d'utilité marginale et des choix rationnels destinés à optimiser le rendement). Réduite au rang d'anomalie économique, la femme voit son travail agricole exclu des activités économiques mesurables. Ainsi, tirant des conclusions d'une étude de l'agriculture africaine qui n'avait porté que sur la main-d'oeuvre masculine, le Département de l'Agriculture des États-Unis a pu affirmer que la main-d'oeuvre était la grande ressource rare des productions alimentaires africaines.

Henn (1983) montre bien l'absurdité de cette vue et cite des données pour la Tanzanie et le Cameroun qui valent probablement pour le reste de l'Afrique. Les hommes beti du Cameroun et haya de Tanzanie consacrent respectivement 220 et 450 heures par an aux tâches alimentaires, contre 1 250 et plus de 1 000 respectivement pour les femmes beti et haya (moyenne féminine de 4 à 5 heures par jour et moyenne masculine de 1 à 2 heures). Si on considère ces chiffres, il est absurde de penser que la main-d'oeuvre demeurera rare dans le secteur de l'alimentation jusqu'à ce qu'on comble le fossé entre les salaires urbains et [le rendement économique] des productions alimentaires (Henn 1983:1047–1048). C'est néanmoins sur des vues erronées comme celles du Département de l'Agriculture que repose la politique de la Banque mondiale de correction des déséquilibres régions urbaines-régions rurales (dont il a été question au chapitre 2). Un important volet de cette politique est la suppression du contrôle des prix agricoles en vue d'un alignement des revenus ruraux sur les revenus urbains. L'accent mis sur la main-d'oeuvre rend invisibles les raretés réelles de la production vivrière africaine, c'est-à-dire la rareté des apports matériels et financiers destinés aux principaux producteurs. Le rôle des femmes comme producteurs primaires, les inégalités d'accès aux facteurs de production et l'iniquité de la répartition familiale des revenus au titre des productions vivrières sont autant d'aspects dont ne s'est pas occupée la pensée économique occidentale classique. Presque toutes les études FED révèlent que l'homme s'approprie toute augmentation des revenus agricoles et en fait un usage qui ne profite pas aux femmes et aux enfants. Ce sont pourtant les femmes qui sont largement responsables de la création de ces augmentations et la production en cause alourdit sérieusement leur charge de travail et diminue leur capacité de produire de la nourriture pour la famille.

Comme la femme a une expérience différente des possibilités de développement, il n'est guère étonnant que sa conception de ce développement diffère de celle de l'homme. Nelson (1981:4–6) et beaucoup d'autres auteurs décrivent le conflit grandissant entre les sexes dans le contexte des activités de développement et imputent cette situation à la part inégale qu'obtient la femme de ces possibilités nouvelles ou au ressentiment de la société quand un groupe de femmes s'est attribué une part suffisamment importante pour menacer l'économie du pouvoir dans les relations entre les sexes. Nelson cite une étude d'infirmières zambiennes (Schuster 1981:77–97) en guise d'illustration. Ces infirmières se sont retrouvées dans des rapports de sexes radicalement différents à cause de leur rôle bien en vue comme responsables des soins dans un système occidental de services hospitaliers qui ne tenait pas compte des problèmes sociaux suscités par un conflit entre les principes curatifs africains et occidentaux. On en est venu, par conséquent, à blâmer les infirmières pour les ennuis que connaissait l'hôpital ainsi que pour le bouleversement des relations entre les sexes dans la société zambienne en général.

Les projets de développement agricole ont créé une grande arène pour les conflits entre les sexes. Dey (1981:109–122) dépeint les rivalités profondes qui ont divisé les hommes et les femmes dans une entreprise gambienne de production de riz humide. Les ingénieurs chinois qui avaient conçu le projet avaient mal compris le partage des tâches. La femme gambienne était traditionnellement responsable de la production de riz humide et pourtant on l'avait exclue des plans. Ces études et d'autres font ressortir avec une prévisibilité déprimante les façons dont les hommes ont exercé un contrôle sur les nouvelles perspectives économiques et les ont reprises à leur compte. Depuis un siècle, l'homme africain (comme celui d'autres régions du monde) est parvenu par rapport à la femme à une situation plus avantageuse dans la collectivité (Nelson 1981:5). Certains chercheurs (Stamp

1986:42, p. ex.) font cependant observer que cette situation privilégiée de l'homme dans le système fondé sur le rapport entre les sexes encourage une économie politique inéquitable qui joue au détriment des petits agriculteurs, hommes et femmes.

La perte des droits et des pouvoirs traditionnels au village et dans la famille est un thème sans cesse repris par la documentation FED sur l'Afrique. Comme le signale Bryceson (1985:7–8), on peut s'étonner qu'il y ait si peu d'écrits qui traitent de la question de la femme et de la technologie, alors que les études abondent sur le phénomène de la femme et du travail (voir entre autres Nelson 1981 ; Bay 1982 ; Hay et Stichter 1984 ; Monson et Kalb 1985 ; Leacock et Safa 1986 ; Robertson et Berger 1986). Les études diffusées ont tendance à analyser plutôt rapidement les liens entre la femme et la technologie. Toutefois, et la documentation générale sur la femme et le travail et les études traitant plus particulièrement de la question des transferts de technologie mettent en évidence le rôle négatif des nouvelles technologies dans la détérioration de la situation de la femme. Le bilan suivant des grandes questions traitant de technologie et du rôle des sexes est tiré des quelques études spécifiques sur la femme et la technologie et d'un ensemble disparate de documents qui abordent le sujet (pour un examen de la documentation en cause, voir Bryceson 1985:37–44).

La définition lucide que donne Bryceson (1985) de la technologie permet de résumer la signification habituellement prêtée à ce terme dans les études consacrées à la question de la femme et de la technologie. Au sens le plus large, la technologie est formée des

> objets, techniques, compétences et procédés qui facilitent l'activité humaine premièrement en diminuant les dépenses d'énergie humaine, deuxièmement en réduisant le temps de travail, troisièmement en améliorant la mobilité spatiale et quatrièmement en atténuant les incertitudes matérielles... [Ces] objets, techniques et procédés sont nés de l'application de l'intelligence et de la connaissance humaines de la matière et servent à renforcer les capacités de l'homme. Par capacités humaines, on entend non seulement les facultés physiques et mentales de l'individu, mais aussi la capacité sociale d'exploiter ces facultés.
>
> (Bryceson 1985:8–9)

Cette définition est utile parce qu'elle délaisse quelque peu la conception de la technologie comme produit humain au profit de l'assimilation de cette même technologie à un concept social (j'ajouterais personnellement aux éléments de définition des «capacités humaines» la capacité de la collectivité de combler les besoins sociaux et physiques de ses membres). Cette définition précise ce que la technologie est censée accomplir et accomplit au mieux et ne se contente pas de décrire les réalisations liées au processus de transfert de technologie de l'Occident à l'Afrique.

Dans l'examen des réalités de ce processus au niveau local où l'objet de la technologie se trouve déformé, on peut dégager dans les études portant sur cet aspect dix questions sur lesquelles les chercheurs s'entendent plus ou moins :

1. Les gouvernements africains et les organismes de développement considèrent la technologie comme un instrument neutre et non porteur de valeurs, conception qui rend invisibles les problèmes évoqués plus haut. Si on adopte ce point de vue erroné, on croira que le développement naîtra inévitablement du recours à des expédients technologiques.

2. Les politiques des gouvernements africains sont généralement empreintes de sexisme et, de ce fait, elles structurent la planification et l'exécution des tâches de développement sans égard aux liens entre la femme et la technologie, même quand les responsables disposent d'indications sur ces liens.

3. La technologie appropriée, ce mot d'ordre des études et des politiques de développement, devient souvent peu appropriée lorsqu'il est question des rapports entre les sexes. Qui juge que telle ou telle technologie est appropriée et quels intérêts une technologie appropriée sert-elle ?

4. Les projets de création de revenus, qui ont la faveur des responsables de politiques FED, sont d'une valeur douteuse et peuvent même nuire à la femme. Les projets qui incitent les femmes à fabriquer toutes sortes d'objets pour la vente font passer au second plan la principale activité féminine qui est la production vivrière et renforcent le stéréotype de l'économie familiale des activités appropriées de la femme. Qui plus est, on étudie rarement la demande sur le marché avant d'encourager les femmes à s'adonner à des productions artisanales.

5. Les études et les politiques de développement voient souvent dans la femme un sujet de «bien-être social» (une bénéficiaire de services sociaux) plutôt qu'un facteur de développement dynamique. C'est oublier la place centrale qu'occupe la femme dans l'économie africaine. De plus, l'orientation «groupe cible» suppose qu'il existe des canaux systématiques par lesquels les ressources peuvent être acheminées vers les femmes, une hypothèse erronée (voir Hyden 1986:63, bien que cet auteur ne fasse pas cette observation par rapport à la femme).

6. Les femmes n'ont pas le même accès que les hommes aux ressources de développement, et notamment aux sources de formation de capital et de crédit.

7. Les femmes perdent couramment leurs droits et leur autonomie sociale, politique et économique légitimes dans la collectivité. La perte des droits sur le sol est un aspect particulièrement grave de ce problème.

8. Les relations entre les sexes sont perturbées et ce bouleversement accentue la tendance traditionnelle à la domination masculine et nuit au pouvoir qu'exerce en contrepoids la femme au sein de la famille. C'est pourquoi la femme africaine en vient à être encore plus subordonnée à son mari et à perdre au profit de celui-ci le contrôle qu'elle exerçait sur son propre travail. Ce recul explique souvent la résistance opposée par les femmes à un mouvement d'innovation qu'elles perçoivent à juste titre comme concourant à cette perte de pouvoir et de contrôle économique.

9. Les nouvelles technologies introduites dans l'agriculture et en santé intensifient souvent le travail féminin, phénomène qui se double d'une perte de pouvoir de décision en matière de production, de santé et de nutrition.

10. Quand la femme joue un rôle important dans la prise de décision, on observe des retombées positives pour le transfert et l'utilisation durable de technologies. Le pouvoir de décision de la femme dépend de l'efficacité des formes populaires d'organisation féminine.

Ces dix questions sont indissolublement liées dans l'expérience des femmes et des collectivités africaines. Les cinq premières se rapportent aux politiques d'aide, à l'idéologie du développement, aux déformations sexistes des politiques et aux conceptualisations erronées de la question. Les quatre suivantes ont une incidence immédiate sur le rapport entre les nouvelles technologies et l'évolution de l'économie politique africaine au niveau tant national que local. Ces questions intéressent plus particulièrement le rapport entre la technologie et les systèmes fondés sur le rapport entre les sexes (nous nous livrons au chapitre 4 à une analyse plus détaillée de la transformation des relations entre les sexes, toile de fond de l'examen des problèmes de technologie et de développement). La dernière question relève encore largement du domaine des possibilités et devrait constituer l'objet premier des futures activités sur le plan des recherches et des politiques.

Politique de la technologie et du rôle des sexes

Question 1. L'expédient technologique

Nous avons déjà fait mention des difficultés liées à la conception de la technologie comme produit. Anderson (1985:59) résume le problème qui se pose dans le cas des femmes par rapport au développement :

> On continue à poser au départ qu'il existe une solution technique à tous les problèmes. Les efforts de mise en place d'instituts de politique scientifique dans un grand nombre de pays en développement, de négociation de systèmes en vue du transfert équitable des connaissances techniques, de création de revues internationales pour la diffusion des découvertes et même le mouvement des technologies appropriées reposent sur l'hypothèse qu'il est toujours possible de trouver une solution technologique. Si on fait ce qu'il faut sur le plan technologique, on peut raisonnablement être sûr que le Tiers-Monde progressera et se développera. Beaucoup de défenseurs de la participation féminine au développement sont maintenant en quête des bonnes technologies grâce auxquelles la femme saura participer au développement et en profiter. [Derrière cette attitude, il y a l'opinion] que la science et la technologie, à cause de leurs fondements naturels, sont exemptes de toute influence normative et politique et de toute déformation apportée par la culture ou le système des classes. En réalité, bien des faits prouvent le contraire. Chez les scientifiques, on reconnaît de plus en plus l'interaction des découvertes et de la connaissance, d'une part, et de l'expérience sociale, d'autre part.

Anderson (1985) insiste sur l'importance de bien voir la force de ces hypothèses cachées et d'examiner les liens entre l'obtention et le contrôle de la connaissance et l'application efficace des technologies au développement. Une grande conséquence de cette vision de la technologie comme d'un instrument neutre est que les activités de transfert de technologie, à quelques exceptions près, ont introduit dans le Tiers-Monde le cheval de Troie de l'idéologie économique occidentale, le développement signifiant un accroissement de la productivité par l'entreprise à grande échelle à consommation intense de capital (ou à tout le moins par une commercialisation poussée de l'agriculture à petite échelle).

Ainsi, comme Palmer (1978) et beaucoup d'autres (Sharma 1973, p. ex.) l'ont fait remarquer, la technologie des variétés à rendement élevé de la Révolution verte, que l'on a vue comme une solution miraculeuse des problèmes alimentaires du Tiers-Monde, a eu une incidence marquée. Son introduction s'est traduite non seulement par une aggravation de l'iniquité des relations entre les sexes, mais aussi par une accentuation des divisions de classes par suite de l'accaparement du sol par des propriétaires fonciers déjà avantagés (par leur accès au crédit ou leur appartenance au groupe ethnique ou religieux dominant) à qui la nouvelle technologie donne la possibilité d'optimiser cet avantage. Tous les aspects des productions culturales subissent l'influence des nouvelles semences et de la technologie qui les accompagne. Les rendements céréaliers ont eu beau augmenter partout, les charges de travail se sont considérablement alourdies et de grands pans du paysannat ne sont plus capables de s'adonner à la production vivrière ou ont été forcés de vendre leur exploitation et de venir grossir les rangs des ouvriers agricoles. La nouvelle technologie agricole a durement frappé les femmes. Il nous est loisible, par conséquent, de nous demander s'il est juste de mesurer les hausses de productivité uniquement par les statistiques brutes sur les rendements culturaux.

Ces dernières années, l'oubli de la femme dans les politiques agricoles a été de plus en plus lié au thème de la détérioration de l'environnement. Comme le démontre la série d'études de Baxter (1987a) sur la femme et l'environnement au Soudan, le fait de ne pas tenir compte du rôle de la femme contribue à la formation de politiques destructrices. La dégradation du milieu qui en résulte rend encore plus pénible la situation des femmes dont le travail est le plus directement touché par ces effets destructeurs. La série (Baxter 1987a) issue d'un atelier qui a eu lieu dans ce pays exploite ce thème dans des analyses de l'énergie, de la production vivrière, de l'eau et de la nutrition. Dans son introduction, Baxter (1987b) cite l'exemple des systèmes d'approvisionnement en eau :

> Certaines régions du Soudan ont des trous de sondage munis de pompes, mais cela... ne va pas non plus sans difficultés. Les longues files demandent autant de temps que les déplacements vers d'autres sources d'approvisionnement en eau; les pompes sont souvent en panne et ne fonctionnent pas des mois durant si on ne peut trouver de pièces de rechange ni de benzène. Autre problème, on continuera à utiliser d'autres sources moins sûres en saison des pluies si elles sont plus proches. Dans les villages où l'acheminement vers les habitations se fait à dos d'âne, certaines familles ne pourront se payer ce «luxe». Bien que les forages semblent une solution relativement simple aux problèmes d'approvisionnement en eau, le pays n'a pas sur presque les trois quarts de sa superficie de nappe phréatique se prêtant à ce genre de captage. Même quand il y a des trous qui fonctionnent, il se crée parfois un effet de cône de dépression qui retire l'eau de la zone exploitée, assèche les puits et force la femme à faire de plus grands efforts pour obtenir de l'eau.

Une importante conclusion à tirer de ces études et d'analyses comme celle de Palmer (1978, citation dans Whitehead 1985:30–36 ; voir aussi Palmer 1985) est que les changements technologiques qui produisent les plus grands effets sur la femme ne la visent habituellement pas du tout au départ. Les projets de développement à grande échelle et les technologies qu'ils véhiculent comportent rarement une politique «féminine» dès les premières étapes de la planification. Le problème ne réside pas tant dans les projets ayant la femme pour objet (bien que ceux-ci ne soient pas exempts de difficultés), mais comme Whitehead (1985:32) le fait observer, les manifestations les plus importantes de l'évolution technologique sont souvent pour un grand nombre de femmes en région rurale les conséquences indirectes de travaux d'innovation planifiés et non planifiés dans le domaine de l'agriculture en général. Dans bien des cas, les répercussions les plus vastes sur le travail féminin viennent du puissant mouvement de commercialisation des secteurs d'activité féminine se prêtant à la réalisation d'un profit.

Dans le contexte africain, ce mouvement touche non seulement les productions vivrières, mais aussi des productions non agricoles assurées traditionnellement par les femmes. Pour celles-ci, il en est résulté et une perte de revenus au titre de ces productions et une dépendance à l'égard de biens de consommation perfectionnés, souvent importés ou fabriqués à partir de biens importés. Cette dépendance crée des problèmes d'endettement national et fait d'importantes ponctions sur les budgets des femmes, qui sont responsables depuis toujours de l'acquisition des objets de consommation. Parmi les produits qui sont ainsi passés du secteur des petites productions locales à celui des usines, on compte la bière, les vêtements et les articles d'habillement, le pain, la brique et les ustensiles de cuisson. Les femmes étaient chargées d'une grande partie de ces productions, mais les planificateurs et les représentants des ministères de l'industrie, dont les bureaux se trouvaient dans les villes, voyaient dans les briqueteries, les boulangeries modernes et les établissements de fabrication de vêtements ou de pots des secteurs possibles où le gouvernement pourrait faire la promotion des investissements à des fins de diffusion des technologies modernes (Seidman 1981:117). Ces industries ne demandaient ni grand capital ni une abondance de main-d'oeuvre qualifiée et étaient, par conséquent, attrayantes. Seidman (1981:117) rappelle que

> La division des industries rurales de la société para-publique de développement de Zambie, l'INDECO, a annoncé, par exemple, qu'elle avait l'intention d'implanter des boulangeries modernes partout dans les petites villes en région rurale. On s'est peu soucié du fait que les boulangers locaux, en grande partie des femmes, ne seraient plus capables d'écouler leurs produits maison du fait de la concurrence de ces entreprises parrainées par l'État.

La même chose s'est produite en Tanzanie où une imposante boulangerie a été créée avec des fonds canadiens.

Les nouvelles technologies agricoles sont une source de dangers particuliers pour la femme et peuvent donc nuire à l'économie locale. Ainsi, en Tanzanie, les tracteurs introduits dans les secteurs d'établissement et d'exploitation ont permis une extension considérable des superficies cultivées. Le désherbage est cependant demeuré une tâche féminine et les femmes se sont retrouvées dans l'impossibilité de désherber tous les champs. C'est pourquoi les rendements ont été de beaucoup inférieurs à ceux qu'avaient prévus les planificateurs (Fortmann 1981).

La technologie «capitalistique» n'a pas toujours une incidence négative sur la femme. Dans l'ouest du Cameroun, par exemple, les moulins à maïs achetés par le ministère de l'Éducation pendant les années 50 et prêtés aux villages fonctionnent encore aujourd'hui, profitant aussi bien aux femmes qui les exploitent qu'aux collectivités qu'ils desservent (O'Kelly 1973:108–121, citation dans Wipper 1984:75–76). Ce n'est que lorsque, par accident ou à dessein, les femmes s'approprient collectivement des technologies capitalistiques que de telles réussites peuvent se produire. En d'autres termes, le miracle de la technologie réside non pas dans ses caractéristiques matérielles, mais dans son application éclairée.

Question 2. Déformation sexiste des politiques

Bien que les féministes espèrent toujours quelque chose de mieux, il n'est guère étonnant que des déformations sexistes existent, surtout si on songe aux cercles fermés de l'établissement des politiques dominés par les hommes. Afshar (1987) a procédé à une évaluation de l'incidence des idéologies sexistes sur les politiques étatiques dans plusieurs pays africains et asiatiques (pour une bonne analyse des politiques kényanes à l'égard de la population féminine rurale, voir Feldman 1984). Les généralisations de Mohammadi (1984:4) concernant les mécanismes de planification nationale valent généralement pour l'Afrique.

> À quelques exceptions près, la planification se fait dans un petit cercle dominé par des économistes et, dans un grand nombre de pays, par les soins d'étrangers. Ces planificateurs et leurs notions de planification n'ont guère à voir avec les conditions que connaît la population en général. La prise de décision et l'élaboration de politiques sont dominées par les désirs d'un petit groupe maniant les leviers du pouvoir. Décisions et politiques subissent l'influence de puissants groupes de pression et on constate le plus souvent que les intéressés sont inconscients ou oublieux du rôle que pourraient jouer les femmes dans la planification et l'élaboration des politiques et des stratégies nationales. La femme et l'homme ordinaires ne sont qu'un numéro au sein de la population active. De plus, si on jette un coup d'oeil réaliste sur les niveaux de prise de décision et le sexe des gens qui s'y trouvent, on constate que les femmes ne peuvent guère influencer les décisions de politique et de planification, la majorité occupant les échelons inférieurs et étant de simples travailleuses. Les inégalités d'accès à la formation, à l'éducation et à l'emploi et le poids des traditions sont venus restreindre le nombre de femmes qualifiées qui pouvaient aspirer à une participation à l'activité de planification.

C'est le cadre où il est facile de faire mousser la conception de la technologie comme instrument neutre, comme nous l'avons évoqué plus haut. C'est également le cadre où il est possible d'adopter des positions très éloignées des besoins et des rôles des femmes. Dans bien des cas, on peut être sûr que ces positions ne seront pas contestées par les hommes au niveau local, car elles reposent sur les stéréotypes et les attentes figées à l'égard des femmes. Citons l'exemple d'un expédient technologique qui a maintenant la faveur des gouvernements (et d'une foule d'organismes d'aide) et qui se veut une solution à la surcharge de travail des femmes, que l'on considère comme une grande entrave au développement. Une remarque d'un chef de village tanzanien est des plus éloquentes à cet égard :

> Le RIDEP [l'organisme de développement régional] devrait aider les femmes dans la corvée de l'eau. L'eau est un grand problème pour la femme. Nous pouvons être ici à la maison à attendre la nourriture parce que les femmes ne sont pas chez elles. Toujours, elles ont à aller chercher de l'eau.
> (Wily 1981:58, citation dans Henn 1983:1099)

On peut trouver des affirmations semblables des prérogatives masculines renforcées par des déformations sexistes sous le plus digne manteau du jargon des sciences sociales. Les propos suivants d'un professeur de géographie de l'Université du Bénin (Onokerhoraye 1984:156) dans un livre paru récemment sur les services sociaux au Nigéria sont un bon exemple d'une attitude et d'un langage faisant de la femme un être de second rang et un problème d'une manière qui serait tout à fait inacceptable pour un Canadien aujourd'hui. Ils présentent en plus une vision stéréotypée et erronée de la situation et du rôle de la femme nigériane dans le passé.

> Comme les enfants, les personnes handicapées et les personnes âgées, les femmes constituent un groupe spécial au Nigéria comme dans beaucoup d'autres pays en développement. C'est pourquoi elles ont besoin de certains services sociaux personnels qui leur permettront d'améliorer leur contribution à la société nigériane contemporaine. La nécessité de songer à des services spéciaux pour la femme au Nigéria découle de sa subordination économique et sociale traditionnelle par rapport à l'homme. Bien que depuis toujours la conception du statut et du rôle de la femme ait varié légèrement d'une région à l'autre au Nigéria en fonction des coutumes, de la religion ou de la culture, on peut dire que sa place était avant tout au foyer où elle était appelée à élever les enfants pendant que les hommes gagnaient la vie du ménage. Dans certaines localités, les femmes s'occupaient d'agriculture, de pêche, de commerce ou d'approvisionnement en bois de feu, mais leur fonction première était d'élever les enfants.

Ce sont des analyses comme celle-là qui façonnent les politiques nigérianes contemporaines concernant la femme, comme l'a signalé l'organisme Women in Nigeria (WIN). Dans un document récent de recommandation de politiques (WIN 1985:6–7), ses responsables se plaignaient que

> l'homme continue à dominer, à détenir et à exercer le pouvoir. Malgré les apports primordiaux et fondamentaux de la femme à l'économie nationale, on continue à ne pas voir et à ne pas rémunérer son indispensable labeur et à tenir à peine compte de son activité dans les plans de développement national... Nous espérons que [les recommandations de politiques du document WIN] seront prises au sérieux et ne subiront pas le sort de toutes ces recommandations qui s'entassent, n'ayant pas été jugées dignes d'un regard, dans les classeurs ou dans les entrepôts poussiéreux...

Bryceson (1985:24–28) confirme ce point de vue par une analyse des rapports entre l'État, la technologie et les femmes. Elle passe en revue les politiques qui agissent sur le lien entre la femme et les technologies de production et de reproduction, l'exploration scientifique et la technologie de destruction. Elle partage l'avis d'un certain nombre d'auteurs qu'aussi bien l'idéologie individualiste occidentale que les notions ethniques et religieuses traditionnelles maintiennent la femme dans un état de dépendance sociale.

Les déformations des politiques nationales créent un ensemble de difficultés. Une autre série de problèmes se posent sur le plan de l'administration locale, comme le démontrent les recherches poussées de Staudt (1975–1976, 1978, 1985b) sur l'application des politiques agricoles au Kenya. En 1975, ce chercheur a effectué dans le district de Kakamega de l'ouest du Kenya une étude de 212 petites exploitations du point de vue de l'incidence des services agricoles. Les services en question consistaient en visites de moniteurs agricoles, en prêts et en activités de formation et étaient structurés par une politique de développement agricole comptant parmi ses objectifs une diffusion équitable de la technologie (Staudt 1985b:xi). Il a découvert que les exploitations gérées par les hommes recevaient plus de services (sous la forme de visites et d'activités de formation) que les fermes de même taille dirigées par des femmes. Les exploitations sous direction féminine n'obtenaient jamais de prêts.

Staudt impute ces iniquités aux préjugés et aux déformations idéologiques (Staudt 1985b:37) institutionnalisés dans un système où l'homme domine les fonctions administratives et les réseaux d'autorité politique fournissant des contacts et des informations en ce qui concerne les services agricoles utiles (Staudt

1985b:xi). L'exclusion des femmes des coopératives ou la discrimination antiféminine dans ces coopératives étaient un des aspects les plus sérieux de cette double prévention idéologique et institutionnelle contre la femme et nuisaient à leur capacité de perfectionner leurs pratiques en agriculture ou d'adopter des technologies améliorées. Les coopératives étaient une importante source de prêts de faveur pour l'acquisition de semences et d'engrais (culture du maïs), de services de tracteurs et de vaches de catégorie supérieure. Le Kenya a un programme avancé d'insémination artificielle et le croisement de bovins laitiers européens avec des souches indigènes robustes a été un des principaux moyens d'augmentation des rendements laitiers. Une vache de catégorie supérieure peut faire toute une différence dans l'alimentation familiale. Les constatations de Staudt sur l'accès à ce genre de cheptel laitier font voir le handicap dont souffrent les femmes à cet égard :

> Étant donné la valeur élevée d'une vache supérieure et le procédé de sélection en comité devant servir à juger de l'admissibilité aux prêts consentis pour l'acquisition de vaches, les risques de discrimination étaient grands en matière politique ou économique ou sur le plan des distinctions de sexes. On ne disposait pas de suffisamment de vaches pour tout le monde. Influences et contacts jouaient un rôle essentiel quand il s'agissait de faire pression sur les membres du comité ou de leur rappeler l'existence d'une demande. C'est là une activité que l'on tient pour masculine, surtout si on considère que les membres du comité sont en grande partie des hommes.
>
> (Staudt 1985b:30)

Ainsi, les femmes avaient beau appartenir pour la plupart à des réseaux organisés d'entraide et de partage des tâches, elles étaient impuissantes devant les déformations qu'accusaient l'élaboration et l'application de politiques au niveau local. Selon Staudt, la déformation sexiste était la principale entrave à l'inexploitation par les femmes des possibilités liées aux connaissances et aux technologies nouvelles mises à la disposition des ménages. Ses entrevues avec des moniteurs agricoles lui ont permis de recueillir les commentaires négatifs formulés au sujet des agricultrices. Elles ont aussi indiqué que les moniteurs évitaient les femmes à cause de la coutume, qui jugeait incorrect de s'adresser directement à elles. Une personne interrogée a présenté de la manière suivante la tendance du personnel des services agricoles à traiter avec les hommes : «À la manière africaine, nous nous adressons à l'homme, qui est le chef de maison, et nous tenons pour acquis qu'il transmettra l'information aux autres membres du ménage. Étant des hommes, il nous est plus facile, bien sûr, de convaincre des hommes» (Staudt 1985b:37).

Il y a une sorte d'hypocrisie dans cette invocation des impératifs de la coutume par les moniteurs. Les données d'économie politique du chapitre 4 indiquent que ménage, chef de ménage et autorité masculine sur la femme n'ont pas toujours eu la limpidité conceptuelle que leur prêtent les stéréotypes d'aujourd'hui. Comme la notion de «gagne-pain», celle de «chef de ménage» comme fonction de l'homme dans la famille africaine traditionnelle a tout de l'objet d'importation. Cela ne veut pas dire que, dans la société africaine précoloniale, autorité et famille ne coïncidaient pas. Les relations entre père et fils, entre frères, entre épouses polygynes et leur mari et entre frères et soeurs rendaient très difficile l'attribution du rang de chef de ménage à une personne en particulier.

C'est une vision occidentale de la famille et de sa disposition spatiale qui a marqué un secteur particulièrement important de la technologie du développement, celui de la construction d'habitations. En Tanzanie, pendant la campagne de «villagisation» du milieu des années 70, on a encouragé les hommes à se construire des maisons à l'occidentale dans les nouveaux villages collectifs (Caplan 1981:106–107). Un représentant des autorités du district s'est adressé dans les termes suivants aux hommes d'un village :

> Qu'il n'y ait qu'une habitation et qu'elle soit construite en fonction de la famille que vous avez... De petites huttes se dressant çà et là dans le village, ce n'est pas la meilleure façon d'aménager celui-ci... Nous voulons que tout le monde ait une maison convenable. Essayez donc d'avoir un toit en tôle ondulée et des planchers de béton. Si vous ne pouvez tout acquérir à la fois, échelonnez vos achats le plus possible. Nous ne voulons plus que les gens habitent des maisons infestées de serpents et de souris.
>
> (Caplan 1981:106)

Parmi les nombreux problèmes que Caplan (1981) relève dans ces propos, le plus sérieux est le manque de conscience de la complexité de la famille africaine où l'autonomie de la femme est pour ainsi dire ancrée dans le droit qu'elle a de posséder son propre logement. Les quatre murs rectangulaires d'une habitation à l'occidentale ne sauraient embrasser les responsabilités familiales complexes et changeantes qui caractérisent la maison africaine. Il n'y a pas de place pour la veuve ni pour la famille polygyne ni pour les jeunes couples. Caplan (1981) signale que l'agent du district employait l'expression «vous et vos familles» en s'adressant aux hommes. Et pourtant,

> en souahéli, le terme «famille» au sens de groupe domestique bien délimité n'existe pas. Il a même fallu emprunter le terme anglais et l'accommoder en souahéli en «*familia*». Un tel usage linguistique comporte un certain nombre de prémisses : l'unité de la vie sociale est un homme et sa famille et cette unité a besoin d'une maison et d'un terrain. En d'autres termes, on introduit dans cette société le corps étranger d'un concept suivant lequel il existe des unités nettement délimitées se présentant sous la forme de ménages propriétaires de biens-fonds (habitation et fonds de terre) et dirigés par un homme. Si cette vision de la réalité s'installe, la femme comme le vieillard aura perdu une grande partie de son autonomie.
>
> (Caplan 1981:107)

Dans le même ordre d'idées, on peut trouver un exemple saisissant de la déformation linguistique des systèmes africains fondés sur le rapport entre les sexes dans la dédicace d'un ouvrage médical classique qui a été la bible d'une génération d'intervenants africains en services de santé. Maurice King (1966) a dédié son *Medical Care in Developing Countries* à l'homme ordinaire et à sa famille partout dans les pays en développement.

Un dernier exemple concret de déformation de politiques au niveau du village est ce cas non seulement de mise en valeur de ressources mais de survie au Sahel où un technicien américain en énergie solaire qui faisait la promotion de pompes hydrauliques solaires a réservé ses démonstrations aux seuls dirigeants masculins du village sous prétexte que les femmes ne comprendraient rien à ce qu'il allait dire. Si on considère la division du travail selon le sexe qui associe rarement sinon jamais l'homme aux tâches d'approvisionnement en eau, les séances de démonstration ont été organisées à l'intention de membres de la collectivité incapables et d'appliquer les connaissances acquises et d'évaluer le caractère approprié de la nouvelle technologie (Hoskyns et Weber 1985:6).

Question 3. Technologie appropriée

Quand on s'est rendu compte de l'incidence négative des technologies «capitalistiques», organismes et gouvernements ont adopté une nouvelle orientation pour les programmes de développement. Cette orientation est née pendant les années 70 d'un souci croissant de la pauvreté dans le monde et du passage à une stratégie dite des besoins fondamentaux (voir OIT 1977:145–149). Selon la définition usuelle du terme, la technologie appropriée est la technologie la plus efficace et la plus acceptable dans un contexte social, économique et écologique donné. La notion de technologie appropriée est donc relative et subjective et fait intervenir le jugement de l'utilisateur, fait hautement souhaitable, mais aussi malheureusement l'appréciation subjective de ceux qui apportent la technologie.

Il faut voir dans la technologie appropriée une idée admirable, car la technologie fait partie du processus social. En fait, son attrait est tel que sa mise en valeur dans une exposition organisée à Nairobi à l'occasion de la conférence Forum 1985 (Technologie et outils : une présentation de technologies appropriées pour la femme) a été une des manifestations les plus courues de cette rencontre. L'exposition visait à rendre les technologies plus accessibles aux femmes et à renforcer l'utilisation et le contrôle par les femmes de ces mêmes technologies dans les secteurs de l'agriculture, de la transformation alimentaire, de la santé, de l'énergie, des communications et de la création de revenus (ATAC 1985:1). Ses artisans ont présenté avec des brochures explicatives et même des plans de fabrication un certain nombre d'appareils (y compris des produits dont l'UNICEF faisait la promotion) : cuisinière au charbon de bois à grand rendement énergétique Umeme, four à pain dans un baril de pétrole, réservoir d'eau à armature de bambou pour l'utilisation des eaux de pluie s'écoulant des toits. Les établissements d'enseignement africains appuient avec enthousiasme la diffusion des technologies appropriées et les activités de formation à leur emploi (voir Osuala 1987, p. ex.).

Il va de soi que la technologie appropriée marque un progrès par rapport au passé. Toutefois, les évaluations de programmes de technologie appropriée nous indiquent que nombre de projets ne parviennent pas à améliorer grandement la vie des femmes. Qui plus est, si un des critères de succès est la diffusion de la technologie en dehors du cercle des premiers bénéficiaires, les résultats sont encore moins encourageants. Que s'est-il passé ? Là encore, les jugements de valeur portés par les planificateurs du développement et l'oubli de la question des effets socio-économiques ont nui à l'efficacité des technologies appropriées. Comme le fait observer Bryceson (1985:11),

> Il existe un large éventail de moyens technologiques qui pourraient réduire le labeur des femmes dans les activités de transformation [dans le cadre des travaux domestiques]. Dans le cas de la transformation alimentaire, il existe des broyeurs, des râpes, des extracteurs d'huile, des cuisinières améliorées, des appareils de cuisson solaires et des appareils de réfrigération à prix modique. Pour l'approvisionnement en eau, il y a des pompes et, pour le transport, on peut songer aux brouettes, aux chariots et aux petites voitures, etc. Souvent, ces technologies appropriées n'ont pas produit les résultats escomptés par insuffisance de diffusion, d'accès ou de conception.

Le problème réside en partie dans l'imprécision de la définition du terme «approprié». La réflexion de Ventura-Dias (1985:194–196) illustrera notre propos. Dans son étude de la question de la technologie appropriée dans le contexte kényan, elle établit une distinction entre les concepts de technologie villageoise améliorée et de technologie appropriée. La première est «conservatrice» à son avis, car elle n'entend pas apporter des changements à l'environnement ni à l'ordre social ou culturel. Son but devrait être de combler un besoin perçu, de faire appel le plus possible aux compétences et aux produits locaux, de se révéler abordable et culturellement et socialement acceptable à la collectivité (UNICEF 1980:7). Une technologie améliorée pourrait être une tâche traditionnelle qui peut désormais être mieux exécutée ou une technologie existante dont on optimise l'utilisation.

Ventura-Dias (1985) soutient cependant qu'une telle technologie villageoise ne peut être tenue pour appropriée, car elle ne réorganise pas l'activité productive pour accroître la production ou la compétitivité des producteurs sur le marché. Ce qui importe, c'est que la technologie appropriée rende la femme vraiment capable de produire pour le marché et d'obtenir le crédit et les moyens techniques dont elle a besoin. Dans son analyse, Ventura-Dias (1985) veut faire la promotion de l'«habilitation» des femmes vis-à-vis de la technologie et son argumentation a de grands mérites, dans la critique qu'elle fait des limites de l'orientation «projets» comme dans son insistance sur l'importance de la production par rapport à la consommation (voir aussi Hoskyns et Weber 1985:6). Cette argumentation accuse aussi des lacunes.

La distinction que fait Ventura-Dias (1985) entre la notion de technologie améliorée conservatrice et de technologie appropriée plus moderne fait voir les failles d'une grande partie de la réflexion sur le phénomène des technologies appropriées. D'abord, la déformation économique des orientations antérieures subsiste. On pose que des avantages non économiques (comme l'amélioration de la santé) découleront inévitablement du renforcement des positions sur le marché et des activités ayant pour effet d'intégrer davantage les économies villageoises au marché mondial. De plus, la dichotomie tradition-modernité est implicite dans le peu de cas que l'on fait de la gestion traditionnelle de la technologie dans le village.

Autre problème, on n'élimine pas l'erreur d'une sous-estimation de l'importance d'une participation collective de la population villageoise au processus de transfert de technologie. Les femmes sont encore une fois les récipiendaires passives et douteuses d'une technologie «inappropriée», situation que l'on peut pallier en leur donnant individuellement, dans le cadre de l'unité de production que représente le ménage (UPM), les moyens d'améliorer leur sort. On assimile en pareil cas cette amélioration à un renforcement de la capacité de produire pour le marché et d'y avoir accès. La prémisse de Ventura-Dias (1985:157) est que le problème de la femme en milieu rural kényan en est un de niveau de revenu et de biens matériels. À ses yeux, c'est par une analyse des caractéristiques de l'unité de production du ménage (UPM) et de son insertion dans l'économie de marché qu'on peut en venir à une compréhension du transfert de technologie appropriée (Ventura-Dias 1985:196). Nous avons analysé plus haut une autre lacune de sa pensée, l'hypothèse de l'existence d'une catégorie unitaire et bien délimitée, celle du ménage, dans le résumé que nous avons fait des réflexions de Caplan (1981) sur la notion de famille en Tanzanie. La famille est une des notions problèmes exigeant une évaluation dont nous avons parlé au chapitre 6.

On doit chercher les raisons de l'échec des programmes de technologie appropriée dans des facteurs autres que ceux des faiblesses de productivité et d'accès de la femme. Hoskyns et Weber (1985:6) donnent une idée du problème :

> L'introduction de technologies appropriées n'est pas un phénomène nouveau. À travers les âges, des groupes ont partagé ou calqué les technologies des

autres quand ils les jugeaient appropriées. En revanche, certains groupes qui ont vécu côte à côte pendant des siècles, dans des circonstances qui nous paraissent identiques, ont rejeté les outils, les matériaux et les techniques de leurs voisins.

Cette observation implique que, dans toute l'histoire, des sociétés ont eu des motifs valables — sur le plan culturel ou environnemental — pour refuser les technologies qui s'offraient. Si nous posons au départ l'hypothèse raisonnable que les femmes ont de bonnes raisons de refuser leur adhésion ou leur appui à des technologies appropriées et n'agissent pas simplement par ignorance ou manque d'empressement, nous pouvons commencer à discerner les problèmes que pose le mouvement des technologies appropriées. La femme africaine se demanderait sans doute d'abord qui va contrôler la technologie. Dans bien des projets, la technologie introduite à l'intention des femmes a été reprise à leur compte par les hommes. Ainsi, quand on a fourni aux femmes des chariots pour le transport de l'eau et du bois de feu, les hommes s'en sont souvent emparés et leur ont trouvé d'autres usages (Hoskyns et Weber 1985:6).

D'autres questions sont liées au phénomène de l'acceptation des technologies. La qualité du produit peut être compromise, les procédés technologiques traditionnels peuvent se perdre et des questions de convenances peuvent aussi se poser, l'utilisation de certains appareils forçant la femme à prendre des postures jugées immodestes. Signalons en outre les effets de la technologie sur les habitudes de travail, les pompes solaires limitant, par exemple, l'exécution des tâches d'approvisionnement en eau à la durée du jour. À cela s'ajoutent les dépenses d'énergie, car la manoeuvre de certaines pompes à eau est fatigante et exige, par exemple, un travail des pieds, activité musculaire peu familière et difficile à maîtriser. Dernière question enfin d'une grande importance, l'utilisation de certaines technologies requiert un degré d'organisation pour l'accomplissement de tâches spécialisées qui n'existe tout simplement pas dans la collectivité. Un bon exemple est l'entretien collectif de biens communs comme les poulies de puits, pour lequel les gouvernements prévoient rarement des fonds.

L'expérience qu'a faite une collectivité nigériane des nouvelles technologies sous la forme d'un pressoir hydraulique à huile de palme fait bien voir les problèmes qui se posent et confirme que, pour être tout à fait appropriée, une technologie doit idéalement se développer de l'intérieur d'une société et traduire des choix locaux (Charlton 1984:86).

> Des générations durant, l'extraction d'huile de palme, tâche vorace en temps et en énergie, a été assurée par la femme dans un certain nombre de collectivités nigérianes. Quand on a décidé d'installer un pressoir à huile dans une collectivité, le chef du village lui a réservé un terrain. Après l'installation, 72 % de la population l'a utilisé, mais un an après la proportion était tombée à 24 %. Les villageois connaissaient les avantages du pressoir, mais n'ont plus voulu l'employer pour diverses raisons : les sous-produits des fosses d'extraction étaient désormais perdus (les fibres recueillies servaient de source de chaleur), les heures quotidiennes d'usage du pressoir ne coïncidaient pas avec les disponibilités des femmes, la taille du mortier convenait à des hommes et demandait une intensification du travail féminin, la femme devait attendre pour l'utiliser en saison, toute l'huile extraite appartenait aux hommes et les femmes ne bénéficiaient aucunement de l'augmentation des quantités unitaires produites.
> (Janelid 1975, citation dans Charlton 1984:85–86)

Les fourneaux améliorés sont un des produits les plus en vogue du mouvement des technologies appropriées. Utiles à bien des égards, ils ont cependant été la source d'une foule de difficultés imprévues et leur acceptation a été lente et inégale. Nombre de ces appareils ne conviennent pas aux cuisines locales, ne sont pas adaptés aux ustensiles de cuisson, exigent des femmes qu'elles cuisinent et servent les repas pendant le jour au détriment d'autres tâches, l'âtre domestique désormais éteint ne fournissant plus l'éclairage nécessaire. Dans bien des cas, il faut se procurer un charbon de bois coûteux là où il est encore possible de ramasser du combustible sans payer quoi que ce soit (ces cuisinières ont été largement acceptées uniquement dans les lieux où on a l'habitude d'acheter du combustible, dans les villes, par exemple). La femme qui dispose d'une cuisinière solaire doit faire la cuisine pendant les chaleurs du jour. Hoskyns et Weber (1985:8) passent en revue les doléances les plus courantes des femmes concernant leurs nouveaux appareils de cuisson.

> [Elles ont perdu] la fumée qui chassait les insectes et imperméabilisait les toits... un centre pour la conversation et un foyer symbolique pour le ménage. Les trois pierres donnent de la souplesse, car elles peuvent être déplacées si les conditions climatiques, etc., l'exigent et permettent également d'utiliser des ustensiles de taille variable. Il existe des remèdes techniques à certaines de ces pertes si les femmes ont su discerner avec soin les usages et les avantages réels des feux de cuisson traditionnels et si les responsables des projets ont su pour leur part écouter ce qu'elles avaient à dire.

Les projets de diffusion de cuisinières ont également connu l'échec parce qu'ils ne tenaient pas compte des ménages polygynes. Si on remplace l'âtre traditionnel à trois pierres dans chaque hutte par une cuisinière unique pour l'ensemble de la famille, on doit se demander où mettre l'appareil et comment répartir les heures de cuisson. Comme la polygynie se structure par une pluralité d'âtres, la promotion d'une technologie qui s'attaque à cette pratique est vouée à l'insuccès ou, pis encore, risque de bouleverser l'institution du mariage.

La diatribe du poète kényan Okot p'Bitek contre ces appareils dans le *Chant d'Ocol* est très éloquente à cet égard :

> Je hais vraiment le fourneau au charbon de bois !
> Vos mains sont toujours sales
> Et tout ce que vous touchez est noirci...
> J'ai terriblement peur
> De la cuisinière de l'homme blanc
> Et je n'aime pas l'employer
> Parce que, pour cuisiner,
> Je dois rester debout.
> Qui songerait à rester debout pour cuisiner ?
> Vous employez la casserole et la poêle à frire
> Et d'autres objets à fond plat
> Parce que les appareils sont plats
> Comme la peau d'un tambour.
> Le pot de terre à légumes
> N'y a pas sa place.
> Il n'y a pas de pierres
> Où placer
> De quoi faire le pain de mil...

Au séminaire organisé à Dakar en 1981 sur la femme et le développement rural en Afrique, les critiques des technologies appropriées ont été vives.

> Appropriées pour qui ? Qui profite exactement de ces technologies appropriées et pourquoi avons-nous maintenant l'impression que l'Afrique a besoin de ces technologies ? Si on considère que l'idéologie sous-tendant la perception de ce qui est approprié pour l'Afrique (tout comme les plans et les pièces d'origine) viendrait de sources extérieures, quels seraient les effets sur la balance des paiements ?... Ce qui peut paraître bon marché à un fonctionnaire des villes de sexe masculin peut devenir par trop coûteux à une femme pauvre des régions rurales du fait de son accès très restreint aux ressources. Cela vaut particulièrement quand le travail qu'on entend faciliter par la technologie n'est pas créateur de revenus... L'hypothèse suivant laquelle la population féminine rurale n'accepte pas ou tarde à accepter l'innovation est une fausse conception engendrée par une idéologie de dédain des habitants des campagnes et c'est un cas patent d'incrimination de la victime. Étant donné la précarité et l'insécurité économique caractérisant la situation des pauvres des régions rurales, on devrait parler plus volontiers de circonspection que d'arriération dans le cas des femmes. Si on la convainc de l'utilité d'un élément d'innovation donné, la femme rurale non seulement l'acceptera, mais saura même l'adapter et l'améliorer.
>
> (OIT 1984:22–23)

Carr (1981) donne un tableau succinct et utile de la théorie, de la pratique et de la politique des technologies appropriées pour la femme. Dans une étude plus récente, Carr et Sandhu (1987) soulèvent une autre question importante en matière de technologies appropriées : même si la technologie est adoptée et réussit à s'implanter, atteint-elle les buts fixés par les planificateurs ? Sinon, quel jugement doit-on porter sur ces buts ? Un important exemple est l'hypothèse sans fondement que les technologies appropriées permettront automatiquement à la femme de consacrer plus de temps à des activités économiquement productives (travaux agricoles ou activités créatrices de revenus). Les études passées en revue par ces auteurs (1987) indiquent que les femmes préfèrent souvent dans ce cas s'employer à améliorer la qualité de la vie familiale (en cousant et en s'occupant des enfants) par opposition aux productions vivrières ou aux activités qui rapportent de l'argent. Cette situation s'explique en partie par le fait que le manque d'accès à la terre ou au crédit empêche la femme de tirer parti du temps ainsi épargné. C'est dire qu'il est nécessaire d'examiner la situation socio-économique dans toute sa complexité avant de planifier des transferts de technologie. Un autre aspect auquel doivent s'attacher les planificateurs est la possibilité que les nouvelles technologies ôtent un travail rémunéré à un grand nombre de femmes, à celles qui vendent de l'eau ou du bois, par exemple (nous examinerons plus à fond les constatations de Carr et Sandhu [1987] au chapitre 6, p. 140).

Question 4. Création de revenus

Comme la technologie appropriée, la création de revenus est une idée chère aux artisans des politiques FED. Reprenant l'hypothèse des projets de technologie appropriée que l'augmentation des revenus est la réponse au problème de l'exclusion de la femme du développement, les programmes de création de revenus encouragent les femmes à fabriquer des articles pour la vente et leur fournissent à cette fin le savoir-faire technologique nécessaire et parfois du matériel. On se fera une idée de la popularité de ces programmes au Kenya en se reportant à la liste des activités et des buts organisationnels présentée dans le guide de l'Institut Mazangira (1985). Comme Ventura-Dias (1985:202–204) le fait remarquer, une des principales raisons de leur popularité au Kenya est toutefois qu'ils ne remettent pas en question l'idéologie reçue sur la division du travail entre hommes et femmes. On peut accroître la productivité féminine sans s'attaquer aux prérogatives masculines dans le domaine des entreprises commerciales. Bryson (1981:44, citation dans Ventura-Dias 1985:203) signale qu'il importe d'éviter de présenter [les programmes de création de revenus] comme des programmes commerciaux ; ce serait là les desservir directement, car les cultures commerciales sont des productions masculines et les hommes seraient plus enclins à mettre la main sur ces programmes.

Ainsi, au coeur même des projets de création de revenus, il y a leur perception comme affaire féminine subordonnée à l'activité principale de la nation. Ce point de vue ne diffère guère en somme de l'idée que la femme occidentale travaille pour se faire de l'argent de poche et non pas pour gagner un véritable salaire. L'acquisition de compétences par la formation (en couture, par exemple) est rattachée au rôle domestique de la femme. La femme africaine est donc peu encouragée à se voir comme une personne compétente apportant une contribution économique à la production nationale. Ce qui n'aide pas, on prend rarement en considération la question de l'existence d'un marché stable à long terme pour les articles qu'on engage les femmes à confectionner (la Banque mondiale, p. ex. ; voir BIRD 1979), ainsi que d'infrastructures convenables de transport et de commercialisation. On a décrit le danger de l'octroi de subventions par les organismes d'aide à des fins de constitution d'industries non concurrentielles. Les entreprises connaissent souvent l'échec une fois que les subventions prennent fin, ce qui nourrit les préjugés d'incompétence économique des femmes (Tinker 1981:78). De plus, une coordination défaillante crée des contradictions dans les politiques de développement et la main gauche ne sait pas toujours ce que fait la main droite. Au Burkina Faso, par exemple, une nouvelle brasserie Heineken subventionnée par l'État (Tinker 1981:78) a nui aux possibilités d'augmentation de la production de bière de mil, qui était encouragée par des programmes de création de revenus financés par ce même État.

La Zambian Association for Research and Development (ZARD, Association de recherche et de développement de Zambie) décrit une situation semblable à l'expérience kényane en matière de création de revenus. La ZARD (1986:82–84) indique que les conseils gouvernementaux et les conseils de district ont délaissé l'orientation de formation en économie familiale et insisté désormais sur la formation à des activités créatrices de revenus. Un projet lancé récemment est celui du George Weaving Group à Lusaka, qui est parrainé par la World Alliance of Young Women's Christian Associations (YWCA). Pour les chercheurs de la ZARD, la nouvelle orientation garde de nombreuses lacunes de l'ancienne. Nombreuses sont les femmes qui ont bénéficié du programme, mais la majorité des femmes pauvres ont d'autres besoins de base plus importants. Là encore, on ne s'est pas enquis des priorités et des besoins des femmes. La ZARD (1986) fait également observer que l'orientation adoptée fait de l'acquisition de revenus le besoin le plus impérieux de la femme. Comme nous l'avons évoqué plus haut, une vision trop arithmétique du développement nuit sérieusement à la compréhension des processus sociaux structurels qui doivent entrer en jeu dans un développement fructueux.

Les programmes de création de revenus ne prévoient pas les achats de biens de capital nécessaires à l'exercice des activités de fabrication envisagées, qu'il s'agisse de machines à coudre ou d'autres appareils. Ils ne forment pas non plus des femmes aux tâches d'organisation d'unités de production ou d'obtention de crédit. Pour les quelques femmes qui réussissent à trouver du travail, à temps partiel ou à plein temps, les longues heures de travail et les salaires infimes sont la règle. Personne ne reconnaît que de tels programmes alourdissent le fardeau des femmes. Paradoxalement, des régimes de création de revenus destinés à réduire le caractère fastidieux des besognes féminines par l'acquisition d'un revenu en espèces (permettant d'acheter des biens et des services que les femmes produisaient elles-mêmes dans le passé) ont en réalité intensifié le labeur de la femme en ajoutant des activités créatrices de revenus aux tâches traditionnelles de subsistance. Le maigre salaire tiré des productions artisanales suffit rarement à l'achat d'aliments et de services coûteux (habituellement à des hommes) sur le marché (voir Ventura-Dias 1985:202–205). Pendant tout ce temps, les politiques gouvernementales zambiennes ne se soucient guère de l'occupation principale des femmes, la production agricole.

Le WIN (1985b:47–48) confirme l'expérience zambienne en la matière en termes très nets, donnant une description assez caustique des conditions de travail découlant logiquement de la promotion des régimes de création de revenus.

> L'emploi dans des industries ayant pour cadre le foyer donne à la femme la possibilité de gagner un peu d'argent tout en se livrant à ses activités ménagères. L'avantage obtenu est cependant problématique, car le manque de mobilité et d'indépendance à l'égard des hommes, et le fait d'être isolé des autres femmes dans le travail et d'être moins capable que les femmes sur le marché de s'organiser pour améliorer ses conditions de travail l'emportent sur la capacité de bien s'occuper des enfants et de subvenir aux besoins familiaux. À l'instar des effectifs féminins du marché, les travailleuses de l'industrie artisanale se chargent des «activités de main-d'oeuvre» de production de biens et de services bon marché qui sont essentiels à la reproduction du prolétariat urbain. Et pourtant, souvent leur rémunération (comme l'indique une enquête réalisée à Kano) est inférieure au salaire minimum et le cède toujours de beaucoup à la rémunération des hommes faisant un travail comparable dans le secteur parallèle (mécaniciens, maroquiniers, ouvriers du bâtiment, etc.). Comme dans le commerce, les femmes qui travaillent dans l'industrie artisanale souffrent de l'absence de toute forme de sécurité et de services sociaux, mais elles souffrent encore davantage du délabrement et de l'exiguïté des logements des travailleurs nigérians, car elles passent tout leur temps à la maison et le peu d'espace dont elles disposent est réduit par la présence de matériel (machine à coudre, p. ex.) et de matières et produits à entreposer. De plus, la femme étant toute la journée au foyer, chaque minute est prise par cette double activité.

Question 5. La femme comme sujet de «bien-être social»

Figure à l'état implicite dans les quatre questions présentées plus haut et dans celle de la conceptualisation des problèmes de santé (dont nous avons beaucoup parlé au chapitre 2) la perception des femmes comme problème social à résoudre par des projets de développement. Les propos d'Onokerhoraye (1984:156) faisant des femmes nigérianes un «groupe spécial» illustrent bien la nature du problème. Les programmes de création de revenus, qui visent à donner aux femmes quelque chose à faire, participent également de cette vision de la femme, qui découle de l'application de la démarche libérale aux politiques de développement et transforme l'individu ou le groupe comme ensemble d'individus en objet de la réalisation de projets. Dans leur critique de l'orientation «projets», les participants de l'important atelier tenu en 1984 en Tanzanie sur la question des ressources, du pouvoir et de la femme (OIT 1985) ont vu dans les projets de création de revenus un des principaux facteurs de l'assimilation des questions féminines à des questions de «bien-être social». Dans ces projets, on devrait mettre l'accent non pas sur l'aspect «bien-être», mais sur l'aspect «développement». Ils devraient être fondés sur les principales activités économiques de la femme et se révéler économiquement viables et rentables (OIT 1985:6–7). Tinker (1981:78–79) est pour un tel changement d'orientation :

> On a tendance à surcharger les projets ayant la femme pour objet d'éléments relevant du bien-être social comme la santé, l'éducation ou le planning familial. Ces aspects prennent souvent le pas sur les autres et coulent l'entreprise. Comme l'autosuffisance est préférable à la dépendance, on devrait privilégier les activités économiques au détriment des programmes sociaux. Il faut au point de départ reconnaître le rôle économique de la femme.

Bien que les activités FED des 10 dernières années aient eu en grande partie comme but avoué le traitement de la femme comme agent dynamique du développement par opposition à un rôle passif de bénéficiaire, l'adoption de cette finalité ne s'est pas manifestée par une prise de distances appréciable par rapport à la perception de la femme comme destinataire passif. Il ne faut pas s'en étonner, surtout si on considère l'hésitation du mouvement libéral à admettre que les capacités en puissance d'un individu ne peuvent s'actualiser que par des mesures collectives et que, par conséquent, ces mesures sont l'objet nécessaire des recherches et des politiques.

On trouve dans toutes les activités de développement des perceptions erronées de la femme. L'examen des déformations de l'élaboration et de l'application de politiques a fait voir les entraves et idéologiques et structurelles à une conception différente de la femme. L'étude de Staudt (1985b) dégage nettement ce double obstacle. En ce qui concerne les empêchements idéologiques, il est difficile de voir dans la femme autre chose qu'un objet quand elle est exclue, par les hésitations des planificateurs et des agents de vulgarisation, de la prise de décision et de la formation aux nouvelles technologies. Dans le cas des entraves structurelles, comme les femmes sont absentes des institutions officielles par lesquelles passent politiques et informations, il existe une conception organisationnelle de la femme comme n'ayant pas de place dans tout ce qui est planification du développement. On doit toutefois dire que cette marginalité «conceptuelle», qui est si bien ancrée dans la tradition philosophique occidentale, n'était pas le propre de la philosophie africaine dans le passé.

Transfert de technologie et recul du pouvoir féminin

Les inégalités d'accès aux ressources de développement (question 6), la perte de droits légitimes et de pouvoir politique (question 7), le bouleversement des rapports entre les sexes (question 8) et l'intensification du travail féminin (question 9), voilà autant d'aspects qui intéressent le transfert de technologie et qui doivent être examinés dans le cadre complexe des transformations politiques et économiques qu'a connues l'Afrique depuis un siècle. Chaque étude de cas présentée ici éclaire ces questions en grande partie ou en totalité, bien que de telles études ne livrent pas habituellement des données d'analyse du contexte d'économie politique. Il convient de noter que, lorsque nous évoquons le recul du pouvoir des femmes, nous parlons en réalité d'une déformation des relations entre les sexes qui expose les hommes à long terme à de profondes perturbations de la vie familiale et collective, même s'ils semblent de prime abord profiter de ce travail supplémentaire des femmes et de l'idéologie occidentale de la domination masculine.

Dans l'examen des liens dialectiques entre transfert de technologie et processus sociaux, on doit établir une distinction entre les projets à grande échelle destinés à développer une collectivité ou une région entière ou à faire faire des économies d'échelle dans la production de denrées agricoles, d'une part, et les projets ou programmes qui agissent sur l'activité de production et de transformation en visant l'individu ou le ménage. Nous avons étudié un grand nombre de facteurs intervenant sur ce dernier plan (individus et ménages) dans notre bilan des cinq questions de politique de technologie et du rôle des sexes. De plus, beaucoup de phénomènes sociaux et économiques décrits par les chercheurs dans leur évaluation de programmes de développement à grande échelle sont caractéristiques des processus de transfert de technologie à petite échelle (comme le démontre nettement l'étude de Staudt [1985b] sur les services de vulgarisation agricole dans l'ouest du Kenya). Cette section s'attache, par conséquent, aux projets à grande échelle et vise à susciter une compréhension de la complexité de la question du fléchissement du pouvoir féminin. Une évaluation approfondie a porté sur deux projets à grande échelle réalisés au Kenya et au Nigéria sous l'angle des rapports entre le transfert de technologie, le rôle des sexes et la collectivité.

Programme d'irrigation de rizières de Mwea (Kenya)

Le programme d'irrigation de rizières de Mwea (province centrale du Kenya) a introduit la riziculture commerciale dans une région où on n'avait pas l'habitude de produire du riz. Il est un bon exemple de la série de problèmes que l'on peut créer et qui joueront contre la femme, les rapports entre les sexes et l'économie paysanne en général (voir Hanger et Morris 1973 ; Wisner 1982 ; pour un résumé du programme de Mwea, voir Lewis 1984:181–182 ; Agarwal 1985:102–105). Ce programme dont l'orientation était à la fois sociale et économique (établissement de paysans sans terres[1] et production d'une céréale utile pour le marché kényan) a été présenté par certains décideurs en développement comme un cas de réussite d'activités de développement. On compte plus de 3 000 exploitants cultivant en propriété avec leur famille des parcelles familiales de 1,6 ha dans une zone d'établissement pourvue d'un réseau d'irrigation de surface. En 1982, le programme était toujours rentable et les revenus étaient supérieurs dans l'ensemble à ce qu'on avait prévu.

Robert Chambers, un des plus éminents chercheurs et planificateurs en développement rural en Afrique orientale, a étudié le projet de Mwea depuis son démarrage au milieu des années 60. En termes plutôt acerbes, il le présente comme un des jalons du circuit touristique du développement rural (Chambers 1983:16).

> Les gens qui s'intéressent à la recherche et au développement ruraux établissent des liens avec un réseau de points de contact urbains et ruraux. On leur indique ainsi les endroits en région rurale où on sait que quelque chose se

---

1. Des milliers de Kikouyou ont été dépouillés de leurs terres par les Britanniques à l'époque coloniale. Muriuki (1974) a écrit une excellente histoire des Kikouyou et Brett (1974) a fait un récit succinct de cette dépossession.

fait, que des sommes sont dépensées, que des gens sont postés et qu'un projet est en cours de réalisation. Ministères, services, agents de district et organismes bénévoles accordent tous une attention toute particulière aux projets et y amènent des visiteurs. Les contacts et les possibilités d'apprentissage s'établissent alors avec de très petits îlots d'activités inhabituelles qui attirent régulièrement l'attention et s'imposent de plus en plus aux regards par une sorte d'effet de renforcement. La déformation «projets» est des plus marquées dans le cas des «vitrines», c'est-à-dire des petits projets bien emballés et des villages modèles amplement dotés et appuyés dont les représentants bien dressés savent toujours quoi dire... Par de tels projets, on peut automatiquement résoudre en toute célérité et en toute simplicité le problème que représente habituellement l'arrivée de visiteurs ou de dirigeants en tournée d'inspection. L'attention est encore une fois détournée de la situation des pauvres.

(Chambers 1983:16)

Qu'en est-il de notre «vitrine» de développement ? Heureusement, l'attention disproportionnée évoquée par Chambers (1983) à propos du projet de Mwea nous a livré une masse de données empiriques que les chercheurs féministes ont pu interpréter pour illustrer d'une manière bien concrète les effets négatifs de tels projets sur la femme et sur les rapports entre les sexes (voir Dey 1981:109–122). Le compte rendu qui suit s'appuie sur les analyses féministes d'Agarwal (1985) et de Lewis (1984), qui sont elles-mêmes une synthèse des études de base.

L'objet du programme était la riziculture comme production vivrière et comme production commerciale à des fins d'augmentation des revenus des ménages. Les exploitants venaient d'un système agricole où des cultures non irriguées comme celles du maïs et du haricot poussaient dans les parcelles des femmes à des fins de consommation et où le café était cultivé dans les parcelles des hommes (par des femmes travaillant aux cultures en vue de produire un revenu en espèces pour les hommes). Comme l'indiquent de nombreuses études consacrées aux Kikouyou (groupe ethnique dominant de la région), la production des parcelles vivrières féminines permettait un écoulement occasionnel de surplus laissés par l'auto-consommation (pour un aperçu, voir Stamp 1986). À Mwea, comme les hommes n'aimaient pas manger du riz, les femmes étaient appelées à assurer les productions vivrières habituelles. Les parcelles affectées aux activités non rizicoles étaient toutefois petites et d'une qualité médiocre, d'où l'impossibilité de subvenir convenablement aux besoins familiaux (la culture de parcelles d'autoconsommation n'ayant pas été prévue au départ dans le projet). Les femmes étaient en outre tenues de travailler dans les parcelles de riziculture de leur mari. Les hommes étaient les exploitants «en titre» de ces parcelles et leur famille se retrouvait encore une fois en situation de subordination. La charge de travail des femmes était donc de beaucoup supérieure à celle que leur imposaient les productions agricoles traditionnelles, surtout à l'époque de la moisson. Particularité de l'Afrique d'hier et d'aujourd'hui, la femme consacre plus de temps aux tâches de production que l'homme.

Par ailleurs, dans le passé, les femmes pouvaient décider elles-mêmes de leur emploi du temps dans les limites de leurs responsabilités traditionnelles, dont la répartition était la prérogative du groupe solidaire de parenté dans son ensemble (c'est-à-dire du lignage), et non pas celle du mari. Toutefois, dans le projet de Mwea, les maris exerçaient un contrôle complet sur le travail des femmes et des enfants et recevaient tout le revenu tiré des rizières. Le mari payait sa femme avec du riz et fixait arbitrairement la quantité donnée en salaire. Pour acheter des produits alimentaires traditionnels et d'autres articles ménagers, les femmes devaient vendre le riz sur le marché noir, contrevenant à la consigne donnée que tout le riz devait être vendu à la Régie nationale de l'irrigation. Le produit de la vente couvrait rarement les dépenses du ménage. Autre problème, le bois de feu ne pouvait plus être ramassé gratuitement, les femmes devaient l'acheter et souvent quémander à cette fin de l'argent à leur mari. Qui plus est, le bois était de qualité inférieure et les femmes devaient plus s'occuper du feu que par le passé. Paradoxalement, si les hommes embauchaient de la main-d'oeuvre pour cultiver les rizières, le travail des femmes s'en trouvait encore alourdi, car elles devaient faire la cuisine pour les ouvriers.

> Ainsi, d'une part, les femmes avaient à travailler plus fort et avaient perdu une grande partie de leur indépendance et du contrôle qu'elles pouvaient exercer sur leur emploi du temps et, d'autre part, on observait une diminution marquée de leur production de subsistance, de leur accès aux revenus en espèces et de leur contrôle de ces revenus, ainsi que de leur participation aux décisions intéressant la famille. Il n'est guère étonnant que, assez fréquemment, des femmes aient quitté leur mari pour regagner leur village.
>
> (Agarwal 1985:104)

La loi consacre la perte de pouvoir et d'autonomie de la femme que nous avons décrite, le contrat qui intervient entre la Régie nationale de l'irrigation et les divers ménages étant officiellement passé avec le chef de ménage masculin. Seul exploitant reconnu par la loi, le mari reçoit tout le paiement du riz vendu à la Régie. De plus, comme les femmes n'ont aucun droit légal sur les terres productives de la famille (situation qui vaut également pour les territoires hors programme où les chefs de ménage masculins ont été inscrits comme propriétaires uniques du sol), elles n'ont pas de garanties à offrir au moment de solliciter du crédit pour l'acquisition de produits d'amélioration des cultures. Les terres africaines de pays de colonie comme le Kenya, l'Afrique du Sud et le Zimbabwe ont fait l'objet d'une aliénation massive (Newman 1981:125–129). Les terres conservées par les Africains dans les réserves ont subi les effets d'une refonte du régime foncier qui a joué au détriment d'une collectivité désormais incapable de planifier l'utilisation de son sol dans un cadre rationnel de vie villageoise. Les femmes en particulier ont été des laissées-pour-compte dans cette transformation (voir p. 99–102, 120–122).

Selon un certain nombre d'importants indices, la dégradation de la condition féminine est liée à un fléchissement du bien-être de la famille. L'eau est peut-être abondante, mais elle est très contaminée. Les études ne parlent pas des répercussions sur la santé, mais on peut avoir ses idées sur les possibilités d'apparition d'un grave problème de bilharziose (schistosomiase) à Mwea, ainsi que de maladies diarrhéiques infantiles causées par une dégradation des préparations destinées aux nourrissons. Les études indiquent qu'il y a eu un recul de la nutrition de 1966 à 1976 et Lewis (1984:181) a constaté que le poids de plus du tiers des enfants âgés de 1 à 5 ans s'établissait à moins de 80 % de la normale pour leur âge. Les femmes vous diront clairement ce qu'il en est : d'une part, elles n'ont pas les moyens de produire pour leur famille et dépendent ainsi fortement des produits achetés et, d'autre part, elles n'ont pas suffisamment d'argent pour s'acquitter de leurs responsabilités à l'égard de leur famille. Ayant perdu la capacité de jouer leur rôle traditionnel, elles ont perdu de leur amour-propre. On peut donc dire que les femmes et leur famille financent la monoculture du riz à Mwea économiquement et socialement et avec leur santé[2].

Lewis (1984:182) résume l'expérience de Mwea en disant

> qu'il s'agit là du prototype d'un mode de développement extractif. C'est une bonne façon de décrire l'économie coloniale en termes lapidaires en ce qui concerne aussi bien le rôle dévolu aux femmes que la façon dont les avantages masculins sont dictés par des politiques officielles plutôt que par les forces du marché. Un tel aménagement économique empêche toute diversification des activités productives chez les hommes et chez les femmes, préalable du développement d'une économie régionale répondant aux besoins perçus des collectivités. De tels régimes ont pour objet l'établissement d'un niveau donné de profit sous une forme donnée à l'aide d'une hiérarchie de dirigeants de l'appareil de l'État et des programmes d'irrigation et des chefs de ménage masculins. Le travail féminin est tenu pour un bien à la disposition de l'homme à la tête du ménage.

Les résumés de Lewis (1984) et d'Agarwal (1985) sont utiles. Aucun ne fait cependant état d'aspects négatifs importants du projet de Mwea. Dans sa conception même, celui-ci exclut les structures traditionnelles de prise de décision dans le village où hommes et femmes ont voix au chapitre, ainsi que les formes traditionnelles d'association féminine à des fins de collaboration sociale et économique. Ce sont ces associations qui, dans le passé, ont donné à la femme un contrepoids dans les rapports de pouvoir et garanti un équilibre de la prise de décision villageoise, qui pouvait ainsi servir toute la collectivité.

Projet d'irrigation de la rivière Kano (Nigéria)

Cecile Jackson a fait une étude poussée des femmes haoussa du nord du Nigéria de 1976 à 1978 et élaboré une importante monographie (Jackson 1985) sur le projet d'irrigation de la rivière Kano. Elle a étudié le phénomène en apparence improbable d'une grève féminine en milieu musulman comme celle qu'ont faite les femmes haoussa en 1977. Son évaluation de l'incidence du projet sur les femmes confirme les constatations faites à propos du programme de Mwea et indique bien la capacité des femmes d'opposer une résistance collective aux efforts de suppression de leur pouvoir. Son étude de la grève de 1977 va au-delà des enseignements tirés de l'expérience de Mwea et, dans cette mesure, constitue une synthèse de l'orientation «économie politique» et de l'orientation FED recommandée au chapitre 5. Bien que n'examinant pas à fond les rapports entre les sexes chez les Haoussa, son étude montre dans quelle voie l'investigation FED doit s'engager. Compte tenu de leur participation traditionnelle à l'économie de marché, les femmes haoussa ont été plus défavorisées économiquement que les femmes kényanes du programme de Mwea. Disons cependant que les premières sont

---

2. Un problème intéressant est celui des disponibilités en riz sur le marché kényan et de l'incidence du dumping céréalier des pays occidentaux sur les pays africains. Pendant une visite de recherche effectuée en 1981, j'ai pu constater l'extrême rareté du riz malgré les rendements records de Mwea. Selon la rumeur, cinq charges de camion de riz de la Régie avaient été détournées vers plusieurs pays limitrophes du Kenya, activité de marché noir qui éclipsait les petites infractions des femmes de Mwea. J'ai vu du riz local en vente sur des marchés locaux non loin du secteur du programme à 7 KES (shillings kényans) la tasse (un dollar canadien environ). Au même moment, le riz étuvé importé des États-Unis (riz «Uncle Ben») se vendait dans un supermarché de l'élite de Nakuru à 9 KES/kg, soit moins du quart du prix du riz sur les marchés ruraux (en septembre 1988, 16 shillings kényans [KES] équivalaient à un dollar américain [USD]).

relativement défavorisées sur le plan social à cause de la prédominance de l'islamisme et de sa pratique de l'isolement des femmes.

Un réseau d'irrigation à grande échelle de 120 000 acres (48 600 ha) a vu le jour 50 km au sud de la ville de Kano, au Nigéria, en 1971. Le projet visait à accroître la productivité agricole. À la monoculture novatrice du riz à Mwea correspondait la culture du blé à Kano pour l'approvisionnement urbain en pain (on avait également prévu implanter la culture de la tomate). On a décidé de ne pas acheter les terres et de ne pas transformer les paysans en fermiers, la forte densité démographique (179 habitants au kilomètre carré), la complexité des régimes fonciers et l'inévitable résistance des paysans étant susceptibles de rendre difficile l'opération d'aliénation. Le gouvernement a plutôt enregistré des titres de propriété foncière individuels, mis en place une infrastructure de canaux d'irrigation et échangé les parcelles individuelles non irriguées contre des parcelles irriguées équivalentes. Le plus souvent, les agriculteurs avaient les mêmes voisins. Le programme a fourni du crédit pendant les deux premières années. On s'attendait à ce qu'au bout de ce laps de temps, les exploitants aient accumulé suffisamment de capital pour supporter les frais d'utilisation des nouvelles technologies des cultures irriguées. Les responsables étaient censés niveler les terrains et approvisionner les agriculteurs en engrais, en semences et en eau moyennant finance. Le réseau d'échange local devait servir à l'écoulement de la récolte.

Les objectifs énoncés du projet étaient l'augmentation des disponibilités alimentaires, la création d'emplois et le relèvement des niveaux de vie (Jackson 1985:xiii). En examinant le projet, Jackson s'est cependant aperçue qu'il y avait d'autres buts implicites ressemblant à ceux du programme de Mwea et visant à transformer les agriculteurs de subsistance en producteurs pour le marché. Malgré les changements considérables envisagés,

> on espérait également que le tissu social ne serait pas radicalement transformé, qu'un déséquilibre ne se créerait pas entre irrigateurs et non-irrigateurs, que de nouvelles compétences seraient acquises et que les migrations externes seraient arrêtées. On avait formé au départ l'hypothèse que la population locale passerait d'une occupation du sol en isolement et en dispersion par fermes individuelles d'exploitation à des villages noyaux pourvus des services nécessaires.
>
> (Jackson 1985:xiii)

Jackson a découvert que les objectifs du projet n'avaient pas été atteints à plusieurs égards importants et qu'il y avait des effets sérieux sur la production et la nutrition locales, le pouvoir économique des femmes et les relations entre les sexes. Le programme a fait reculer les cultures traditionnelles : sorgho, produits arboricoles comme les dattes, les caroubes (un important aliment de sevrage, voir p. 40) et les produits du baobab, légumes et autres produits alimentaires cultivés dans le cadre du réseau traditionnel d'irrigation (par inondation en bordure de cours d'eau) appelé «shaduf» et éliminé par la construction du barrage de Tiga (voir Jackson 1985:23). De plus, la symbiose traditionnelle entre le Haoussa s'adonnant à l'agriculture et le Foulani nomade (relation particulièrement avantageuse pour la femme) a été compromise. Les organisateurs du projet ont vu un problème dans les déplacements des troupeaux de bovins foulani et, dans leur plan de projet, ont fait en sorte que les Foulani ne puissent passer. C'est ainsi qu'un élément essentiel aux deux groupes, le *fura* (boulette de pâte de mil), n'a plus été préparé et mangé au repas de midi parce que les femmes foulani ne pouvaient plus vendre aux femmes haoussa du lait pour préparer cet aliment nourrissant. Pendant ce temps, les plans de production de lait frais pour Kano et la région à l'aide de bovins laitiers importés demeuraient lettre morte. C'est un bon exemple de l'insensibilité des planificateurs aux besoins alimentaires des populations locales et à la contribution que peuvent apporter les femmes aux activités d'une entreprise (Jackson 1985:24).

Un autre exemple de cette insensibilité intéresse les petits animaux. Malgré l'objectif énoncé de relèvement des niveaux de vie et l'importance traditionnelle de l'aviculture, contrôlée par les femmes, pour la nutrition familiale, les responsables du projet ont banni toute activité avicole des ménages. Défiant les contraintes draconiennes imposées à cette pratique et l'absence de tout soutien sous la forme de savoir-faire technologique, les femmes ont persisté dans l'élevage de petits animaux de ferme, qui sont demeurés une importante source alimentaire.

Ces mêmes responsables avaient exprimé l'avis que les cultures de la saison des pluies permettraient de combler les besoins alimentaires locaux et que toute la récolte de la saison sèche constituerait un surplus. Après six ans d'activité, on relevait cependant des déficits alimentaires grandissants dans la région et une baisse des disponibilités en sorgho, mil, haricot et manioc. Toutefois, dans les exploitations du programme, les familles profitaient de la récolte de tomates et de riz grâce à l'esprit d'entreprise des femmes du projet.

Manifestement, l'économie politique locale s'est trouvée transformée par ce projet. Cette évolution s'est soldée en partie par une diminution de l'autosuffisance alimentaire de la région :

> L'éventail des choix s'offrant à l'agriculteur s'est refermé et l'exploitant ne détermine plus ce qu'il cultivera et comment il le fera. Il dépend maintenant des responsables du projet pour ses produits d'entrée en agriculture irriguée et, comme certaines terres ont maintenant une valeur relativement élevée, de plus en plus de parcelles se louent et ainsi de suite. Bien que la région soit intégrée à l'économie de marché depuis bien des années, il est sûr que le programme a accentué certaines tendances et en a créé d'autres qui renforceront l'incorporation de la région au régime capitaliste mondial.
> (Jackson 1985:22)

Il est difficile de parler de développement quand on s'attache à ce qu'a signifié pour la femme cette plus grande dépendance à l'égard de l'État et des grands systèmes économiques.

> Pour les femmes d'agriculteurs[3] en général, le programme a été synonyme de plus grand isolement et de retrait progressif de la plupart des travaux agricoles à l'exception de la récolte du blé. De plus, la façon particulière dont les femmes ont vécu la mise en place de ce réseau d'irrigation dépend d'une diversité de facteurs. L'âge est un facteur important, les femmes plus âgées ne vivant pas en isolement ayant découvert toute une série de possibilités de travail rémunéré qui s'offrent maintenant à elles.
> (Jackson 1978:22–23)

De nombreuses études nous indiquent (Cohen 1969 ; Callaway 1984, p. ex.) que, dans les sociétés musulmanes africaines, un accroissement appréciable du revenu des hommes, comme dans le projet d'irrigation de Kano à cause de l'importance des rendements de blé, crée un déséquilibre de pouvoir dans le

---

3. Je n'aime pas l'emploi que fait Jackson (1978) du terme «femmes d'agriculteurs». C'est comme si cette auteure confirmait la subordination féminine dans les tâches de production agricole. L'emploi du terme «maris agricoles» donnerait la même impression d'absurdité.

système fondé sur le rapport entre les sexes qui se manifeste et se renforce par le purdah (*shulle* en haoussa). En d'autres termes, l'augmentation de la productivité est souvent liée à un accroissement du pouvoir qui s'exerce sur la femme. Les femmes qui travaillaient dans le passé en dehors de l'habitation sont isolées quand l'exploitation devint florissante. Il convient de noter, comme Cohen (1969) l'a fait, que c'est un désir de statut, et non pas un accès de piété, qui amène l'homme à condamner sa femme à l'isolement. On aura compris que l'idéologie religieuse se modèle avec souplesse sur l'évolution des conditions politiques et économiques. Jackson nous signale que, même quand on avait besoin du travail des femmes dans les champs de blé du programme, les informateurs refusaient d'admettre qu'elles se livraient à ce genre de travail.

Dans l'isolement de leur maison de ferme, les femmes faisaient toutefois preuve d'ingéniosité dans l'adaptation à leurs propres besoins de certains aspects du projet, et ce, sans apport technologique d'aucune sorte. Le séchage et la vente de tomates et l'activité avicole évoqués plus haut en sont des exemples. Les femmes ont tiré de tels travaux, dans un cadre aussi restreint, de maigres revenus et des aliments pour leur famille. Si elles n'avaient guère d'autonomie à la ferme, elles jouissaient d'un peu de sécurité économique. Les femmes plus âgées, moins immobilisées par la pratique de l'isolement, ont pu trouver une solution à la détérioration des rapports entre les sexes qui accroissait le contrôle exercé par les chefs de ménage masculins sur les revenus et les travaux agricoles féminins en prenant des emplois agricoles mal payés (où elles touchaient le septième du salaire journalier des hommes). Elles ont été embauchées par une entreprise multinationale faisant de la culture maraîchère pour le marché d'hiver européen (Jackson 1978). Les raisons de ce mouvement en apparence irrationnel sont complexes et font l'objet d'un examen dans le contexte kényan au chapitre 4 (voir aussi Stamp 1975–1976, 1986). En bref, Jackson (1978:23) indique qu'en travaillant pour cette entreprise, les femmes avaient beaucoup plus d'autonomie qu'elles n'en avaient lorsqu'elles travaillaient pour des maris, des frères ou d'autres parents masculins dont il leur était impossible de défier l'autorité.

> L'autorité de l'homme sur la femme dans le ménage, qui n'est pas uniquement un produit de l'islamisme, fournit un modèle pour les rapports entre les sexes dans le cadre des travaux agricoles (dans les travaux de récolte du blé, p. ex.), situation qui rend beaucoup plus difficile tout mouvement de rébellion de travailleuses. De ce point de vue, on constate encore une fois comment le ménage fait partie du processus de reproduction des structures de domination, la femme n'étant capable de protester contre son exploitation [dans la grève contre la multinationale haricotière, p. ex. ; Jackson 1978:24–25] que lorsqu'elle se dégage des liens du système de parenté, du mariage et de l'organisation villageoise. Et paradoxalement, c'est aussi le ménage qui lui permet de faire opposition, car le mariage peut être source de mobilité tactique pour la femme. Le ménage donne à celle-ci une certaine indépendance matérielle, mais crée également des conditions d'oppression idéologique... Étant donné le prix que la femme haoussa attache à son indépendance, il n'est guère étonnant qu'elle soit disposée à travailler à un salaire très bas. Le travail rémunéré et l'activité productive féminine en général ont pour motivation non pas le désir d'accumulation de biens ni le besoin de reproduction ni les impératifs de la subsistance ni les demandes de l'État, mais la quête d'autonomie.
>
> (Jackson 1978:33,36)

Jackson (1985) conclut que le projet d'irrigation de Kano n'a pas incité la femme commerçante haoussa à investir dans la production dans le cadre du ménage et n'a pas établi le lien recherché entre les activités d'entreprise de la femme et les objectifs de production agricole des responsables. La complète négligence des intérêts des femmes est simplement venue confirmer à la femme musulmane qu'elle avait intérêt à délaisser le plus possible l'économie de ménage pour un monde féminin distinct où elle pourrait mieux employer son énergie et se donner en toute indépendance des ressources, quelque maigres qu'elles puissent être, qui pourraient être transmises à ses filles (Jackson 1985:57). Il apparaît nettement qu'un bien essentiel de la collectivité, l'énergie et l'initiative des femmes, a été détourné de cette collectivité. C'est ainsi que les femmes ont contribué beaucoup moins à l'autosuffisance locale qu'elles n'auraient pu le faire si on avait tenu compte de l'incidence du programme sur le système fondé sur le rapport entre les sexes. (Pour une autre étude [d'une grande importance théorique] des effets des projets de développement sur les systèmes fondés sur le rapport entre les sexes, voir Conti 1979.)

Importance des formes populaires d'organisation féminine

Dans presque toutes les études consacrées au rôle de décideur de la femme dans les collectivités africaines, on a jugé que les formes d'organisation féminine jouaient un rôle primordial dans l'autorité exercée par la femme. Même si les épouses polygynes ont collectivement voix au chapitre dans le contexte de l'économie matrimoniale, ce sont les groupements au sein du village, constitués en fonction de l'âge ou par adhésion volontaire, qui donnent aux femmes un pouvoir qui fait contrepoids à la situation dominante de l'homme (voir les études de cas du chapitre 4).

Dans les études et les politiques de développement et dans une grande partie de la bibliographie FED, les organismes féminins ont subi l'effet de l'orientation «groupe cible» que nous avons critiquée plus haut. Se souciant peu d'analyser comment, quand et où les femmes ont créé leurs propres groupements, chercheurs et planificateurs en développement ne voient pas l'importance d'établir des distinctions entre les groupements, et notamment entre ceux qui ont vu le jour dans le cadre des coutumes et des besoins propres de la collectivité et ceux qui ont été imposés de l'extérieur. Il a ainsi été possible aux auteurs de l'étude des femmes et du développement rural parrainée par USAID en 1976 (Mickelwait et al. 1976:xiii–xv) de conclure que, dans bien des situations, de nouvelles associations féminines appuyées par les femmes instruites en milieu urbain pourraient être l'agent «non menaçant pour l'homme» d'une élimination des restrictions sociétales à l'élargissement du rôle des femmes.

C'est précisément l'orientation retenue par un grand nombre d'organismes et de gouvernements. Dans les pays africains, on peut, par conséquent, observer le phénomène répandu d'organismes féminins parrainés par l'État (comme le mouvement Maendelao ya Wanawake [Progrès des femmes] du Kenya) qui «forment vitrine» pour les engagements officiels pris par le gouvernement à l'égard de la cause féminine et permettent à celui-ci de reprendre à son compte les efforts et l'idéologie féministes nationaux. Dans la plupart des cas, les organismes en question présentent un profond clivage entre les femmes de l'élite qui les dirigent et les femmes locales en marge dont les intérêts ne sont pas servis. Wipper (1975) a étudié ce problème dans le mouvement Maendelao ya Wanawake. La situation n'a pas changé depuis son étude, comme en témoigne le scandale qui a suivi en 1986 la découverte de détournements de fonds par certains dirigeants de l'organisme.

Comme ils sont demeurés invisibles, les groupements féminins locaux n'ont pas été considérés comme des institutions à protéger et à améliorer par des efforts de développement. C'est pourquoi les femmes perdent souvent, par l'introduction de nouvelles technologies dans leur collectivité, les possibilités sur lesquelles reposaient leurs activités sociales. Ainsi, en retirant l'approvisionnement en eau des tâches quotidiennes de la femme, les nouveaux systèmes d'exploitation des ressources en eau (comme les systèmes de pompage) enlèvent à la femme l'importante occasion qu'elle avait de rencontrer d'autres femmes et de s'entretenir avec elles tout en travaillant. Personne n'irait jusqu'à dire que la femme devrait recommencer à aller puiser de l'eau à des cours d'eau pollués, mais la perte de ce temps «social» doit être tenue pour une sérieuse entrave à la capacité des femmes de se constituer en réseau et, par conséquent, à leur capacité de soutenir la vie sociale et économique de la collectivité.

Un autre aspect des activités de développement qui a nui aux groupements féminins est le passage massif aux cultures commerciales avec la mainmise consécutive des hommes sur les revenus de la production auparavant contrôlés par les femmes. Une intéressante étude effectuée par un chercheur kényan (wa Karanja 1981) des attitudes de travail dans une ville du Nigéria a révélé que la presque totalité des hommes et des femmes croyaient que maris et femmes devraient avoir des comptes en banque distincts pour la sauvegarde de l'harmonie au sein du ménage. Les femmes croyaient qu'elles devaient avoir leur livret à elles à cause des différentes habitudes de dépenses des hommes et des femmes (wa Karanja 1981:57–59). Ces constatations nous indiquent la continuité dans le temps du partage des responsabilités économiques entre les hommes et les femmes. La femme contemporaine se sert de ses revenus pour s'acquitter de sa tâche de principale responsable du bien-être familial tout comme, dans le passé, elle se chargeait de la production d'aliments et des soins de santé pour la famille. Les études des groupements féminins (voir le chapitre 4) font voir que la principale voie empruntée par les ressources (en espèces ou en nature) hier et aujourd'hui est le groupement féminin. Le bien-être et le système de production des villages ont été en grande partie maintenus et sont toujours maintenus dans bien des cas par un ensemble de paiements et de ressources mises en commun circulant parmi les femmes.

La perte du contrôle exercé par la femme sur le fruit de son labeur a sérieusement nui à sa capacité de s'acquitter de ses responsabilités. De plus, une fois qu'elle lui échappe, la rétribution de son travail souvent ne va plus à l'entretien de la famille. Quand l'homme s'approprie les revenus en espèces du travail féminin après l'introduction d'une fabrication de produits de consommation ou d'une nouvelle technologie comme dans le cas des pressoirs hydrauliques à l'huile de palme (p. 69), il les intègre tout simplement au domaine financier masculin, comme Muntemba le démontre dans l'étude que nous résumons au chapitre 4. Un exemple personnellement constaté dans le district de Samburu, au Kenya, en 1973 est le cas du mari qui conservait le revenu tiré par ses quatre femmes de leur industrieuse production d'ouvrages de perles pour les touristes et acquérait ainsi de quoi s'acheter en régime de compensation matrimoniale une cinquième épouse de 50 ans plus jeune que lui. Les autres épouses se plaignaient amèrement que les bovins subvenant aux besoins de la famille polygyne ne permettaient pas d'entretenir une autre épouse et ses enfants et que leur mari était plus soucieux de sa vanité que des nécessités familiales.

Comme l'ancien lien entre la capacité productive de la femme et sa capacité de prendre soin de sa famille a été rompu par le détournement vers le domaine économique masculin d'une partie appréciable de ses revenus, les groupements féminins ont perdu les assises économiques certaines sur lesquelles reposaient leurs activités. Il n'est guère étonnant, par conséquent, qu'au lieu de se livrer aux travaux plus productifs des productions commerciales dans la parcelle familiale, les femmes préfèrent travailler en dehors du réseau familial pour un petit salaire sur lequel elles ont une emprise. À cet égard, je suis légèrement en désaccord avec Jackson (1985) qui voit des raisons politiques seulement, par opposition aux raisons économiques, à l'activité rémunérée féminine en dehors de l'exploitation familiale. Malgré son manque d'analyse historique des groupements féminins, la bibliographie FED a dégagé un certain nombre de priorités importantes concernant la participation de groupes de femmes au développement. L'atelier de 1984 qui a eu lieu en Tanzanie sur les ressources, le pouvoir et la femme (OIT 1985) a été particulièrement éloquent à ce propos. Les participants ont insisté en particulier sur la nécessité de ne plus se contenter de critiquer les activités de développement pour leur incidence négative sur la femme et de mettre en relief les rares projets qui ont eu du succès selon nos critères de développement véritable. Ce n'est que par une analyse soignée de ces cas de réussite par rapport aux projets mal conçus que les planificateurs créeront les bases de succès plus soutenus dans l'avenir.

> L'atelier se proposait d'échanger informations et avis sur les projets réussis et novateurs intéressant les femmes en milieu rural, de tirer des leçons des expériences fructueuses, de renforcer les projets en cours et de stimuler la mise en route de nouvelles activités... Les questions féminines sont au coeur du processus de développement et n'ont rien de périphérique. La lutte pour l'égalité n'est pas une bataille entre les femmes et les hommes, mais un combat visant à changer les structures et les attitudes sociales.
>
> (OIT 1985)

Une éminente féministe africaine, Filomina Steady, a présenté aux gens présents deux projets réalisés au Sierra Leone et jugés réussis par les gens qui les avaient conçus et le gouvernement (OIT 1985:13). De leur comparaison, on peut tirer des leçons utiles sur les organismes féminins et le développement. Les artisans du premier de ces projets, coparrainé par les gouvernements de la République fédérale d'Allemagne et du Sierra Leone, ont introduit une nouvelle technologie de fumage du poisson à Tombo, un village de pêcheurs. Le but était d'accroître les revenus tirés de la pêche comme activité artisanale. Grâce aux nouveaux éléments techniques mis en oeuvre et à l'amélioration des moyens d'entreposage, ce projet a permis aux femmes chargées de tout temps de transformer le poisson pour la vente d'augmenter leur productivité et de contrôler les prix du poisson. Pour mieux s'assurer des approvisionnements en poisson et ne pas avoir à en acheter aux hommes, un certain nombre de femmes ont fait l'acquisition de leur propre bateau. Sous bien des aspects, le projet était réussi, mais on s'est sérieusement interrogé sur la «durabilité» de l'auto-suffisance des femmes dans le domaine de la transformation du poisson. La nécessité de disposer de devises pour l'entretien des éléments techniques importés, la dépendance à l'égard de spécialistes de l'étranger et l'orientation purement lucrative de l'entreprise ont rendu les femmes encore plus tributaires de conditions indépendantes de leur volonté. On ne peut parler de réussite pour ce projet si on se reporte à des critères féministes et populaires de développement.

Le second projet était axé lui sur l'entraide et l'auto-assistance. En 1977, on a créé le projet d'association de développement de Gloucester pour la promotion du développement villageois. On se proposait d'encourager l'amélioration des méthodes d'exploitation agricole, d'aménager des étals pour la vente de produits agricoles, de créer des garderies et des programmes d'éducation des adultes et de mettre en place un système d'achat de produits alimentaires en vrac. Le minuscule budget de fonctionnement s'élevait à 500 SLL (leones du Sierra Leone) par an (contre 900 000 SLL pour le projet de fumage de poisson étalé sur six ans ; en septembre 1988, 36 leones du Sierra Leone [SLL] équivalaient à un dollar américain [USD]). Les réalisations de ce second projet sont importantes et se distinguent par leur autosuffisance et leur «reproductibilité» (OIT 1985). La documentation spécialisée est émaillée de cas de réussite semblables. Nous avons déjà fait mention des associations camerounaises d'exploitation de moulins à maïs (p. 62 ; voir Wipper 1984:75–76). Après le prêt de 15 moulins à des villages pendant les années 50, des associations ont vu le jour dont les membres acquittaient un droit mensuel d'utilisation du moulin. Un an après, 30 villages avaient remboursé leur emprunt et on avait acheté d'autres moulins. Avec le temps, 200 associations s'étaient ainsi formées avec un effectif de 18 000 membres. Comme la chose se produit souvent quand des femmes créent des organismes à vocation spéciale, les activités se sont bientôt étendues de la transformation alimentaire à d'autres questions présentant de l'intérêt pour la villageoise africaine (Keyi 1986). Wipper (1984:75–76) résume ainsi l'expérience des villages camerounais :

> Des échanges sociaux qui se sont faits autour des moulins à maïs est née l'idée de cours de cuisine, de fabrication de savon, de puériculture, d'hygiène et de nutrition. Les femmes se sont ensuite mises à faire des briques et à couper du bambou pour se construire une salle de réunion. Au fur et à mesure que les associations se renforçaient, elles ont commencé à aborder des problèmes persistants. Elles ont acheté du fil barbelé à crédit et dressé des clôtures pour protéger leur potager contre le bétail errant. Elles ont remboursé leur emprunt en mettant plus de terre en culture. Les agents du ministère de l'Agriculture ont introduit une nouvelle variété améliorée de maïs qui a donné des moissons abondantes. Les femmes ont commencé à se pénétrer de la nécessité d'une culture en courbes de niveau. Des activités avicoles ont vu le jour, les terres du village ont été reboisées et des réservoirs d'eau ont été mis en place. Le projet le plus ambitieux des associations était l'établissement d'un magasin coopératif pouvant permettre aux femmes d'importer des articles inconnus sur le marché local. Cinq mille femmes ont constitué le capital initial et plusieurs magasins ont bientôt ouvert leurs portes.

Même en situation de pauvreté extrême, les femmes sont capables de se donner collectivement les moyens d'améliorer le bien-être de leur collectivité. Chege (1986) nous a décrit la façon dont les femmes d'une zone de taudis de Nairobi ont constitué un groupe de production alimentaire communal, le Groupe de femmes Mukuru-Kaiyaba, pour la mise en culture d'un terrain vague de 10 acres (4 ha) appartenant aux chemins de fer kényans à proximité de leur bidonville. Organisé selon toutes les structures des groupes féminins kikouyou traditionnels (les apports de travail et le partage des revenus sont soigneusement réglés ; voir l'étude de cas de Mitero au chapitre 4), le groupe a fait pousser du maïs, des haricots et des légumes. Les femmes ne s'occupaient pas uniquement de cultures collectives, mais

> vendent les produits alimentaires qu'elles produisent pour créer des revenus pour le groupe et mettre en route d'autres projets. Chaque membre obtient une partie des productions vivrières pour sa famille. Un grand projet est le nivellement des terres bordant la rivière Ngong à des fins d'irrigation. On veut également clôturer un petit réservoir de barrage sur la rivière et y faire de la pisciculture. Les inspecteurs sanitaires du conseil municipal de Nairobi ont approuvé ce projet piscicole. Une fois qu'elles auront recueilli l'argent nécessaire et clôturé le réservoir en question, les femmes se proposent de louer des emplacements à des pêcheurs et de demander des frais d'entrée.
>
> (Chege 1986:77)

Malgré des indices de plus en plus abondants des qualités novatrices des nombreux groupements féminins populaires du Kenya, on n'a pas su autant qu'on l'aurait pu mettre ces efforts et ces talents au service du développement. Encore une fois, la vision «bien-être social» que nous avons évoquée plus haut empêche de voir dans la femme une véritable force de progrès. Les représentants de l'autorité qui traitent avec les groupes sont habituellement des agents de développement communautaire ou des agents de vulgarisation en économie familiale (Ventura-Dias 1985:209–210). Là où il y a des efforts de développement véritable dans les villages kényans, leurs artisans sont généralement les groupes d'entraide villageois.

4   Économie politique féministe

Les chercheurs relevant de la tendance de l'économie politique féministe sont le groupe d'auteurs, petit mais diversifié, qui a le mieux réussi, à mon avis, à expliquer les relations entre les sexes en Afrique (voir le chapitre 1, p. 22–29). La méthode du matérialisme historique du féminisme socialiste forme ses assises théoriques et, dans ses acquis, on trouve des études faisant appel à la démarche libérale. La raison de l'inclusion de certaines études libérales dans le nouveau cadre conceptuel proposé est qu'elles apportent un point de vue local essentiel sur les rapports entre les sexes et l'économie. Par la rigueur de leurs analyses empiriques et leur sensibilité aux interprétations locales de l'idéologie sur le rapport entre les sexes et la réalité, ces mêmes études s'attaquent aux déformations et aux hypothèses occidentales propres à une grande partie des travaux de recherche féministes et non féministes sur l'Afrique. Les trois études résumées dans ce chapitre et les travaux de Mbilinyi (1984, 1985a,b, 1986) recourent à l'éclairage d'un matérialisme historique adapté. Plusieurs études citées aux chapitres 5 et 6 pour la lumière qu'elles jettent sur les relations entre les sexes (Ladipo 1981 ; Wilson 1982 ; Badri 1986, p. ex.) procèdent de la démarche du féminisme libéral, mais réussissent à la dépasser.

Bien que les études relevant de l'économie politique féministe n'aient abordé les questions de développement qu'accessoirement comme aspect du phénomène de la perte de pouvoir et d'autonomie de la femme dans le village et la famille, elles procurent les fondements d'une compréhension des questions examinées au chapitre 3. On peut notamment saisir dans leur complexité historique le rôle central des organismes féminins dans la vie communautaire africaine et l'idéologie sur le rôle des sexes qui a été source d'«habilitation» politique pour les femmes.

Dans un récent article sur les groupes d'entraide de femmes kikouyou au Kenya (Stamp 1986), je me suis reportée à l'expérience des femmes du village de Mitero pour mettre au point des outils théoriques permettant de comprendre les systèmes fondés sur le rôle des sexes de l'Afrique précoloniale et la façon dont ces systèmes se sont transformés en période tant coloniale que postcoloniale. Dans le développement de son argumentation théorique, l'étude s'inspire de nombreux textes d'économie politique féministe, et notamment de documents non africains. D'autres auteurs de l'économie politique qui ont étudié les rapports entre les sexes en Afrique ont confirmé nombre d'aspects des constatations empiriques et indiquent la valeur du modèle théorique présenté ici.

Dans la première partie de ce chapitre, je présenterai l'étude de Mitero comme exemple de la démarche «économie politique féministe». En seconde partie, je résumerai les études de deux chercheurs africains et parlerai du bien-fondé des principes et du développement de cette école de pensée sur le continent africain. Bien que les détails varient sur les formes d'organisation féminine et que les systèmes fondés sur le rôle des sexes doivent être examinés beaucoup plus à fond (dans les sociétés matrilinéaires, p. ex.), les catégories d'analyse établies ici (voir aussi Stamp et Chege 1984 ; Robertson et Berger 1986) peuvent être une bonne grille d'étude des relations entre les sexes dans d'autres sociétés africaines.

Rapports entre les sexes et groupes d'entraide féminins

Les Kikouyou sont un groupe ethnique bantou vigoureux de plus de 2 millions de personnes qui a dominé l'économie politique kényane pendant le gros de la période qui a suivi l'accession à l'indépendance. Ils habitent les collines fertiles du centre du Kenya. Polygyne, patrilinéaire et horticole (c'est-à-dire attachant de l'importance à la seule descendance paternelle et pratiquant l'agriculture de la houe), cette société est caractéristique à bien des égards des sociétés agricoles africaines subsahariennes. Son économie politique à organisation communale et ses rapports entre les sexes fondés sur la compensation matrimoniale caractérisent la plupart des sociétés bantoues (ces caractéristiques sont partagées par nombre de sociétés appartenant à d'autres groupes linguistiques).

On considère depuis toujours la société kikouyou comme patriarcale, mais l'étude de ses rapports entre les sexes fait voir que la notion de patriarcat ne peut être appliquée sans discrimination. Beaucoup de théoriciens féministes désireux d'expliquer ce qu'ils voient comme la domination universelle de la femme par l'homme dans toute l'histoire désignent par le terme «patriarcat» le système fondé sur le rôle des sexes créateur de toutes les formes d'oppression féminine. Comme l'indique Rubin (1975:167), on s'est servi de ce terme pour distinguer les forces qui nourrissent le sexisme d'autres forces sociales comme le capitalisme. L'emploi de «patriarcat» laisse dans l'ombre d'autres distinctions. C'est un peu comme si on faisait servir le terme «capitaliste» à la désignation de tous les modes de production. Rubin (1975:167) fait valoir que les systèmes sexuels ont une certaine autonomie et ne peuvent s'expliquer par le jeu de forces économiques. En revanche, la notion de systèmes fondés sur le rôle des sexes est neutre et générale et peut rendre compte de toutes les formes de relations entre les sexes, qu'elles soient patriarcales, oppressives ou égalitaires. Le patriarcat n'est donc qu'un système fondé sur le rôle des sexes parmi plusieurs.

Si on s'attache au système fondé sur le rôle des sexes comme sphère d'activité humaine et domaine de relations distinct de celui de la production et de la reproduction matérielles mais intimement lié à celui-ci, on remet les rapports entre les sexes à leur vraie place au coeur de l'économie politique. Plus particulièrement, un tel éclairage fait mieux comprendre les interactions complexes des aspects économiques, sociaux et idéologiques des relations hommes-femmes dans une société comme celle des Kikouyous, tant aujourd'hui qu'à l'époque précapitaliste. Rubin (1975) puise dans les travaux entachés d'erreurs mais utiles de Lévi-Strauss (1969) sur les systèmes de parenté pour définir sa propre notion de système fondé sur le rôle des sexes. Lévi-Strauss (1969) a procédé à la classification des types d'échange de femmes propres aux systèmes de parenté humaine (échanges femmes-femmes et femmes-compensation matrimoniale, versement d'une dot à la famille de l'époux, par exemple). Rubin (1975:177) indique que l'«échange de femmes» est un premier pas dans la création d'une panoplie de concepts descriptifs des systèmes fondés sur le rôle des sexes.

L'accent mis par Lévi-Strauss (1969) et Rubin (1975) sur les échanges ne va pas non plus sans difficultés. Kettel (1986:55) insiste sur l'importance de ne pas voir avant tout la femme comme un pion déplacé sur l'échiquier masculin et plus particulièrement comme une sorte de capital appartenant à l'homme (comme nous l'avons indiqué au chapitre 3, c'est précisément cette vision de la femme comme bien de l'homme qui a jugulé les efforts de développement). Leacock (1981:234) est tout aussi critique de la conception de la femme comme objet passif dans le jeu du mariage. Elle remet en cause la notion actuelle de l'homme comme exploiteur universel de la femme (quelque douce que puisse parfois être cette exploitation) dans laquelle il voit le don suprême, pour reprendre l'expression de Lévi-Strauss (1969:65). Sur la base d'une grande partie des observations ethnographiques, Leacock (1981:24) en vient à un énoncé qui se situe au coeur de l'économie politique féministe :

> La structure d'autorité des sociétés égalitaires où tous les individus dépendaient également d'une réalité collective plus grande que la famille nucléaire consistait en une large dispersion de la prise de décision parmi les hommes et les femmes mûrs et d'un certain âge qui essentiellement prenaient des décisions seuls, en petit groupe ou collectivement au sujet des activités relevant de leur responsabilité définie socialement. Ensemble, ces éléments constituaient la vie publique du groupe.

Les décisions concernaient notamment le mariage, une parmi les nombreuses questions ainsi tranchées. Dépassant l'idée d'échange de femmes de Rubin, nous pouvons tenir les femmes non pas comme un objet passif de leur propre échange, mais comme un agent dynamique contribuant avec l'homme à faire des mariages (Collier et Rosaldo 1981:278) et organisant femmes et hommes dans un réseau de relations sociales à des fins de reproduction biologique. Une caractérisation des systèmes fondés sur le rôle des sexes s'attachera, par conséquent, aux divers modes d'organisation matrimoniale et à leurs liens avec les différentes formes d'organisation économique et politique. Ajoutons que le cadre de circulation des femmes varie et peut être mis en corrélation avec les différences d'autonomie et d'autorité entre sociétés. Un certain nombre d'études confirment l'avis exprimé par Rubin (1975) qu'il existe des éléments d'uniformité des types d'échange matrimonial qui nous permettent de définir précisément les systèmes fondés sur le rôle des sexes.

Une simple comparaison suffira à dégager les principales caractéristiques du système fondé sur le rôle des sexes reposant sur la compensation matrimoniale. Dans des sociétés à échange de femmes (en réciprocité) entre groupes de parenté comme celle des Lélé du Zaïre (Douglas 1963, citation dans Rubin 1975:205), un homme doit, pour obtenir une épouse, avoir une parente qu'il pourra donner en mariage. De plus, chaque mariage crée une dette. Le réseau de dettes et de dispositions de contrôle des femmes laisse peu de jeu pour l'action indépendante. Quand la famille de la mariée reçoit une compensation matrimoniale (qu'elle peut employer à son tour pour obtenir une femme), tout cet ensemble de dettes et de droits acquis disparaît. Chaque transaction est indépendante des autres (Rubin 1975:206), mais elle met la mariée dans un réseau de liens sociaux qui restreindront sa liberté d'action pendant toute la durée de son mariage. Les régimes de compensation matrimoniale varient considérablement et certains comportent une transformation de cette compensation en pouvoir politique masculin (pour une description fascinante de ce réseau chez les Kikouyou, voir Mackenzie 1986 : chapitre 5). L'exécution du contrat matériel dépend toujours cependant du rendement de l'épouse comme procréatrice et productrice. Un certain nombre d'intérêts politiques et économiques se rattachent à son mariage. Par ailleurs, la réussite de son mariage dépend de la capacité et de la volonté de ses parents par alliance (du fait de son mariage) de remplir leurs obligations à l'égard de sa famille.

Ainsi, le mariage est non pas la forme concrète et ponctuelle d'une obligation remplie ou contractée, mais la manifestation permanente de liens contractuels dans un ensemble de parents. La mise en valeur de ces relations est largement fonction des gestes de la femme. Comme l'indique Leacock (1981:241), dans certaines sociétés les femmes vont et viennent comme «personnes de valeur», créant, recréant et consolidant des faisceaux de rapports réciproques par leurs déplacements auxquels s'attache la récompense de la compensation matrimoniale. Le droit appréciable des femmes de l'Afrique précoloniale d'exercer un contrôle sur les moyens de production et d'user en propriété du fruit de leur labeur indique le pouvoir lié à la place centrale qu'elles occupent dans le régime des compensations matrimoniales. On peut dire inversement que ce régime peut avoir eu une plus grande faveur dans les économies politiques où les possibilités économiques et historiques étaient la source de structures de participation économique pour la femme et donnaient à celle-ci un tel contrôle. On notera avec intérêt à cet égard que le système de la dot, qui est synonyme de basse situation pour la femme, se rattache aux sociétés d'agriculture de la charrue de l'Asie et celui de la compensation matrimoniale, aux sociétés d'agriculture de la houe de l'Asie du Sud-Est, de l'Afrique subsaharienne et d'autres régions du monde (Boserup 1970:48,50)[1].

Le système de la compensation matrimoniale est également en corrélation avec la polygynie, c'est-à-dire avec le régime de pluralité des épouses. Contrairement à l'idée reçue suivant laquelle la polygynie est toujours une source d'oppression pour la femme, le ménage polygyne peut ménager aux femmes des bases de solidarité et de partage des tâches. Dans le ménage, les épouses polygynes collaborent à l'organisation de la production, de la consommation et du soin des enfants. On a beaucoup parlé des frictions entre épouses, mais nombre d'études font valoir les avantages économiques et politiques de la polygynie, dont celui de l'autonomie rendue possible par le partage des responsabilités (Boserup 1970:43 ; Mullings 1976:254 ; Obbo 1980:34–35). Il semblerait que la jalousie entre épouses polygynes est une vision propre à l'idéologie patrilinéaire faisant de la solidarité fraternelle entre les hommes le ciment social des sociétés à structure «parentaire».

Dans les sociétés à compensation matrimoniale, il existe souvent des formes d'organisation par lesquelles s'exprime le pouvoir politique des femmes (groupements de couche d'âge des femmes kikouyou et groupements de commerce des femmes ibo à Onitsha, au Nigéria, au XVIIIe siècle, pour ne citer que ces deux exemples ; Sacks 1982:3). Ainsi, bien que les femmes tombent sous l'autorité de leurs parents par alliance (pouvoir qui a souvent tout de l'oppression), elles trouvent dans le régime de la compensation matrimoniale les fondements matériels, politiques et idéologiques d'un pouvoir et d'une autonomie relatifs. L'influence relativement marquée des femmes dans les sociétés africaines par rapport à leur situation dans de nombreuses autres cultures précapitalistes est attribuable à

---

1. Dans l'étude des rôles féminin-masculin en Asie, il importe d'éviter les jugements simplistes qui ont nui à l'appréhension de la société africaine (pour une analyse subtile de la question du rôle des sexes, des classes et des castes en Inde, voir Liddle et Joshi 1986).

l'importance du système de parenté riche et complexe que représente le régime de la compensation matrimoniale.

Les Kikouyou s'organisaient par descendance en clans et en lignages et par rang en couches d'âge. Il n'y avait pas de chef ni d'autorité politique centrale, mais les individus pouvaient atteindre à une certaine influence par une manipulation des richesses matérielles à des fins de prestige politique. Les femmes étaient affiliées au patrilignage de leur mari par le régime de la compensation matrimoniale qui légitimait le mariage et incorporait la progéniture au lignage. Les femmes demeuraient néanmoins membres de leur lignage natal et, en leur qualité de soeurs, pouvaient user de leurs droits sur les ressources du lignage le cas échéant (voir Sacks 1979). D'ordinaire, les principaux liens économiques des femmes s'établissaient avec le lignage marital et passaient par les enfants. Toutefois, les soeurs étaient appelées à participer avec les frères aux décisions du lignage et les veuves et les femmes non mariées avaient des droits sur les terres du lignage. Comme Sacks (1979) l'explique, le rang des femmes dans le lignage natal était plus élevé que dans le lignage marital. En d'autres termes, les femmes avaient un rang plus élevé comme soeurs que comme épouses (voir aussi Mackenzie 1986).

Le mode de production lié à cette forme d'organisation sociale est le régime communal. Dans ce mode de production, la parenté se trouve à la base des rapports de production. Tous les gens sont membres d'un groupe solidaire de parenté (lignage ou clan) auquel appartient le principal moyen de production, la terre. En principe, tous les membres, masculins et féminins, se situent de la même manière par rapport aux moyens de production et participent tous à la prise de décision en matière politique et économique (Sacks 1979:115). Les rapports de production présentent un caractère coopératif et non pas antagoniste. L'autorité réside cependant dans les anciens qui exercent dans la pratique le pouvoir idéologique, politique et juridique. L'autorité suprême appartient aux anciens de sexe masculin.

Chez les Kikouyou, comme ailleurs, les structures de couche d'âge ont été le mode d'organisation des anciens pour l'exercice officiel de cette autorité (Muriuki 1974 ; Leakey 1933). Les anciens de sexe masculin avaient rang privilégié et pouvaient s'approprier dans une large mesure le travail des femmes et des jeunes gens et décider de l'accès aux terres communales. Ainsi, le droit de regard des anciens sur les moyens de production était considérable.

Les droits de diverses catégories de gens faisaient contrepoids à cette emprise et la tempéraient. Les fils avaient des droits sur les compensations matrimoniales, les terres et le bétail et pouvaient ainsi trouver de quoi constituer leur propre exploitation. Les filles avaient des droits que faisait disparaître le mariage, mais qui pouvaient être repris au besoin. Les épouses du lignage avaient des droits d'usage sur les terres et le bétail, étaient propriétaires des fruits des productions agricoles dont elles étaient chargées et contrôlaient dans une large mesure la distribution de ces produits. De plus, elles avaient leur propre maison et exerçaient un contrôle sur les ressources de leur ménage secondaire dans la maison polygyne (Routledge et Routledge 1910:47 ; Kenyatta 1938:11–12, 171–172 ; Middleton et Kershaw 1965:20). Les anciennes avaient une autorité collective dans un large éventail de questions (Hobley 1922:274 ; Kenyatta 1938:108 ; Kershaw 1973:55 ; Stamp 1975–1976:25 ; Clark 1980:360).

La société kikouyou est la preuve que le mode de production communal, bien qu'étant la source d'inégalités dans les liens entre jeunes et anciens et entre hommes et femmes, est fondamentalement un mode de production sans classes, aucun groupe n'étant libre de s'approprier et d'accumuler à son propre profit la plus-value venant d'un autre groupe. Le système de la compensation matrimoniale a joué un rôle primordial dans le régime communal des Kikouyou et les relations entre les sexes ont été un facteur déterminant de l'apparition de rapports de production non axés sur l'exploitation.

Un certain nombre d'auteurs ont soutenu que les sociétés du type «parentaire» ont une structure de classes fondée sur l'appropriation par les anciens du travail des femmes et des jeunes gens. L'argument me paraît faux, car il fait appel à une conception erronée de la classe. Celle-ci est une catégorie qui se perpétue par les rapports de production, la bourgeoisie assurant sa conservation, par exemple, par la production de capital à partir de la plus-value tirée du travail ouvrier. Comme tous les membres des sociétés communales deviennent des anciens, la capacité de s'approprier la valeur produite par autrui tient plus au cycle de vie lui-même qu'à un clivage de classes. Ajoutons que la valeur que l'on s'approprie ainsi est partagée grâce à un faisceau complexe d'obligations de parenté et d'associations et qu'elle n'est pas thésaurisée par les anciens. Dans la société communale, le prestige est fonction de la générosité.

Il faut bien voir en quoi consiste le mode de production communal pour appréhender nettement les transformations de la société africaine contemporaine. Les chercheurs relevant de l'économie politique féministe font valoir que ce manque de compréhension est la raison pour laquelle les rapports entre les sexes traditionnels ont été déformés et s'orientent maintenant vers l'exploitation. C'est le régime passé d'égalitarisme et d'autonomie relatifs que les femmes s'efforcent si vivement de recouvrer ou de retenir. C'est ainsi qu'on peut expliquer en grande partie le comportement des femmes vis-à-vis des projets de développement (comme la réaction des femmes haoussa au projet de la rivière Kano dont nous avons parlé au chapitre 3).

Il faut cependant dire que les rapports entre les sexes n'étaient égalitaires que dans un sens relatif. Le système de la compensation matrimoniale comportait des éléments d'apport féminins permettant de transformer le travail de la femme en richesse ou en prestige pour l'homme. Clark (1980:360–365) et Ciancanelli (1980:26) corroborent tous deux ce fait dans le cas de la société kikouyou à l'époque prébritannique. Cet élément d'apport a été un important facteur de l'apparition de l'*athamaki* ou du phénomène des «grands hommes» chez les Kikouyou. Les hommes accédaient au rang de *muthamaki* (au singulier) en manipulant avec succès les biens corporels et incorporels des contrats de parenté. Clark (1980:361) résume les moyens par lesquels on organisait les relations entre les sexes pour obtenir ces biens :

> Par l'échange de bétail en compensation matrimoniale, les mariages étaient légitimés et les femmes dont les enfants augmentaient la taille du groupe étaient incorporées à la famille. Ces femmes permettaient de mettre de plus grandes superficies en culture et de distribuer plus de denrées alimentaires. La mobilisation des richesses sous la forme de terres, d'animaux et de gens est un processus unique mais complexe qui efface la ligne de démarcation entre économie de subsistance et économie politique.

Les femmes pouvaient directement améliorer un rang de *muthamaki* en acceptant de cuisiner et de distribuer aliments et bière pour attirer des groupes de jeunes gens à des fins de défrichement de nouvelles terres. Ces jeunes gens devenaient alors les fermiers et les partisans politiques du *muthamaki*. Rien ne forçait les femmes à apporter leur aide et leur monopole du brassage de la bière leur conférait, par conséquent, un pouvoir de négociation considérable. (Avec l'importation coloniale de brasseries, les femmes ont perdu non seulement une occupation, mais aussi un précieux moyen d'influence sociale.)

Il apparaît nettement que les contraintes et les obligations du système de la compensation matrimoniale (procréation pour le lignage marital, production alimentaire et accueil, rôle de cheville ouvrière dans un vaste faisceau de relations «parentaires» d'affinité) donnaient à la femme la possibilité d'exercer un certain pouvoir politique et un certain pouvoir de décision. Le système des classes d'âge était le principal moyen par lequel les femmes exploitaient cette possibilité. C'était là la base de leurs stratégies de production de ressources et la tribune de leur prise de décision collective. Étant fondées sur le cycle procréateur, les couches d'âge féminines étaient plus simples que les classes d'âge masculines (Kertzer et Madison [1981:125-128] examinent les différences de situation des hommes et des femmes par rapport au cycle de vie du point de vue de la structure des couches d'âge). Les deux couches d'âge actives étaient formées des *nyakinyua* (anciennes dont le premier enfant avait été circoncis) et des *kang'ei* (femmes à enfants non circoncis, c'est-à-dire âgés de moins de 15 ans)[2].

Les données anthropologiques sur les formes d'organisation féminine d'autrefois sont maigres et contradictoires. Mackenzie (1986) procède à un examen approfondi des structures de la couche et du groupe d'âge chez les femmes. Dans cette étude qui fait appel aux données d'études récentes sur le terrain, elle a enrichi d'éléments essentiels notre compréhension du phénomène des couches d'âge féminines, dont avaient peu parlé les études consacrées à l'Afrique orientale. Son interprétation de la documentation spécialisée sur les Kikouyou constitue un modèle de recherche d'économie politique féministe.

Les anciennes interrogées dans l'étude de Mitero (Stamp 1975-1976) ont décrit en détail des formes d'organisation permanentes connues sous le nom de *ndundu* et qui, établies avant l'époque de leurs grands-mères, combinaient des fonctions économiques, sociales et juridiques. On rend souvent le terme *ndundu* par «conseil» et il est significatif que ce terme désigne également le conseil des anciens (de sexe masculin). Un des principaux objets du *ndundu* était l'agriculture coopérative, mais il a aussi fourni aux femmes des bases organisationnelles et associatives pour des activités non liées à l'agriculture. Les femmes *kang'ei* relevaient de l'autorité des *nyakinyua* et étaient tenues de rendre des services aux femmes plus âgées si elles espéraient gravir les échelons de ces structures. Ainsi, le contrôle exercé par les anciennes sur les jeunes épouses du lignage représentait une autorité légitime faisant contrepoids au contrôle patrilinéaire des femmes. Cette autorité mettait également un potentiel de travail humain considérable à la disposition des anciennes comme groupe. Clark (1980:368) résume avec beaucoup d'à-propos les relations entre les sexes chez les Kikouyou : malgré une idéologie de domination masculine omniprésente dans bien des rapports de parenté et dans des secteurs relevant de l'«économie de prestige», la femme kikouyou fait figure d'agent dynamique exerçant un contrôle sur des ressources essentielles dans un système où les rapports de production entrent dans les stratégies politiques et

---

2. Garçons et filles kikouyou étaient circoncis par coutume, bien que la clitoridectomie ait été interdite au Kenya en 1982.

s'insèrent dans les rapports sociaux du pouvoir. Le point de vue de Sacks (1979) sur la situation des sœurs et des épouses va dans le même sens. On pourrait faire valoir que la «sororalité» de lignage a non seulement pourvu les femmes en ressources matérielles exploitables au besoin, mais a aussi créé une sororalité métaphorique valant pour toutes les femmes et propre à restreindre la subordination primordiale de la femme à son mari, toute femme étant la sœur de quelqu'un.

Dans le tableau qui se dégage des formes traditionnelles d'organisation féminine kikouyou, nous pouvons voir les traits de l'activité collective contemporaine des femmes que nous avons décrite à plusieurs reprises aux chapitres 2 et 3 pour des sociétés de toute l'Afrique. De nombreuses études ont décrit des variantes de l'expérience kikouyou (Van Allen 1972 ; Okeyo 1980 ; Oboler 1985, p. ex. ; pour un aperçu, voir Sacks 1982). Les femmes s'accrochent aux vestiges de ces formes d'organisation, régimes d'autorité et pratiques d'autonomie pour résister aux répercussions négatives des transferts de technologie ou essayer de tirer parti de l'innovation technologique.

Qu'est-il advenu du pouvoir et de l'autonomie des femmes ? La transformation des systèmes fondés sur la rôle des sexes est liée à la transition vers le capitalisme. Alors qu'en Europe ce passage a entraîné la disparition des modes de production précapitalistes (ceux du féodalisme) et l'établissement de simples structures de classes du type capitaliste, les sociétés colonisées se caractérisent par une articulation de modes de production précapitalistes et capitalistes. Des éléments précapitalistes existant dans le paysannat subsistent sous un aspect «submergé» et déformé. Au nombre de ces éléments, on compte les structures et les rapports de production à caractère «parentaire», les formes d'organisation fondées sur l'âge, les relations entre les sexes et les idéologies traditionnelles. Les éléments transformés financent une forme sous-développée de capitalisme grâce aux productions culturales commerciales de petits exploitants et d'ouvriers de plantation. Nous avons décrit au chapitre 3 quelques conséquences négatives de ces productions sur les collectivités africaines. Un exemple est le recrutement d'anciens pour la promotion des productions commerciales.

Ce sous-développement présente deux importants aspects, à savoir l'inégalité des conditions d'écoulement de produits non transformés sur les marchés mondiaux et la vulnérabilité des pays exportateurs et de leur paysannat producteur aux caprices du marché international. Ce qui rend possibles l'inégalité des échanges et l'instabilité du marché mondial (ce qui fait que les paysans continuent à produire malgré des circonstances aussi peu favorables) est le «subventionnement» que font les paysans (surtout des femmes) s'adonnant à la culture vivrière à des fins d'autoconsommation et de vente sur des terres de piètre qualité. Le bas niveau des prix et des salaires agricoles s'explique par ces éléments d'apport des paysans, la production du ménage paysan assurant du moins en partie la subsistance du paysannat producteur et des ouvriers qui n'ont plus à dépendre entièrement des revenus en espèces au titre des cultures commerciales pour leur survivance. Les salaires ou les revenus de la production «marchande» suffisent rarement à subvenir aux besoins d'une famille. En d'autres termes, l'entreprise capitaliste n'a pas en Afrique à procurer un salaire de subsistance ni aux ouvriers ni aux producteurs.

La dichotomie tradition–modernité a donc tout de la fausseté, car loin d'être le secteur traditionnel et implicitement arriéré des sociétés africaines modernes, le paysannat peut être considéré comme une classe appauvrie née des rapports de production imposés aux sociétés précapitalistes à l'époque coloniale. C'est à cause de la vulnérabilité et de la dépendance du paysannat et de la société contemporains qu'on qualifie l'ère actuelle de néocoloniale.

En ce qui concerne les relations entre les sexes, des éléments du système de la compensation matrimoniale ont également été conservés sous un aspect submergé et déformé. Sur le plan idéologique, la tension dynamique entre la domination patrilinéaire structurée et le pouvoir féminin structuré et parallèle a été rompue et la notion de domination patrilinéaire s'est alliée aux notions victorienne et chrétienne de supériorité masculine (Obbo 1980:37-39). La compensation matrimoniale entre autres, autrefois la clé du pouvoir et de l'autonomie féminins, est devenue une transaction capitaliste et les filles, des produits dont le prix peut être négocié (voir Parkin 1972). De plus, avec la réduction de la terre au rang de marchandise, les femmes ont non seulement perdu leurs droits d'usage, mais vu s'amenuiser leurs droits de soeurs du lignage. Si les maris sont maintenant peu disposés à partager avec leur femme les revenus en espèces des terres dont ils détiennent désormais les titres de propriété, ils seraient encore moins prêts à accéder aux demandes de leurs soeurs de lignage. Il y a aussi des conséquences idéologiques sur les rapports entre les sexes. Avec le desserrement des liens du lignage et le renforcement concomitant des liens du mariage, le modèle «soeurs» de l'interaction avec la femme a été délaissé au profit du modèle de l'épouse se caractérisant par une subordination plus grande de la femme (voir Sacks 1979).

De nombreux auteurs (Van Allen 1972, 1976 ; Conti 1979 ; Sacks 1979, 1982 ; Étienne 1980 ; Oboler 1985, p. ex.) confirment le recul consécutif du pouvoir féminin en Afrique sur les plans économique et politique, thème dominant de l'étude de Mitero. Au Kenya, où l'autorité politique de l'État occupe maintenant toute la place, les institutions politiques des sociétés précapitalistes se sont effritées. On a fait un peu de place pour les anciens de sexe masculin. Ainsi, les *athamaki* deviennent souvent des chefs et des sous-chefs de l'administration coloniale. À Mitero, les anciens du lignage de Mutego sont à la tête de l'appareil judiciaire coutumier dont le fonctionnement est parallèle et lié en même temps à celui du système de «common law» britannique (pour un examen de ce bijuridisme, voir Ghai et McAuslan 1970). Les anciennes n'ont toutefois pas de pouvoirs politiques et la femme kényane est largement absente de la scène du pouvoir politique structuré. Les pressions exercées directement et indirectement par les autorités de l'Église et de l'État contre la polygynie et la promotion de la famille nucléaire ont également entamé les anciennes bases du pouvoir féminin.

Le fait que les institutions et les structures juridiques précoloniales aient largement disparu ne veut toutefois pas dire que les Africains se soient affranchis de tout ce qui est tradition. En fait, comme je le fais voir et ainsi que Glazier l'indique et que les événements récents au Kenya le prouvent, le discours de la tradition est toujours disponible et peut être constamment manipulé par des gens rivalisant pour le statut, le pouvoir et les ressources dans la société.

Au niveau économique, l'élément de subventionnement fondé sur le rôle des sexes subsiste et a en fait augmenté (comme nous l'avons évoqué au chapitre 3). Comme par le passé, les femmes sont appelées à produire pour les besoins de leur mari. De plus, on s'attend à ce qu'elles produisent de petits surplus de denrées dont leurs maris pourront s'emparer. Le faisceau de lois et de pratiques économiques caractéristique de l'État capitaliste contemporain sanctionne et exige en réalité cette appropriation. Deux des principaux facteurs qui entrent en jeu sont le remembrement foncier et les organes de commercialisation des cultures commerciales. À compter des années 50, la propriété du sol est passée du lignage au chef de ménage masculin. Les fruits du sol sont donc devant la loi la propriété individuelle des maris, bien que les femmes continuent à revendiquer vivement la pleine disposition de leurs produits de subsistance et essaient de les utiliser dans la pratique comme bon leur semble. Qu'elles réussissent à conserver cette emprise dépend de la nature des relations individuelles avec les maris et de l'efficacité de la participation aux activités des groupes d'entraide féminins.

Des organismes de commercialisation de cultures commerciales comme l'Office de commercialisation du café facilitent l'appropriation des revenus engendrés par le travail de la femme. Comme d'autres entreprises parapubliques, ces organismes visent le chef de ménage pris individuellement. Les femmes portent, par conséquent, le fardeau de la production sans salaire et dans des conditions de réorganisation des systèmes de parenté en unités moindres (famille nucléaire ou conjugale) par les nouvelles structures économiques. Dans cette nouvelle unité, l'indépendance économique et l'autonomie politique dont elles jouissaient dans le passé sont sérieusement diminuées. Dans le passé, même quand le *muthamaki* monnayait le labeur de ses femmes en influence personnelle, il usait de celle-ci pour améliorer le bien-être de sa maisonnée et de son lignage, et non pas pour son avantage matériel à lui. Aujourd'hui, l'idéologie des biens personnels est un puissant motif d'accumulation de biens, même si la fortune est fuyante pour le paysan. Dans de nombreuses régions de l'Afrique, une forme aggravée de domination hommes-femmes est devenue un important élément de subventionnement par le paysannat de la production commerciale destinée au marché mondial.

Étant donné le double subventionnement qui vient des paysannes, les groupes d'entraide que forment celles-ci ont une importance toute particulière. Ils ne sont pas que de simples organismes s'occupant des défis du développement, mission que la plupart se donnent officiellement, ils sont aussi des organes essentiels de résistance à l'exploitation. Mitero est un sous-territoire qui correspond en gros au territoire du lignage de Mutego du clan Acera, un peu au nord du village natal de feu le président Kenyatta. À la différence de nombreux Kikouyou des plaines juste à l'est, la descendance de Mutego n'a pas été dépouillée de ses terres par les colons britanniques. Elle se livre à de petites productions commerciales centrées sur le café et les exploitations familiales ont une superficie qui va de quelques centaines de pieds à plusieurs acres. La collectivité continue à pratiquer l'agriculture de subsistance de la houe sur des superficies réduites, cultivant le maïs, la pomme de terre et plusieurs espèces de haricot pour l'autoconsommation et un certain nombre de cultures vivrières pour la vente.

Une foule d'hommes quittent habituellement le sous-territoire pour travailler ailleurs sur le mode des migrations professionnelles de l'Afrique néocoloniale et les femmes représentent l'élément démographiquement plus stable de la collectivité. À Mitero, les femmes ont commencé à s'associer en 1966 sous la forme contemporaine des groupes d'entraide avec les encouragements des agents de développement communautaire et de l'administration provinciale[3]. Le but initial était de s'organiser en vue de l'utilisation de nouveaux moyens de production

---

3. Sur les 10 groupements féminins de Mitero, 8 ont été étudiés à l'occasion de recherches sur le terrain en 1974, 1981 et 1985 grâce à des entretiens approfondis avec les dirigeants et les membres des groupes.

agricole comme les engrais. Les informateurs ont bien signalé que le *ndundu* à l'ancienne n'existait plus. On peut nettement voir que les groupements d'entraide ont succédé à cet organe. Les groupes exercent des fonctions traditionnelles de culture coopérative (*ngwatio*) et d'entretien coopératif du ménage en période d'accouchement (*matega*). Fait intéressant, ces termes ont maintenant pris des acceptions nouvelles. Le *ngwatio* sert à recueillir des fonds pour les projets d'auto-assistance, qu'il s'agisse de garderies éducatives, d'ouvrages d'adduction d'eau ou d'autres commodités directement destinées à alléger le travail féminin ou à améliorer le cadre communautaire. L'argent obtenu a également été affecté à la création de petites entreprises comme une boutique de confection. Le *matega* continue à fournir une aide collective à ses membres autant pour les mariages et les enterrements que pour les accouchements. Le terme *matega* désigne en outre une association d'épargne qui recueille le produit de la vente des surplus de cultures vivrières et du travail rémunéré dans les plantations voisines et verse à son tour une somme forfaitaire à chacun de ses membres. Grâce à cet argent, une femme peut acheter quelque chose d'essentiel au ménage comme une vache, un réservoir d'eau ou des meubles. March et Taqqu (1986:60–65) ont analysé les associations de crédit renouvelable (ainsi que les associations dites de main-d'oeuvre renouvelable), les présentant comme un phénomène répandu chez les femmes dans le monde entier, et notamment chez les femmes africaines.

Si on interprète les activités des femmes de Mitero à l'aide des éléments d'analyse indiqués plus haut, on découvre deux buts. D'abord, en canalisant les revenus en espèces tirés des productions culturales dans des organismes d'entraide, les femmes empêchent leur mari de s'approprier le fruit de leur travail. En second lieu, les femmes essaient de se constituer un capital pour protéger et accroître leurs revenus fragiles et compenser les pertes de productions de subsistance. En ce qui concerne le premier de ces buts, les femmes ont cherché à agir contre l'onéreuse obligation de production de surplus pour leur mari, qui était liée au remembrement et aux tâches de production commerciale. Le fait de travailler à la production moyennant salaire dans des caféières avoisinantes un peu comme le font les femmes haoussa du projet de la rivière Kano (dont nous avons parlé plus haut) fait sans doute partie intégrante de cette stratégie économique. Les cultures propres de café étaient d'un bon rapport, mais ce revenu en espèces allait au mari. En revanche, le travail pour autrui était peu rémunérateur, mais l'argent alimentait directement la caisse des groupes.

Les spécialistes de l'économie politique ont étudié la lutte du capitalisme pour l'acquisition et la distribution des denrées produites par les paysans. La résistance des producteurs peut prendre de nombreuses formes comme le refus d'adopter de nouvelles pratiques agricoles ou de faire pousser certaines cultures, ou encore les réductions de production (Bernstein 1977:69, voir aussi Cutrufelli 1983:119–120). Les études consacrées à la question des femmes et de la technologie font état de nombreux cas d'opposition indirecte des femmes aux nouveaux procédés technologiques. Le choix de la femme de disposer librement de son temps de travail et de confier ses revenus à des groupes d'entraide peut être vu comme une forme de résistance paysanne décrite par Bernstein (1977). Il s'agit plus précisément d'une résistance des femmes à l'appropriation des fruits de leur travail par les marchés internationaux des biens par l'intermédiaire de leur mari. Elles opposent une résistance à une double exploitation, celle du système fondé sur le rôle des sexes et des procédés capitalistes sous-développés.

Les informateurs de Mitero ont parlé d'une lutte considérable pour le travail et les revenus des femmes. Ils ont évoqué le contrôle masculin des revenus tirés du café : «les hommes boivent l'argent du café». On voyait dans le café une culture utile, mais c'était aussi un produit qui retirait aux femmes le contrôle de leur propre travail. Celles-ci préféraient les cultures potagères pour la vente sur le marché. L'opposition des hommes à la libre disposition par la femme des fruits de son propre labeur apparaissait nettement dans les récits d'informateurs de sévices exercés sur les femmes par leur mari à cause d'une adhésion à des groupements d'entraide. Les hommes craignent les femmes quand elles forment des groupes. Les hostilités ouvertes entre hommes et femmes indiquent une aggravation considérable des contradictions entre les sexes dans notre monde contemporain.

Le fait que la résistance féminine ait lieu à l'enseigne de l'idéologie du développement ajoute une dimension à ces contradictions. Depuis l'indépendance, le gouvernement kényan a encouragé les activités d'entraide connues sous le nom d'*harambee* («serrer les coudes») et qui ont servi de complément aux efforts de développement de l'État dans les services sociaux. L'idéologie de l'*harambee* est donc un puissant instrument d'affirmation du pouvoir de la femme sur son travail et ses revenus. Un certain nombre d'informateurs ont signalé que les hommes s'opposent souvent aux activités commerciales des femmes et cherchent à les entraver pour des motifs idéologiques. Ces tentatives sont devenues une importante cause de tension dans les relations contemporaines entre les sexes. L'assimilation courante par les hommes de l'idéologie occidentale de la domination masculine n'a pas manqué non plus de jeter de l'huile sur le feu. Dans une interview menée en 1981, un éminent chef de file féminin a reconnu les puissants effets de cette idéologie et la nécessité d'adopter une stratégie de défense.

> Comment un homme exerce-t-il son pouvoir comme chef de la maisonnée ? Il doit essayer par tous les moyens d'étouffer les activités des groupements féminins, d'en garantir l'échec... Nous essayons de ne pas être trop agressives ni de rompre les liens avec la famille et même avec la collectivité... Nous ne pouvons nous attendre à détruire ce mythe d'un seul coup, les choses devront se faire progressivement. Si vous cherchez de brusques changements, vous risquez de vous heurter à une résistance plus vive.

C'est précisément de telles réflexions pratiques qui amènent les femmes africaines à rejeter les revendications individualistes des féministes occidentaux. Le recours au discours de la solidarité et du bien-être familiaux est une stratégie idéologique fine et tactiquement saine à adopter pour le féminisme africain.

Ainsi, pendant que les hommes protestent au nom des valeurs familiales traditionnelles, les femmes plaident prudemment pour le maintien de leurs droits et l'amélioration de leur sort économique au nom de ces mêmes valeurs. L'activité économique indépendante de la femme sert, diront-elles, les intérêts des enfants et du foyer et tout progrès dans cette sphère d'activité de la nation moderne exige l'emploi de nouvelles tactiques pour l'accomplissement de tâches qui ont pris la patine du temps. Le discours idéologique sur les relations entre les sexes peut faire appel à des éléments différents de l'idéologie sur les relations entre les sexes précapitaliste du fait des contradictions de cette tradition qui prônait simultanément les idéaux de la domination de la femme par l'homme et de la primauté de la femme dans sa propre sphère d'attributions. La notion de domination masculine est renforcée par les valeurs chrétiennes et capitalistes, mais les valeurs africaines précapitalistes relatives au pouvoir de la femme dans l'économie politique du village demeurent une arme puissante de ce discours.

La manipulation des traditions coopératives féminines par la collectivité et certaines femmes pose des problèmes. Des études récentes (Stamp 1987) indiquent que des femmes favorisées ou des institutions dominées par les hommes dans la collectivité (église, partis politiques, etc.) peuvent s'emparer des capacités productives des groupements féminins et les détourner au détriment même de la mission de ces groupes (voir le résumé de ces travaux de recherche dans la section du chapitre 5 portant sur les associations féminines). Les groupes féminins demeurent néanmoins le principal moyen par lequel les femmes s'habilitent elles-mêmes politiquement et économiquement au sein de la collectivité rurale, comme en témoignent les efforts de récupération de ce mouvement des dernières années.

Disons pour conclure que les groupements d'entraide féminins ont réuni des éléments (économiques, politiques et idéologiques) des systèmes précapitalistes fondés sur le rôle des sexes et des pratiques contemporaines pour donner aux femmes le moyen de résister à l'exploitation et de se soustraire aux effets négatifs des programmes de développement. Ainsi, le système fondé sur le rôle des sexes apparaît comme un aspect dynamique de la lutte paysanne pour l'autosuffisance. Si les femmes, par leurs activités organisées, peuvent conserver ne serait-ce qu'une partie des revenus qu'elles produisent et adapter les nouvelles technologies au profit de leur collectivité, le paysannat sera plus fort devant l'incertitude et l'iniquité économiques. Comme l'autosuffisance est maintenant le principal but que se fixent les gouvernements africains, la reconnaissance et le renforcement des façons complexes dont les femmes contribuent à cette autosuffisance paraissent s'imposer de toute urgence. C'est dans les stratégies pragmatiques des paysannes africaines que résident les solutions de base aux dilemmes du développement en Afrique.

Cas d'économie politique féministe

Réforme agraire et droits des femmes luo

Dans une étude de cas des femmes luo (un groupe ethnique de l'ouest du Kenya appartenant à la famille linguistique nilotique), Okeyo (1980, dans Étienne et Leacock 1980) démontre la valeur d'une synthèse des méthodes anthropologiques et historiques et établit un modèle de recherche féministe en Afrique[4]. Okeyo (1980) remet la transformation des rapports de sexes luo dans le contexte des préceptes coloniaux issus au Kenya de la déclaration du protectorat de l'Afrique orientale en 1895. Le premier de ces commandements était que la colonie devait «faire ses frais» par l'agriculture. On y est parvenu en s'appropriant les terres africaines et en détournant le travail de la collectivité indigène autonome au profit de l'effort colonial. La décision de développer la colonie grâce à une agriculture gérée par des colons blancs exploitant la main-d'oeuvre africaine a causé

---

[4]. Achola Pala Okeyo, qui a publié dans le passé sous le nom d'Achola O. Pala, est une anthropologue sociale kényane. Chargée de recherche à l'Institut des études de développement de l'Université de Nairobi et expert-conseil sur le plan international, cette chercheuse a beaucoup écrit sur la situation et le rôle de la femme africaine dans le développement.

l'asservissement de l'Africain et a eu pour effet de consacrer le contrôle exercé par les Blancs sur les ressources humaines et naturelles du territoire (Okeyo 1980:187).

Au coeur de la politique agricole de l'État colonial se situait le régime des réserves qui assignait des territoires précis aux groupes raciaux et ethniques, les meilleures terres étant attribuées aux colons blancs. Dans les réserves africaines, les anciens propriétaires fonciers sont devenus «locataires à discrétion» de la Couronne britannique. Ces réserves visaient à la création d'une main-d'oeuvre stable pour les activités d'exportation dirigées par les colons européens. Dans le développement des politiques agraires coloniales, la culture, la tradition et les institutions économiques et politiques africaines ont été récupérées en vue de faciliter l'exercice du pouvoir politique et l'exploitation économique (Okeyo 1980:188), bien que l'on ait permis au départ aux modes d'occupation du sol coutumiers de subsister.

Dans son étude, Okeyo met l'accent sur l'incidence de l'individualisation de la propriété du sol sur l'unité traditionnelle de propriété foncière en période précoloniale, le lignage, ainsi que sur la condition féminine. Comme les femmes luo jouent un rôle primordial de production et de reproduction dans l'économie rurale, surtout dans le secteur alimentaire, elles constituent une importante catégorie de producteurs dont les droits sur le sol seront nécessairement touchés par une évolution des régimes fonciers (Okeyo 1980:188). Comme nous l'avons mentionné plus haut, le Kenya a commencé au début des années 50 à appliquer une politique de passage de la propriété foncière du lignage au chef de ménage masculin pris individuellement. La réforme entrait dans un effort colonial tardif de lutte contre la résistance africaine au colonialisme par la création d'un paysannat moyen africain empreint de conservatisme. Après l'indépendance de 1963, elle a revêtu l'aspect d'une stratégie de développement. Elle a été plus lente chez les Luo que chez les Kikouyou et pourtant, dès 1975, presque toutes les terres avaient été réparties, remembrées et enregistrées, 6 % des femmes seulement conservant des titres sur le sol (Okeyo 1980:206).

Les Luo diffèrent comme peuple nilotique d'origine pastorale des Kikouyou d'expression bantoue par leur culture et leur expérience historique, mais ils partagent avec ces derniers le mode de production communal fondé sur le lignage et le système de la compensation matrimoniale. Bien qu'Okeyo ne se livre pas à un examen théorique de la notion de système fondé sur le rôle des sexes, les similitudes d'expérience des femmes luo et kikouyou en ce qui concerne l'économie politique précoloniale et la réforme agraire coloniale et postcoloniale corroborent les généralisations sur les systèmes fondés sur le rôle des sexes et la situation de la femme en période tant précoloniale que postcoloniale. De plus, l'étude de cette auteure offre des éléments complets d'analyse des moyens par lesquels les femmes en viennent à perdre leurs droits d'usage (usufruit) sur le sol à cause du mouvement de réforme.

Comme chez les Kikouyou, les droits fonciers des Luo à l'époque précoloniale appartenaient au groupe solidaire, le lignage, et non pas à l'individu. Les hommes héritaient des terres de leur père et les femmes jouissaient de droits d'usage comme soeurs ou épouses. Le sol ne pouvait faire l'objet d'une aliénation par rapport au groupe et l'égalité d'accès pour les besoins des productions de subsistance était un principe à respecter absolument. Les droits usufructuaires des hommes et des femmes pris individuellement étaient complexes et bien arrêtés. Ainsi, chacun des ménages savait précisément où se trouvaient ses champs, ses pâturages et ses maisons de ferme et à quelles terres s'appliquaient ses droits d'usage (Okeyo 1980:188).

Cette auteure tire trois grandes conclusions dans son analyse des changements opérés par la réforme agraire. Disons d'abord que le régime foncier traditionnel des Luo est le fruit d'une économie politique en évolution. De l'an 1000 à l'an 1400, les ancêtres des Luo habitaient le sud du Soudan et faisaient de l'élevage de transhumance. Dans ce régime, les hommes s'occupaient du bétail en propriété et le rôle économique des femmes était négligeable. Les Luo se sont ensuite établis après des migrations de leur berceau de la vallée du Nil vers l'ouest du Kenya aux XVe et XVIe siècles. Au XVIIIe siècle, ils avaient adopté une économie mixte où prédominait l'agriculture (un peu comme les Kikouyou de l'ère précoloniale). Ce déplacement d'accent a mis la femme au coeur de l'économie comme dans le cas des sociétés horticoles de toute l'Afrique. Pendant cette période, le travail de la femme et des enfants est devenu primordial en agriculture et les droits féminins sur le sol se sont ancrés dans son rôle d'épouse et de mère au sein du lignage (Okeyo 1980:208). La question du pouvoir sur les terres est devenue importante à mesure que se multipliait une population désormais sédentaire. Le lignage s'est ainsi transformé en un instrument précis de contrôle du sol et de gestion des pâturages et des ressources en eau. «La situation économique de la femme s'est trouvée renforcée par le fait que la maisonnée, l'unité de production de base qu'elle dirigeait, est devenue une des principales voies de transmission de terres agricoles entre agnats [parenté de sang par les hommes]» (Okeyo 1980:189). La deuxième conclusion se rapporte aux déformations introduites par le colonialisme.

> L'intégration de l'économie et de la société luo au régime colonial a eu pour effet de déformer d'une manière très particulière les liens entre la population et le sol et la structure d'accès à ce même sol. D'abord, le système des réserves a accru les pressions démographiques sur le sol, car il ne permettait aucune expansion en dehors des réserves. Le régime foncier coutumier s'est adapté à cette crise démographique artificielle en réaménageant et en restreignant la propriété collective du sol et en remettant dans certains secteurs à la famille le contrôle général qu'exerçait le lignage sur les terres. Ensuite, la diminution des droits collectifs a compromis l'exercice des droits usufructuaires de la femme, qui avait bénéficié du passé de la souplesse et de la multiplicité des droits propres au régime de propriété foncière lignagère. La tendance à l'individualisation de la propriété du sol qui s'est ainsi dessinée a été renforcée par la réalisation d'une réforme foncière qui nie en réalité les principes traditionnels de la propriété et de l'utilisation du sol. Cette réforme a transformé les droits attributifs d'un groupe solidaire sur les terres (le lignage étant l'autorité ultime en matière d'aliénation du sol) en droits individuels dévolus aux hommes et a été la source d'incertitudes en ce qui concerne la légitimité de l'usufruit féminin en matière foncière.
>
> (Okeyo 1980:208–209)

Cette auteure fait notamment observer que les tensions entre hommes et femmes pour le contrôle du sol ont été aggravées aussi bien par la réforme foncière que par la politique coloniale des réserves. Dans ce dernier cas, le gouvernement colonial a demandé des terrains (habituellement retirés à la collectivité) pour la construction d'écoles, d'églises, de centres commerciaux et administratifs et de routes. En ce qui a trait à la réforme agraire, les propriétaires fonciers masculins devant la loi ont souvent cessé de respecter les droits coutumiers des femmes et des enfants dans tout ce qui est utilisation et aliénation de ce qui était devenu leur propriété.

La troisième conclusion tirée par Okeyo a une valeur toute particulière pour la réflexion contemporaine sur le développement agricole, le transfert des technologies et la situation de la femme. On a formé l'hypothèse (là où on a abordé le sujet) d'une coexistence possible des droits d'usage coutumiers et de la propriété foncière individualisée. Okeyo conteste cette hypothèse et, s'appuyant sur ses études empiriques contemporaines et des données d'analyse historique, fait valoir que

> les droits coutumiers et légaux sont différents et, en théorie, s'excluent mutuellement. On peut prévoir que, pendant les cinq ou dix prochaines années [c'est-à-dire pendant les années 80], les bases et la pratique de la propriété foncière lignagère s'effriteront et que les femmes comme groupe seront pour ainsi dire privées d'une sécurité que leur assuraient jusqu'à présent les principes du groupe solidaire de filiation et de la propriété foncière collective. Dans ce mouvement, le lignage devient subordonné à la nation-État parce que celle-ci s'empare de l'autorité en matière d'affectation des ressources. Du même coup, la maisonnée pourrait perdre son contrôle de propriétaire et, par conséquent, les filières de propriété entre la mère et le fils dans la maisonnée et le père et le fils dans le lignage pourraient être sérieusement remises en question (Okeyo 1980:209).

L'étude de cas de cette auteure livre des éléments d'analyse des facteurs historiques et sociaux de la perte de pouvoir et d'autonomie que décrivent les études consacrées à la femme et à la technologie et la bibliographie FED. Elle offre un modèle méthodologique aux auteurs de futures recherches. Ainsi, la question des systèmes d'héritage menacés et de l'insécurité consécutive au sein de la famille (aussi bien chez les hommes que chez les femmes) demeure absente dans la documentation spécialisée comme facteur d'adoption ou de rejet d'une nouvelle technologie par la famille. Un aspect plus «visible» de l'étude d'Okeyo est la question des titres de propriété. En dépouillant dans une large mesure les femmes de leurs droits légaux sur des terres à l'égard desquelles elles exercent des droits usufructuaires, on les prive de garanties pour l'obtention de prêts. Beaucoup d'auteurs ont vu dans ce facteur une entrave à la participation de la femme aux efforts de développement (projet de riziculture de Mwea ; p. 75–78). Okeyo (1980) nous dit pourquoi elle a le droit et en fait l'obligation de cultiver des terres sur lesquelles elle n'a pas de droits à faire valoir. Les planificateurs du développement doivent tenir compte de cette anomalie d'origine historique s'ils espèrent un certain succès pour les projets locaux de développement agricole.

Les femmes comme producteurs et fournisseurs alimentaires en Zambie

L'Association des femmes africaines pour la recherche sur le développement (AFARD) et la Fondation Dag Hammarskjöld ont organisé à Dakar, au Sénégal, en 1982 un séminaire qui a fait époque (FDH/SIDA 1982). On voulait se dégager des truismes sur la condition féminine pour entreprendre une analyse plus approfondie des mécanismes ayant pour effet de perpétuer la subordination des femmes dans la société. Il s'agissait donc non pas de regarder exclusivement la femme, mais d'examiner les rapports hommes-femmes dans la société et de voir comment le régime d'organisation politique influe sur ces liens (Savané 1982:7).

L'étude de Muntemba (1982b) sur la femme zambienne comme producteur et fournisseur alimentaires a apporté une précieuse contribution à cet égard[5]. Par l'application de méthodes historiques rigoureuses et d'une vaste connaissance de la démarche de recherche-action sur les questions féminines en Afrique, Muntemba (1982b) a réussi à la fois à esquisser le profil d'une économie politique féministe africaine et à créer un modèle pour des études de cas empiriques dans le cadre ainsi dressé. Son analyse complète celle d'Okeyo (1980). Elle tire beaucoup de conclusions semblables sur les relations entre les sexes, les droits fonciers et la production, mais s'attache à des aspects différents de l'investigation de l'économie politique féministe. L'analyse de Muntemba fournit utilement elle aussi un cadre de compréhension et de solution efficace des problèmes reconnus par les études FED. Comme historienne, elle entend exposer systématiquement les politiques et les pratiques de l'État colonial et postcolonial dans leurs vastes effets sur les rapports entre les sexes dans tous les groupes ethniques zambiens. Sa démarche est différente de celle d'Okeyo qui a voulu examiner à fond les conséquences de l'évolution des relations entre les sexes dans un groupe en particulier.

Alors qu'Okeyo s'attaque implicitement à l'appréhension anthropologique classique de la condition féminine dans les sociétés lignagères, Muntemba aborde une des tendances les plus récentes des sciences sociales, le domaine des études de paysannat. La pléthore d'études de cette nature pendant les années 70 a utilement compensé l'insuffisance des études antérieures des structures socio-économiques internes en Afrique. Muntemba critique cependant les études de paysannat qui, à son avis, ne prêtent pas une attention assez grande à la question des femmes et de la production.

> La plupart des études ne parlent du paysannat qu'au masculin. Elles ne se soucient en gros que des questions intéressant la population paysanne masculine : cultures commerciales, commercialisation, éducation en agriculture, mécanisation. Même des questions importantes comme celles du morcellement du sol, des migrations et de la stratification sociale qui présentent un tel intérêt pour la femme sont analysées sous l'angle de la situation de l'homme paysan.
>
> (Muntemba 1982:29)

Trois thèmes servent de cadre à l'investigation de Muntemba, ceux de la terre, du travail et de la division du travail selon le sexe. Elle développe ces thèmes d'abord dans le contexte africain en général et ensuite dans celui de l'expérience historique concrète de la Zambie. Dans ce pays, les femmes sont les producteurs et les fournisseurs primaires d'aliments. Partant de la prémisse que la capacité des femmes de s'acquitter de ces responsabilités s'est dégradée, Muntemba examine la situation féminine sous l'angle des rapports sociaux de production, de distribution et d'appropriation des surplus.

> Le contrôle et l'accessibilité des moyens matériels de production (terre ou sol fertile, moyens de communication et de transport, etc.) et des forces productives (ressources humaines, instruments aratoires et «produits d'entrée»), joints à l'emploi de méthodes plus efficaces, assurent la productivité du travail. Mais ce n'est pas suffisant. Pour éviter l'appropriation et garantir une distribution équitable, il faut qu'on exerce un contrôle sur son propre travail et les fruits de son labeur. À toutes les époques connues de

---

5. Shimwaayi Muntemba est une historienne zambienne qui a beaucoup écrit sur le paysannat zambien, et notamment sur les paysannes. Actuellement directrice du Centre de liaison en environnement de Nairobi, au Kenya, elle a fait des études de développement pour plusieurs organismes internationaux, dont l'OIT.

> l'histoire, il y a eu lutte pour ce contrôle dans le ménage et le village et sur les plans national et international. Le sort des femmes dans cette lutte a influé sur leur capacité de produire et de fournir des produits alimentaires.
>
> Tout semble indiquer que cette lutte ait existé à l'époque précoloniale, mais ce n'est que depuis la pénétration du capitalisme et d'une économie fondée sur l'argent que la situation des femmes a été contestée d'une manière aussi marquée et aussi dévastatrice. Le combat s'est ensuite intensifié à tous les niveaux (Muntemba 1982b:30).

Cette auteure étudie ce mouvement dans toute l'Afrique et fait mention des aspects suivants :

- aliénation du sol au profit des entreprises minières et agricoles et des colons ;
- pénurie de terres et phénomène du paysannat sans terres à cause de l'intensité des cultures commerciales paysannes (source de contraintes pour les terres de production vivrière en particulier) ;
- lutte pour la main-d'oeuvre, les hommes étant appelés, par contrainte ou non, à travailler loin du foyer pour des entreprises coloniales ou bien la main-d'oeuvre domestique faisant l'objet d'une concurrence croissante entre les cultures commerciales et les cultures vivrières ;
- évolution de la division du travail selon le sexe causant non seulement une augmentation considérable des tâches féminines (les femmes reprenant certaines tâches des hommes et s'occupant des cultures commerciales), mais aussi une diminution du contrôle qu'exerçait la femme sur son propre travail.

Se reportant au cas zambien pour confirmer ses généralisations (et corroborant de ce fait les conclusions des études de Mitero et du Luoland), Muntemba divise l'histoire du pays en quatre étapes : ère précoloniale, période coloniale du début du XXe siècle à la fin de la Seconde Guerre mondiale, période comprise entre 1946 et l'année de l'accession à l'indépendance, ère néocoloniale de 1964 à 1981. Dans son examen de la Zambie précoloniale, elle fait appel à des données anthropologiques et historiques pour définir les systèmes fondés sur le rôle des sexes et les modes de production des sociétés en très grande partie matrilinéaires de la région. Même si le contrôle masculin de la femme existait dans les sociétés matrilinéaires (les pères et les frères exerçant ce contrôle à la place des maris), la transmission des terres par la lignée féminine assurait un accès direct de la femme au sol et, dans la pratique, les femmes exerçaient un contrôle considérable sur leur propre production agricole. Muntemba décrit la division complexe du travail entre hommes et femmes et souligne l'importance de la cueillette vivrière de plantes sauvages par les femmes en mauvaise saison ou quand des chefs puissants faisaient des incursions ou demandaient tribut. Les plantes cueillies fournissaient des garnitures qui, malgré certaines connotations, demeurent un complément nutritif essentiel à un régime à base d'hydrates de carbone.

Les structures de la colonie de peuplement et d'exploitation minière se sont établies pendant la période coloniale de 1900 à 1945. La situation des femmes et, par conséquent, leur rôle comme producteurs alimentaires ont différé selon les expériences locales de l'incursion coloniale. Dans le centre-sud plus peuplé et fertile de la Zambie, les hommes sont demeurés sur la terre, mais les Africains ont connu une intense lutte pour le sol. C'est là que les colonialistes ont concentré leurs centres de communication et de peuplement urbain et se sont approprié le sol. Une politique agraire officielle a vu le jour en 1924, année où le Colonial Office a succédé à la British South Africa Company et mis en place une administration coloniale. Comme au Kenya, le territoire a été divisé en réserves indigènes et en terres publiques (ces dernières étant attribuées aux villes, aux mines et au peuplement blanc, existant ou prévu). Les Africains ont été forcés de gagner les réserves souvent établies sur des sols plus pauvres et qui ont vite connu un sérieux surpeuplement. Cela a beaucoup nui à la capacité des collectivités d'assurer les productions vivrières, problème aggravé par les pressions qui s'exerçaient pour l'approvisionnement alimentaire des ouvriers des mines.

La situation des femmes comme producteurs alimentaires a été affaiblie par la dépossession foncière dans la région agricole du centre-sud. Dans le reste du pays cependant, c'est la migration des hommes vers les mines qui a eu la plus grande incidence sur la production féminine. Les femmes se sont retrouvées avec la plupart des tâches agricoles auparavant accomplies par les hommes. Certaines tâches ont dû être abandonnées (élagage et abattage des arbres et rotation des sols rendue nécessaire par la pauvreté des terres de la région, par exemple). C'est ainsi que les femmes ont dû «surcultiver». La surexploitation, jointe à l'incapacité de fertiliser comme dans le passé, a provoqué une sérieuse dégradation des sols. La recherche minutieuse de Muntemba sur les facteurs de détérioration des productions vivrières montre bien l'importance de comprendre tous les éléments d'un système de production, même ceux qui paraissent les plus terre à terre :

> En chassant les oiseaux et en moissonnant, les hommes jouaient un rôle important parce que ces tâches qui pouvaient être et étaient de fait exécutées par les femmes s'accomplissaient toutes les deux le matin et le soir. Le soir, la femme devait aussi préparer le repas. En saison sèche, les ingrédients des assaisonnements et des garnitures piquantes n'étaient pas abondants et les femmes avaient à parcourir d'énormes distances pour en trouver. Cet alourdissement de leurs tâches causait beaucoup de fatigue et elles étaient parfois incapables à la fin de la journée de préparer le principal — et quelquefois unique — repas de la journée. Les travaux agricoles devenant trop lourds, les femmes ont commencé à compter plus largement sur la cueillette. Paradoxalement, à cause de l'augmentation des tâches, certaines trouvaient difficile de remédier aux pénuries agricoles par la cueillette. Dans un système agricole déjà précaire, les villageois connaissaient véritablement la faim pendant les trois mois de la saison sèche, les mois de la famine... Autre phénomène que l'urbanisation a eu tendance à accentuer, le poids grandissant des tâches agricoles a amené dans certains cas les femmes à adopter des productions moins exigeantes mais aussi d'une valeur nutritive moindre comme celle du manioc.
>
> (Muntemba 1982b:40–41)[6]

Muntemba (1982b) examine également en détail les changements qui se sont produits en ce qui concerne le sol, la main-d'oeuvre et la division du travail selon le sexe. La période comprise entre la fin de la Seconde Guerre mondiale et l'accession à l'indépendance s'est caractérisée par une intensification des productions commerciales et la consolidation d'un immense réservoir de main-d'oeuvre en milieu urbain qui dépendait des productions rurales. Le contrôle masculin de l'achat et de l'emploi de toute nouvelle technologie introduite à des fins

---
6. Mackenzie (1986) explique de la même manière le passage du mil au maïs aux vertus nutritives moindres chez les Kikouyou. Celui-ci a remplacé les autres céréales dans une grande partie de l'Afrique, évolution qui n'a pas été vue comme une cause sérieuse de la sous-nutrition de l'Africain.

d'accroissement de la productivité agricole a déterminé le recul des productions vivrières de subsistance féminines dans la lutte pour la main-d'oeuvre au sein des ménages. De plus, les productions vivrières assurées par les femmes pour la famille n'étaient pas intouchables. «Quelques femmes m'ont parlé des pressions exercées directement ou indirectement sur elles pour qu'elles vendent des produits de cultures vivrières comme celles de l'arachide et des légumes. Le problème se posait tout particulièrement là où on faisait usage d'instruments aratoires [achetés par les hommes] dans les champs» (Muntemba 1982b:43). Cette auteure indique également que la question de la transmission des biens joue encore une fois comme facteur. Comme les hommes étaient propriétaires des instruments, leurs parents par agnation en héritaient, et non pas leurs femmes, même si c'est du travail de celles-ci que venaient les revenus qui avaient permis d'en faire l'acquisition. C'est ainsi que la stabilité des approvisionnements alimentaires ruraux, surtout dans les familles de femmes plus âgées, était constamment menacée.

À l'accession à l'indépendance, le nouveau gouvernement a fait du développement rural une de ses priorités. Toutefois, comme les cours du cuivre ont commencé à fléchir sur le marché mondial pendant les années 70 et qu'il a fallu compenser la pénurie de devises ainsi créée, l'agriculture a été encore plus pressée de contribuer à une économie fondée sur l'argent. On a engagé les paysans à cultiver le coton, le tournesol, le tabac et l'arachide pour l'huile et le maïs pour l'alimentation des populations urbaines. Dans certains cas, les terres de peuplement colonial ont été remises en production paysanne, ce qui n'a guère suffi cependant à alléger les pressions grandissantes sur le sol. Dans les projets de développement agricole, on visait plus les hommes que les femmes. Priées d'analyser leur situation, les femmes disaient que le gouvernement les avait oubliées (Muntemba 1982b:46). Précisément parce qu'il contrôlait la distribution et constituait l'instrument d'une augmentation de la productivité, le gouvernement était la cible des doléances des femmes. À leurs yeux, l'État travaillait systématiquement contre elles (Muntemba 1982b:46). En réaction, les femmes cherchaient à réduire la production pour éviter les surplus susceptibles d'être confisqués (tout cela pouvant jouer contre elles si on devait continuer à confisquer pendant les temps durs). Deux épouses polygynes ont avoué : «La production du ménage s'est détériorée depuis cinq ans. Comment pourrait-il en être autrement quand nous, les femmes, avons décidé de travailler le moins possible ?» (Muntemba 1982b:47).

Cette auteure conclut en posant la question suivante : Que se passe-t-il quand la capacité des femmes de produire et de fournir des aliments est compromise dans des pays qui continuent à dépendre de la production paysanne ?

> On doit voir dans le contrôle qu'exerce la femme sur le sol, les forces productives, son propre travail et le fruit de son labeur une impérieuse nécessité. On doit contester les réformes et les programmes fonciers qui font de la privatisation le moyen de stimulation des productions à petite échelle, car ils ne tiennent pas compte de la femme. Il faut absolument se soucier des femmes non pas parce qu'elles sont des femmes, mais parce qu'elles se situent, comme nous espérons l'avoir démontré, au coeur des stratégies alimentaires. On doit plutôt promouvoir les formes socialisées de régime agraire où les producteurs ont des droits usufructuaires. Mais ce n'est pas suffisant. Les paysannes doivent occuper une place dans l'appareil politique afin d'assurer une répartition équitable des forces de production et de se garantir contre une confiscation des denrées alimentaires qu'elles produisent. Elles doivent se conscientiser afin de pouvoir contester la division du travail hommes-femmes qui subordonne leur travail aux intérêts des hommes...

> Toutefois, les forces qui entrent en jeu sur les plans national et international sont si grandes que les femmes ne peuvent réussir à elles seules et, grâce à leur succès, contribuer à résoudre certains des problèmes alimentaires qui hantent nombre de pays africains.
>
> (Muntemba 1982b:48)

Comme Okeyo, Muntemba a étudié des circonstances largement décrites dans les études, en l'occurrence le phénomène du fléchissement des capacités de production vivrière des femmes. Elle a ainsi bien défini le problème et suggéré des solutions qui vont bien au-delà de la panacée technique et individualiste que propose le gros de l'establishment du développement. Même si certains ne peuvent considérer comme politiquement réalisables ou économiquement souhaitables dans la plupart des pays africains des formes socialisées de régime agraire, les droits d'usage du sol, la participation politique et l'effritement du contrôle exercé par la femme sur son propre travail sont autant de questions essentielles à examiner aux niveaux national et communautaire. Les efforts de développement sur le continent africain, et notamment les activités de recherche pratique sur les transferts de technologie, ont besoin des fondements que procure le genre d'analyse historique et socio-économique rigoureuse que nous présentons.

Partie III

Nouvelles démarches

5 Nouvelles questions de technologie, du rôle des sexes et de développement

Introduction

Dans l'examen qui précède des cadres conceptuels et des constatations intéressant la question de la technologie, du rôle des sexes et du développement, j'ai soulevé un certain nombre de points qui méritent un plus ample examen. Les chapitres 5 et 6 répartissent ces points en catégories et dégagent des relations que les études des politiques de développement n'ont pas abordées.

La question primordiale est qu'il est très difficile de conceptualiser le développement d'une manière précise et de reconnaître les voies appropriées qu'il doit emprunter dans le Tiers-Monde. Une grande partie de la documentation FED critique le développementalisme et en impute les lacunes à l'attention insuffisante prêtée aux femmes et aux rapports entre les sexes. Cette critique est, bien sûr, fondée, toute vision du progrès humain qui voue la moitié de l'humanité à un état de subordination et de dépendance risquant nécessairement la paralysie sur le plan épistémologique. Toutefois, les études FED acceptent elles aussi les hypothèses fondamentales de l'Occident sur les relations entre les sexes. On s'attache rarement à la possibilité que les sociétés non occidentales conçoivent d'une manière différente la famille, le ménage, le travail et même la subjectivité des questions du rôle des sexes. Qui plus est, la bibliographie FED remet rarement le développementalisme en question en s'attaquant à ses prémisses économiques. C'est pourquoi elle sape ses propres tentatives d'éclaircissement des questions relatives aux femmes et au rôle des sexes. Tant qu'on observera une conceptualisation erronée des mécanismes économiques et politiques dans le Tiers-Monde, qui fait fi des rapports de dépendance et voit dans une tradition mal perçue un obstacle à la modernisation, il n'existera aucune possibilité théorique de parfaire notre compréhension des questions du rôle des sexes.

Il importe particulièrement de faire voir les déformations idéologiques et les intérêts politiques qui infléchissent une grande partie de la réflexion sur le développement. Il serait peu réaliste de s'attendre à ce que les pays donateurs oublient leurs intérêts politiques ; il est en revanche raisonnable d'exiger de ces mêmes pays qu'ils fassent toute la lumière sur les conséquences de leurs politiques pour les sociétés du Tiers-Monde et qu'ils n'aient pas recours à la mystification pour justifier des programmes nocifs d'aide au développement. La réalité toute nue est que le développement, comme on le conçoit d'ordinaire en Occident, est devenu un sous-développement pour les femmes et, par conséquent, pour les enfants et les collectivités. Sans nier les avantages de nombre d'aspects du transfert de technologie dans les domaines de la santé, de la nutrition et de l'agriculture, je soutiens que la dégradation de la qualité de vie de la femme africaine (sur les plans économique, social et souvent physique) est une condamnation des attitudes et des actions occidentales à l'endroit de l'Afrique que l'on ne peut taire. La culpabilité des gouvernements africains est aussi la source de graves dilemmes en ce qui concerne la règle de la non-immixtion des pays donateurs dans les affaires politiques nationales. Comme une grande partie de l'aide vient appuyer, sans mauvaise intention de la part de ceux qui l'apportent, des pratiques néfastes, les donateurs doivent reconnaître le fait gênant que la non-intervention est une position politique qui, à ce titre, mérite d'être examinée.

Les six catégories

Mon souci de clarification de la question de la technologie, du rôle des sexes et du développement en Afrique s'incarnera d'une manière bien concrète dans les six catégories suivantes, qui organisent les questions et les relations nouvelles que j'ai dégagées. Les futures recherches devront examiner ces questions et relations ; je me contenterai d'esquisser au chapitre 7 des orientations pratiques pour cette tâche. Le présent chapitre sera consacré aux cinq premières catégories (A à E), avec exemples à l'appui, en vue de bien faire voir l'importance des questions soulevées. Au chapitre 6, j'étudierai les six problèmes théoriques évoqués pour la catégorie F.

Catégorie A

Une synthèse de l'économie politique féministe et de la démarche FED qui saura écarter les limites de chacune façonnera un instrument de recherche puissant pour l'examen des façons précises dont la technologie défavorise les populations locales et dont les collectivités sont parfois capables, malgré les liens de dépendance, de tirer parti des nouvelles technologies. Si on sait reconnaître les cas de réussite et en dégager des facteurs de succès, on disposera des bases voulues pour reproduire des expériences positives. L'examen du pourquoi des résultats négatifs facilitera une évaluation tout à fait critique des régimes actuels de transfert de technologie. C'est ainsi que l'on pourra éviter à l'avenir les erreurs du passé.

Catégorie B

Pour faciliter l'entreprise exposée dans la catégorie A, il faudra un examen plus rigoureux des structures et des mécanismes communautaires et, en particulier, des relations entre l'organisation des villages et les systèmes fondés sur le rôle des sexes. Un important volet de notre investigation sera la recherche sur les rapports entre femmes. Dans la documentation spécialisée, on a eu tendance à voir dans les femmes un groupe homogène, mais nous disposons d'indications qui font voir de graves contradictions entre catégories de femmes. Une planification réaliste du développement doit tenir compte de l'incidence de ces contradictions sur les priorités de recherche, l'élaboration de politiques et la réalisation de projets.

Catégorie C

Certains foyers de transformation sociétale ont été négligés aussi bien dans le cadre de l'économie politique féministe que dans la documentation FED. Les politiques efficaces de développement passent par une amélioration de notre compréhension des facteurs suivants :

- Droits des femmes tant politiques qu'économiques ;
- Rôle des médias (traditionnels et modernes) dans la diffusion de nouvelles technologies appropriées ;
- Aspects sociaux de la participation des femmes aux soins de santé et à la nutrition de la famille ;
- Logique de la technologie traditionnelle, tant sociale que physique, et de l'innovation technologique locale ;
- Conscientisation des hommes et façon d'éliminer les déformations et les pratiques sexistes à l'échelle de la nation et au niveau des villages.

Catégorie D

Le problème des frontières dans les domaines de la recherche et des politiques a empêché la communication des idées et des informations entre foyers de recherche-action et même entre secteurs de foyers déterminés (secteurs d'un organisme d'aide, par exemple). La compréhension la plus vive des questions de technologie, du rôle des sexes et de développement n'aura aucune incidence sur les sociétés du Tiers-Monde si on ne résout pas ce problème.

Catégorie E

Qui fait la recherche ? Y a-t-il lieu d'insister simplement sur le fait que seules les femmes africaines, peu importe lesquelles, sont capables de procéder à une analyse utile des questions de technologie, du rôle des sexes et de développement en Afrique ? Le continent africain est unique comme région du monde, la majeure partie des connaissances sur ses populations et ses sociétés étant venues et continuant à venir de l'étranger. Pour l'Afrique donc plus que pour toute autre région du monde en développement, la question des auteurs de la recherche est délicate politiquement et compliquée sur le plan méthodologique. Les chercheurs africains eux-mêmes commencent à étudier cette question.

Catégorie F

Un aspect d'un examen plus rigoureux de la question du rôle des sexes et du pouvoir dans le village et la famille est la constatation de certains problèmes conceptuels dans la documentation. Ces problèmes ajoutent aux dilemmes évoqués dans les catégories C, D et E. Bien que les sujets suivants aient été débattus à l'occasion dans le cadre des traditions de recherche transculturelle ou féministe, les oppositions n'ont pas été regroupées en une critique cohérente et soutenue, les éléments de critique demeurant morcelés ou, dans le contexte africain, absents :

- dichotomie domaine public–domaine privé ;
- nature de la sphère familiale et domestique ;
- économie comme facteur déterminant dans la société ;

- nature du traditionnel dans la société ;
- nature de la nature.

Les conceptions erronées sur ces sujets sont bien ancrées dans la documentation, et notamment dans les écrits FED, et elles ont eu une incidence négative sur les politiques de développement.

Est inhérent aux cinq problèmes conceptuels un dilemme épistémologique qui reste presque entièrement dans l'ombre dans la documentation, celui de la subordination des connaissances locales à une connaissance occidentale dominante sur l'Afrique et, en particulier, sur la femme africaine. On ne peut redresser les lacunes des politiques de développement que si on corrige les faiblesses de nos connaissances.

Vers une nouvelle synthèse

Une exigence d'une bonne étude FED est un travail de recherche qui aille au-delà de la description du recul du pouvoir et de l'augmentation des tâches des femmes (comme dans le cas de la bibliographie FED) et de la «documentation» des statistiques sur la santé et la nutrition par rapport à la condition féminine (comme dans le cas de la documentation de médecine sociale). Il est essentiel d'étudier les systèmes fondés sur le rôle des sexes et les groupements féminins et de tenter de rendre compte, par l'histoire verbale et d'autres moyens, de l'évolution reliant le passé au présent. Dans l'intervalle, les spécialistes de l'économie politique devraient être prêts à appliquer leurs intuitions théoriques à des questions de développement contemporaines bien concrètes. Nous citerons deux exemples de synthèse des intérêts FED et des orientations de l'économie politique féministe pour bien faire voir la valeur de cette démarche.

Parlons d'abord d'une étude de cas bien concrète. L'étude réalisée par Badri (1986) de la question des femmes, de la propriété foncière et du développement au Soudan est importante non seulement comme exemple de synthèse, mais aussi parce qu'elle s'attache à une catégorie de femmes africaines qui ont été négligées dans la documentation spécialisée, la population féminine pastorale. On fait grand cas dans la documentation FED et les études d'économie politique du lien entre la production horticole féminine et les droits et l'autonomie concomitants des femmes. La femme en milieu pastoral a été considérée comme occupant un rang relativement faible, car on jugeait qu'elle exerçait peu de contrôle sur le principal moyen de production agricole, le bétail. De tout temps, les hommes avaient été propriétaires du bétail, bien que la notion occidentale de propriété ne s'applique guère dans ce cas, compte tenu du faisceau communal complexe de droits et de devoirs concernant ce même bétail et la pratique consistant à placer des animaux dans les troupeaux de compagnons d'âge et de parents.

Là encore cependant, les déformations occidentales se sont attachées (d'une manière plutôt romantique, comme en témoignent les nombreuses émissions de télévision sur les Masaï) aux liens entre les hommes et les bovins, les droits appréciables des femmes sur le bétail étant tout simplement oubliés. Des études récentes nous indiquent toutefois que la différence de statut entre les femmes des milieux pastoral et horticole était moins marquée qu'on ne l'avait cru (Kettel 1986, p. ex.). On se rend compte de plus en plus que, à l'instar des hommes, la population féminine pastorale a des associations de couche d'âge, bien que les études anthropologiques ne parlent pas de classes d'âge féminines. Llewelyn-Davies (1979) a décrit les bases de la solidarité chez les femmes masaï. Balghis Badri, sociologue de l'Université de Khartoum, a mené des recherches et puisé dans les observations directes de plusieurs thèses de cette université pour effectuer une analyse démontrant l'importance des droits des femmes sur le bétail. Son étude (Badri 1986) indique comment la négligence contemporaine de la contribution économique collective des femmes par l'activité laitière a eu de graves répercussions sur l'autosuffisance alimentaire du Soudan.

La première partie de l'étude de Badri porte sur deux cas relatifs à des collectivités agricoles et décrit le lien entre la perte de droits fonciers et de contrôle du travail, d'une part, et l'exclusion des femmes du processus de développement. En seconde partie, la population féminine pastorale est étudiée. Badri (1986:90) fait voir à l'aide de ce cas à quel point les hypothèses des planificateurs prêtant un caractère essentiellement privé au domaine d'activité des femmes ont des effets nocifs sur le développement. On compte 55 millions de têtes de bétail au Soudan et ce pays a atteint à l'autosuffisance en matière de production carnée. En fait, la viande figure pour près de 13 % dans les revenus d'exportation. Les hommes sont avant tout responsables de la garde des troupeaux dans les mouvements du bétail vers les pâturages et l'eau. De leur côté, les femmes se chargent de la traite, de la transformation du lait et de la commercialisation des produits laitiers. Étant donné le potentiel de l'industrie laitière soudanaise tant pour la consommation intérieure que pour l'exportation, il est étonnant de découvrir que l'on affecte tous les ans 11 millions de livres soudanaises à l'importation de lait en poudre et d'autres produits laitiers (en octobre 1988, 4,4 livres soudanaises [SDP] équivalaient à 1 dollar américain [USD]). Badri est d'avis que le problème réside dans la négligence gouvernementale de cette industrie, sur laquelle les femmes exercent un monopole conformément à leurs droits traditionnels d'utilisation du bétail (droits correspondant à ceux des femmes du milieu horticole qui ont des droits d'usage des terres en propriété patrilignagère).

> À mon avis, la situation aurait été meilleure si les responsables des politiques s'étaient employés à aider les femmes à aménager des exploitations laitières sous direction féminine et à introduire seulement des technologies appropriées pour la transformation laitière. Ces responsables ont plutôt tenté de résoudre les problèmes de pénurie laitière en important du lait et en octroyant à des grosses entreprises des permis d'investissement... Les femmes se voient enlever leurs tâches traditionnelles quand ces entreprises introduisent des technologies avancées que la femme ne sait comment utiliser. Tout progrès réalisé dans ce cadre signifie une perte pour les femmes. La famine qui sévit actuellement nous force à mieux tenir compte des nomades en général et de la population féminine nomade en particulier. Au lieu d'implanter des projets d'artisanat en milieu nomade à l'intention des femmes... on devrait accorder la priorité à l'activité laitière afin d'épargner des millions de livres tous les ans et d'améliorer la situation des femmes qui, loin d'appartenir uniquement à la sphère privée, devraient faire partie intégrante des plans de développement.
> (Badri 1986:90)

L'étude de Badri dresse un programme de synthèse de la recherche de développement sur les technologies de production laitière au Soudan.

Le second exemple par lequel nous démontrerons la valeur de la synthèse proposée est l'excellent article de Beneri'a et Sen (1986) évaluant la contribution de Boserup (1970) à l'examen de la question des femmes et du développement. (Je suis d'accord avec Beneri'a et Sen [1986:14] pour dire que probablement aucun ouvrage consacré à ce sujet n'aura été aussi souvent cité.) Je ne voudrais pas me livrer à une autre évaluation des oeuvres de Boserup en décrivant leur critique. Il serait bon cependant que je résume leur bilan des questions de planning familial et de limitation de la population, qui sont intimement liées à celle des transferts de technologie dans le domaine de la santé. Leurs conclusions présentent un intérêt particulier pour l'Afrique, où les États sont de plus en plus pressés de s'attaquer au problème de la natalité débridée.

L'évaluation pragmatique de Beneri'a et Sen (1986) des politiques et des pratiques de limitation des naissances et de la population s'appuie sur une abondance d'études d'économie politique féministe. Ils indiquent que les questions de liberté de reproduction (choix biologique) qui ont été ouvertement débattues en Occident pendant les années 70 sont demeurées beaucoup plus obscures dans le Tiers-Monde (Beneri'a et Sen 1986:154–156). Rendue encore plus compliquée par les questions de surpeuplement et par la résistance aux valeurs et aux programmes de limitation imposés par l'Occident, la question de la liberté de reproduction n'a pas été directement examinée dans les études consacrées au Tiers-Monde. Beneri'a et Sen (1986) expriment l'avis que l'analyse féministe doit modifier les démarches classiques en matière de limitation des naissances et de la population. Dans leur examen, ils soulèvent la question des droits des femmes, c'est-à-dire du droit d'enfanter ou de ne pas enfanter et du droit d'espacer les naissances. Les décisions de reproduction concernent non seulement la femme, mais aussi son ménage et les intérêts de classe de sa collectivité (même les classes bien nanties, qui dépendent de la reproduction de la population qui les fournit en main-d'oeuvre, ayant des enjeux dans les décisions de limitation des naissances des paysans). Plus particulièrement, les stratégies sociales de la classe paysanne féminine encadrent de sérieuses contraintes les choix que peuvent faire les femmes.

> Ainsi, dans les ménages paysans très pauvres qui possèdent peu de terres et sont accablés par l'usure et les fermages, le travail des enfants dans la ferme et hors exploitation peut être essentiel au maintien de la capacité du ménage de subvenir à ses besoins et de conserver ses terres. Les tendances pronatalistes des régions rurales peuvent reposer sur de nets impératifs économiques.
> (Beneri'a et Sen 1986:155)

Après avoir passé en revue les analyses économiques, tant néoclassiques que marxistes, qui font voir le conflit entre la rationalité économique et les finalités sociales, Beneri'a et Sen (1986) examinent l'incidence sur les femmes des normes de la collectivité et des politiques imposées. Leur évaluation est succincte et digne d'être citée au long :

> Bien que les gens de gauche se soient opposés à juste titre à la stérilisation forcée et aient montré les causes sociales du chômage, le véritable problème de population, on a eu tendance à oublier un aspect essentiel du phénomène des naissances : ce sont les femmes qui portent les enfants... Dans de graves conditions de pauvreté et de malnutrition où les femmes sont également surmenées, la santé et le bien-être des mères peuvent s'en trouver fortement compromis. Le ménage paysan pauvre peut survivre au prix d'une succession ininterrompue de naissances et d'une détérioration de la santé de la mère avec les effets aggravants d'une forte mortalité infantile. Les intérêts de classe des mères et leurs responsabilités comme femmes entrent sérieusement en conflit.
> Le résultat d'un tel conflit est que l'attitude d'une femme pauvre à l'égard de

la limitation des naissances, de la contraception et même de la stérilisation sera sans doute différente de celle de son mari ou de sa belle-mère. La recherche sur ces questions dans le Tiers-Monde devrait porter notamment sur les questions suivantes : 1) qui prend les décisions en matière de naissances et de planning familial dans les ménages, les familles et les collectivités ruraux et quels sont les fondements de ces décisions ? 2) quelles formes locales de planning familial s'offrent aux femmes pauvres et comment sont-elles employées ? 3) y a-t-il des différences d'avis et d'intérêts entre les personnes qui portent les enfants et les autres membres de la famille ? 4) comment l'enfantement influe-t-il sur la participation féminine à d'autres activités ?

Pour répondre à ces questions, il faut des recherches empiriques bien menées comme on en voit encore peu dans le Tiers-Monde. Les vues issues de la recherche empirique doivent modeler l'évaluation des programmes de limitation des naissances, et surtout des programmes plus éclairés qui s'attachent à la santé et à l'éducation des mères. La réduction des taux de mortalité infantile, le relèvement des conditions de santé et d'hygiène et l'amélioration des services de sages-femmes et des ressources paramédicales peuvent procurer aux femmes pauvres des régions rurales d'autres choix que le devoir de résoudre les contradictions de classes dans leur propre corps. Bien sûr, ces programmes ne sont toutefois pas une panacée aux problèmes fondamentaux que posent les conditions extrêmes de pauvreté et d'inégalité des droits de propriété foncière, les contradictions caractérisant le tableau des classes et de l'accumulation de capital dans le paysannat ne pouvant être résolues qu'à la faveur d'une évolution sociale globale.

(Beneri'a et Sen 1986:155–156)

À la base de cette analyse, il y a une fine compréhension des contradictions propres aux systèmes fondés sur le rôle des sexes contemporains, ainsi que des contradictions de classes. Beneri'a et Sen (1986) n'ont pas perdu de vue le cœur même des intérêts féministes, les questions de bien-être, de droits et d'autonomie des femmes prises individuellement. Leur liste de questions de recherche est déjà tout un programme pour les planificateurs des technologies de la santé en Afrique.

Associations féminines et systèmes fondés sur le rapport entre les sexes

Le chapitre 4 définit un modèle pour les questions que peuvent utilement étudier les chercheurs pour mieux comprendre les liens entre les systèmes fondés sur le rôle des sexes et les collectivités. D'autres études comme celles de Sacks (1979:1982) et de Mackenzie (1986) se sont livrées à un exercice semblable. Le WIN (1985a:94–107) voit dans les associations et les réseaux féminins des foyers de transformation sociale et économique au Nigéria et soutient qu'ils devraient être l'objet d'une attention concertée des chercheurs et des organismes d'aide. Les chercheurs féministes n'ont cependant pas décrit l'influence des organismes communautaires, et notamment des organismes féminins, sur l'introduction et l'usage soutenu des nouvelles technologies. De leur côté, les auteurs d'études de transfert de technologie font mention des associations de femmes uniquement en passant. Quand on parle des coopératives, on examine habituellement l'incidence de la technologie sur l'organisation plutôt que celle de l'organisation sur la technologie. Une exception est l'étude de Ladipo (1981) sur deux coopératives de femmes yorouba. Ladipo (1981) a pu établir que les coopératives qui tentent de se conformer aux directives du gouvernement ne réussissent pas aussi bien que les groupements qui créent leurs propres règles. On observait une plus grande mesure de cohésion, d'épanouissement personnel et de croissance financière dans les groupements qui s'autoréglementaient (Ladipo 1981:123). Même si quelques autres études signalent l'importance de la contribution des femmes à la prise de décision, l'étude de Ladipo présente un caractère exemplaire dans son établissement d'un cadre de compréhension des conditions de succès ou d'échec des mesures d'adoption et d'adaptation.

En 1976, les femmes ont voulu mettre fin à leur situation désavantageuse en matière de production culturale commerciale en demandant au gouvernement nigérian de les inclure dans le projet de développement rural d'Isoya créé en 1969. Ce projet donnait accès à des programmes de formation agricole, de technologie, d'alphabétisation des adultes et d'économie familiale et, ensuite, à de nouvelles cultures commerciales comme celle du maïs jaune. De la manière habituelle, les femmes avaient été reléguées au secteur «bien-être» du projet. Quand elles ont sollicité leur inclusion dans le volet économique, elles ont fait valoir que, comme l'oiseau emploie ses deux ailes pour voler, une famille a besoin de la progression de l'homme et de la femme pour avancer (Ladipo 1981:124). Les organismes dont le projet assurait la promotion étaient des coopératives polyvalentes destinées à faciliter les efforts de vulgarisation agricole, l'introduction de nouvelles technologies et la distribution de moyens de crédit. Ayant reçu la permission de fonder des organismes semblables, les femmes ont constitué une première coopérative, l'*Irewolu*, qui a tâché de se conformer aux consignes des responsables des politiques et des autorités de réglementation. Au moment où le second groupe, appelé *Ifelodun*, décidait de s'organiser, *Irewolu* échouait dans ses efforts de respect des directives. C'est ainsi qu'on a permis à *Ifelodun* de se donner lui-même des règles plus appropriées. Le cadre était dressé pour une expérience où deux groupes viseraient le même but de reconnaissance publique par des moyens différents (Ladipo 1981:125).

Le compte rendu de Ladipo des expériences distinctes de ces deux groupes est compliqué et fascinant. Il est impossible de rendre ici toute la richesse de son analyse. Le résumé qui suit remet ses constatations dans le cadre de synthèse que j'ai élaboré dans cet exposé. Une première évaluation des résultats me permet de penser que, selon des critères développementalistes, on aurait pu prévoir pour le premier groupe, *Irewolu*, un plus grand succès. Le groupe était nombreux, il suivait les directives du gouvernement et ses membres étaient plus jeunes. Il avait choisi un chef qui savait lire et écrire, avait voyagé et était pleinement conscient des événements qui mettaient le pays sur la voie du progrès (Ladipo 1981:127). On peut traduire le nom de ce groupe par «les bonnes choses viennent à la ville». Du point de vue de l'économie politique féministe, *Ifelodun* avait cependant de meilleures chances de succès. Appartenant à une génération plus ancienne, ses membres avaient une plus grande expérience d'autres organismes comme les groupements religieux, les associations de commerce, les sociétés d'épargne et de crédit et les associations d'épouses de lignage (Ladipo 1981:126). Fait étonnant, le taux d'alphabétisation était légèrement plus élevé chez les femmes d'un certain âge. Ayant moins la responsabilité de jeunes enfants et ayant déjà été appelé à créer des entreprises, le groupe moins jeune comptait une plus grande proportion d'acheteurs de produits agricoles et était généralement plus prospère, à la différence de la majorité des membres d'*Irewolu* qui appartenaient à la classe des petits négociants.

Les tendances du travail rémunéré que j'ai dégagées pour les Kikouyou (Stamp 1986) et que Jackson a observées (1985) pour les Haoussa du projet de la rivière Kano valent aussi pour les femmes d'*Ifelodun*. Si on se reporte aux données de ces études, on voit qu'il est probable que les membres de ce groupe aient mis en commun les revenus tirés du travail agricole. La moitié des membres d'*Ifelodun* étaient des travailleurs agricoles, contrairement à *Irewolu* qui n'en comptait aucun. De plus, 20 % des membres d'*Ifelodun* préparaient des repas pour la vente, contre une proportion de 3 % seulement dans le cas d'*Irewolu*. Signalons enfin que plus de membres d'*Ifelodun* avaient des droits avérés de propriété foncière qui leur procuraient un revenu.

La présidente d'*Ifelodun* semblait moins dynamique que celle d'*Irewolu* :

> Elle n'avait jamais appris à lire et à écrire, elle quittait rarement le village et ne manifestait jamais une connaissance quelconque des événements extérieurs à sa collectivité. Elle pratiquait sa religion, l'islamisme, dans son foyer. On la voyait rarement influencer la façon dont les réunions étaient menées, mais il apparaissait que son autorité était considérable, probablement à cause de son rôle comme sage-femme traditionnelle du village. Elle paraissait avoir été choisie pour le maintien de l'harmonie et de la stabilité dans un groupe dont le nom évoque la douceur de l'amitié[1].
>
> (Ladipo 1981:127)

Ladipo (1981) dégage d'autres facteurs importants pour les conclusions qu'elle tire, et notamment le fait qu'*Ifelodun* avait eu la permission de limiter son effectif aux membres de son propre village (alors que les membres d'*Irewolu* venaient de six villages) et de retirer les sommes économisées en période de famine. Les membres d'*Ifelodun* étaient des épouses de lignage et, ajouterons-nous, étaient organisés en compagnonnage d'âge. En revanche, les membres d'*Irewolu* n'avaient pu s'organiser selon les préceptes communautaires traditionnels. Ils avaient voulu se diviser à l'amiable en trois groupes, six villages formant une collectivité trop dispersée pour que l'on puisse entreprendre des activités collectives avec quelque espoir de succès. De plus, les membres d'*Irewolu* voyaient d'un mauvais oeil la domination de la ville d'Isoya dans les affaires du groupe. Les maris des membres ont toutefois empêché le groupe de procéder à cette décentralisation. Les hommes d'Isoya, qui craignaient les pertes de prestige des dirigeants de la ville, ont fait preuve d'un entêtement particulier à cet égard.

La description est presque une étude de cas de ce qu'il faut faire et ne pas faire dans une activité d'organisation à des fins de développement. Comme les femmes d'*Ifelodun* étaient appelées à prendre des décisions, elles ont fait appel aux talents et aux pratiques qui avaient bien servi leurs grands-mères et les avaient elles-mêmes aidées dans d'autres contextes d'association. Les éléments du système traditionnel fondé sur le rôle des sexes et les structures et pratiques d'association des femmes se sont adaptés au contexte moderne, ce qui a eu pour effet de faciliter l'adoption fructueuse des nouvelles technologies, l'acceptation des nouvelles méthodes et produits d'exploitation agricole et l'utilisation du crédit pour l'expansion des activités économiques. Même si les femmes d'*Irewolu* étaient socialement et économiquement moins armées pour se livrer à des efforts

---

1. C'est un mot d'ordre que les groupements d'entraide féminins de toute l'Afrique approuveraient en ce qui concerne les préalables de l'effort collectif. Le nom «Les bonnes choses viennent à la ville» retenu par les femmes plus jeunes révèle, en revanche, l'existence d'un point de vue plus modemiste. Comment les bonnes choses arriveront-elles si ce n'est par la «douce amitié» ?

communs, elles avaient le sens de ce qui pouvait donner des résultats sur le plan organisationnel. On les a toutefois empêchées d'apporter les changements «structuraux» nécessaires. Les politiques destinées à attirer les femmes dans des coopératives à des fins de développement rural doivent reposer sur ce genre d'analyse fine et à spécificité communautaire des collectivités et des relations entre les sexes. Elles doivent aussi reconnaître la nécessité de remettre le pouvoir de décision aux femmes des villages.

Ladipo (1981) a constaté l'existence de problèmes de méfiance entre les membres d'*Irewolu*. C'est l'indice de contradictions dans les rapports entre femmes, conflit dont cette auteure fait mention sans l'examiner. Elle ne s'attache pas non plus aux contradictions du groupe *Ifelodun*. De tels éléments de conflit se présentent inévitablement et peuvent nuire aux efforts d'auto-assistance. Mbilinyi (1984:294) a mis en garde contre l'insuffisance de l'attention prêtée aux différences entre les femmes. Les paysannes plus riches sont en mesure d'embaucher des manoeuvres, qui sont habituellement d'autres femmes. Toutefois, peu d'études ont été consacrées à cette catégorie de travailleuses, à leurs conditions de travail et à leur vie familiale. Le même problème se pose à propos du traitement des entrepreneurs dans la documentation spécialisée FED. La démarche libérale se soucie plus des entraves au succès de ces femmes que des façons dont elles exploitent d'autres femmes. Mbilinyi (1984) propose un programme de recherche en vue de l'examen des contradictions de classes au sein de la population féminine.

Dans une étude récente, j'ai étudié ces contradictions en me reportant au discours idéologique des villageoises de Mitero (Stamp 1987). Cette étude démontre comment l'idéal égalitaire féminin du partage des ressources est quelquefois violé dans la pratique. Le terme *matega*, dans ses acceptions aussi bien traditionnelles que modernes, est un mot puissant dans le vocabulaire kikouyou et désigne l'idéologie et la pratique du partage entre femmes. Comme on explique au chapitre 4, le *matega* se rapportait dans le passé à l'aide entre femmes à l'occasion des accouchements. En ramassant du bois de feu et en s'occupant des enfants et des champs de la femme enceinte, les épouses du village faisaient cause commune autour de chaque femme portant un enfant. Conformément à l'esprit du développement moderne, le terme a pris une nouvelle acception et désigne maintenant l'activité d'épargne des groupes d'entraide de villageoises. En plus de financer des projets communautaires (l'enseignement primaire, p. ex.), les comptes d'épargne collectifs permettent de verser une somme forfaitaire à chaque femme à tour de rôle. Grâce à cet argent, l'intéressée peut s'offrir des améliorations de son ménage normalement inabordables.

Les recherches récentes menées à Mitero nous indiquent que les femmes chefs d'entreprise accroissent leur prestige et leur bien-être matériel en exploitant la tradition du *matega*. Elles reçoivent une part disproportionnée des épargnes du groupe et détournent peut-être à leur profit des ressources destinées aux projets de développement communautaire. Ce sont ces mêmes chefs d'entreprise féminins qui ont le plus contribué à créer l'image moderne de la coopération.

Les femmes de l'élite en milieu urbain ont également adopté la pratique du *matega*. Elles organisent des parties où les invités sont appelés à verser des sommes rondelettes à leur hôtesse. Un rapport récent en provenance du Tchad révèle l'existence d'un mécanisme semblable parmi les femmes de l'élite de Ndjamena, où le système du pari-vente est devenu un important succédané d'un système bancaire peu efficace et où les femmes bien vues ou influentes jouissent d'un avantage inéquitable. Il semblerait que le système traditionnel du «club de crédit» qui existe dans de nombreuses régions africaines et dont le *matega* est un exemple s'expose partout à des pressions manipulatrices comme celles que l'étude de Mitero a permis de découvrir.

Le *matega* n'est pas seulement récupéré par certaines personnes, certains organismes ruraux dominés par les hommes détournent également cette institution à leur profit. L'église catholique fait régulièrement appel au *matega* pour recueillir des fonds. Le groupe d'entraide des femmes catholiques a été absorbé par les structures ecclésiales et les femmes délaissent les fonctions et les manifestations collectives qui les caractérisaient pour consacrer plutôt leur énergie aux campagnes de financement selon les consignes données par les dirigeants masculins. L'administration locale s'est servie des groupements féminins pour financer ses propres manifestations et projets, ainsi que les mariages. Comme l'a signalé le chef adjoint local, pour chacune de ces manifestations, on dit au groupe combien d'argent il doit apporter. Les hommes du village ont bien vu les vertus rémunératrices du *matega* et certains ont réussi à obtenir une place dans le groupe. Mentionnons enfin que les organismes de regroupement au niveau du district des groupes d'entraide féminins ont procédé à un transfert massif des capitaux des groupes ruraux aux villes avoisinantes à des fins d'investissement dans des maisons de rapport. Nos recherches font voir l'incurie et même les détournements de fonds qui marquent la gestion financière des groupes, tout comme l'insuffisance des revenus que tirent les femmes des activités de *matega*.

Dans l'accent qu'elle met sur les façons dont on se sert du langage commun de la coutume pour déformer les buts des groupes d'entraide, l'étude de Mitero puise d'importantes observations dans la monographie de Parkin (1972) sur l'évolution économique chez les Giriama du littoral du Kenya et l'étude de Glazier (1985) sur les usages de la tradition en matière d'acquisition de terres chez les Mbeere du centre du Kenya. Le travail s'inspire également de la masse croissante de documents spécialisés sur les rapports entre les sexes en Afrique orientale, ainsi que de certaines conceptions de la théorie du discours et de l'idéologie. Nous espérons que l'étude contribuera à la compréhension théorique du discours idéologique dans la société africaine contemporaine et qu'elle nous permettra, avec d'autres études utiles comme celle de Ladipo, de mieux appréhender les problèmes et les possibilités que présentent les activités d'auto-assistance des femmes.

Aspects clés négligés de la transformation sociale

Droits des femmes

Les droits des femmes sont un des aspects du développement qui ont été négligés dans les efforts de compréhension du rôle économique de la femme. Les études de cas présentées ici ont décrit les façons dont les femmes ont perdu leurs droits coutumiers, notamment en matière de propriété foncière. Il existe un certain nombre d'études importantes sur les conséquences pour la femme de l'évolution des régimes fonciers (comme en témoigne le résumé de l'étude d'Okeyo au chapitre 4). La documentation spécialisée FED n'examine pas aussi systématiquement qu'elle aurait pu le faire les systèmes juridiques précoloniaux.

On doit s'attacher d'une manière beaucoup plus spécifique à la question des femmes et de la loi (CWF/cf 1986 expose les voies que cette recherche pourrait emprunter). On relève souvent des iniquités flagrantes dans les lois nationales des pays africains. Ainsi, une tentative du législateur de criminaliser les gestes des batteurs de femmes a été tournée en ridicule il y a quelques années par le Parlement du Kenya. Indépendamment de ces injustices manifestes, on a eu tendance ces dernières années à diminuer *de facto* les droits des femmes (Guyer 1986:415). Bien que le débat sur les droits féminins en Afrique soit souvent lié aux inquiétudes que suscite l'implantation du mouvement occidental de libération des femmes, la prétention que la question des droits est tout simplement une autre forme d'impérialisme idéologique est spécieuse. Comme Howard (1984:46) le fait remarquer, on ne peut séparer l'octroi de droits aux femmes des efforts de développement des pays de l'Afrique subsaharienne, mais on ne peut non plus «réserver» les droits de la femme jusqu'à l'époque utopique où le gouvernement d'une société nouvellement développée jugera bon de les accorder.

Les droits intéressent plus la question de la technologie et du développement qu'il n'y paraît. La capacité des femmes prises individuellement et collectivement d'adopter et d'appuyer de nouvelles technologies pour le développement dépend de ces droits civiques. De nombreuses études indiquent que les femmes choisissent à dessein de ne pas investir énergie et argent dans l'application de nouvelles technologies à des ressources productives qui ne leur appartiennent plus de plein droit. Les assesseurs féminins des tribunaux coutumiers devraient veiller, par exemple, à ce que les droits coutumiers[2] ne continuent pas à s'effriter (Guyer 1986:415). Un aspect des droits féminins auquel se sont attachés un certain nombre de chercheurs de l'économie politique féministe est la question des droits d'usage (usufructuaires). Surtout dans les sociétés patrilinéaires dont les biens appartenaient collectivement aux hommes et étaient légués dans le patrilignage, les droits d'usage étaient la forme privilégiée d'intérêt dans les ressources productives. L'imposition des notions occidentales de primauté de la propriété a rendu ces droits indigènes invisibles ou illicites. Il est urgent d'entreprendre des recherches sur les éléments de réforme juridique susceptibles de protéger et de renforcer les droits des femmes sous le régime d'emprunt de la *common law* britannique ou du code napoléonien français. À l'heure actuelle, la juxtaposition des systèmes juridiques africains et occidentaux joue contre la femme. Le régime de la compensation matrimoniale demeure licite, par exemple, comme pierre angulaire encensée du mariage traditionnel. Il n'existe pas de loi moderne pour réprimer les violations de droit indigène dont de telles coutumes font souvent l'objet.

Une très utile conférence sur les droits de la femme qui a eu lieu en Zambie en 1985 a établi un certain nombre de ces liens (ZARD 1985). Ainsi, Chintu-Tembo (1985) a examiné les droits et l'état de santé des femmes et est parvenue à la conclusion que, bien que la femme ait les mêmes droits que l'homme en ce qui concerne les services de santé, un manque d'éducation sur ces droits a sérieusement nui aux soins de santé destinés à la population féminine. Cette auteure a également

---

2. J'emploie le terme «droit coutumier» avec des réserves, car il y a connotation d'une dichotomie rappelant la dichotomie structuré-parallèle dont nous avons parlé au chapitre 6. On semble dire qu'il y a loi (loi occidentale apportée par le colonialisme) et coutume (qui n'a pas force de loi). Le droit coutumier actuel est subordonné à la *common law* et ce serait encore une fois faire preuve d'ethnocentrisme que de poser que les Africains avaient des coutumes dans le passé, mais pas de lois. Le droit d'usage de la femme concernant le lait du troupeau de son mari ou les parcelles du lignage marital était aussi valable et défendable devant la loi que ne le sont aujourd'hui les titres de propriété d'un immeuble de bureaux, par exemple.

étudié des dilemmes de droits et de santé qui sont propres aux femmes. La loi n'insiste pas pour que les accouchements se fassent à l'hôpital, mais le droit de la femme de choisir entre l'hôpital et le foyer pour un accouchement est grandement diminué par l'absence de moyens pour l'accouchement au foyer et les politiques de l'hôpital d'enseignement de l'Université de Zambie qui visent à ce que tous les accouchements se fassent en établissement hospitalier ou sous surveillance médicale (Chintu-Tembo 1985:65). L'organisation d'activités de formation à l'intention des sages-femmes traditionnelles semble entrer en contradiction avec les politiques hospitalières.

Un secteur particulièrement délicat mais important des futures recherches sur les droits de la femme est celui de l'incidence des nouvelles versions draconiennes des prescriptions du «sharia» sur les sociétés musulmanes africaines dans le cadre du mouvement fondamentaliste moderne (voir El Naiem 1984). En dehors des questions de base des droits de la personne, on peut sérieusement s'interroger sur la capacité de femmes comme les Haoussa du projet de la rivière Kano d'apporter une contribution significative au développement de leur société. Là encore, il faut être conscient des aspects historiques de l'oppression féminine dans les régimes islamiques. Comme les femmes musulmanes présentes à Forum 1985 à Nairobi l'ont dit avec insistance, la conception d'une idéologie islamique immuable et foncièrement sexiste est ethnocentrique et peu scientifique. Elles ont exprimé leur mécontentement à l'égard des féministes occidentales qui condamnent leur religion au nom de droits de la personne définis à l'occidentale. La réforme féministe au sein de l'Islam dépend de l'interprétation de la tradition islamique et du recours aux éléments des textes qui appuient la femme.

Rôle des médias

Dans la documentation spécialisée FED ou les études de l'économie politique féministe, on s'est peu attaché aux liens entre les femmes et les moyens d'information. On doit examiner deux questions, d'abord celle de la diffusion de stéréotypes négatifs sur la femme et ensuite celle de l'utilisation des médias pour la communication d'informations sur les nouvelles techniques. Dans le passé, les organismes représentant la femme africaine, et notamment l'AFARD et le WIN, ont mis ce problème en lumière. Le premier a étudié la question des stéréotypes véhiculés. Il a organisé une réunion (avec les fonds de l'ACDI) de chercheurs et de représentantes professionnelles des médias à Dakar, au Sénégal, en 1984. Une réunion semblable de femmes journalistes d'Afrique orientale et australe a eu lieu à Nairobi, au Kenya, la même année. Les participants de la réunion de Dakar ont porté plus particulièrement leur regard sur les images triviales de la femme dans les médias. Leurs conclusions, qui sont corroborées par les résultats d'un projet de recherche de l'ATRCW sur les mass media en Afrique (ATRCW 1985b), indiquent que les images occidentales de la femme comme ménagère et être dépendant et à charge, renforcées par des appels à une tradition africaine reconstituée et fausse, sont monnaie courante. Il apparaît nettement que les tendances médiatiques nuisent à une perception exacte de la situation réelle de la femme africaine dans la société, et aux efforts visant à faire prendre les femmes au sérieux par les décideurs.

Le WIN a dégagé une inquiétante tendance dans les médias en ce qui concerne la façon dont est dépeinte la femme nigériane (WIN 1985a:108–125). En dehors de la perpétuation des stéréotypes erronés sur la femme, il y a une tendance misogyne à mal présenter l'activisme féminin et à taire les réalisations des femmes.

> Les médias nigérians ont tendance à attacher une importance disproportionnée aux nouvelles d'activités négatives... Il est rare que l'annonce de la nomination d'une ingénieure à la tête d'un organisme international ou de l'octroi d'un grade honorifique étranger à une chercheuse fasse la manchette. Les femmes de l'establishment défraient quelque peu la chronique (sans être citées à la une) quand elles se livrent à des activités «importantes» comme l'accueil d'invités ou les oeuvres de bienfaisance... Toutefois, dès que des activités féminines débordent le cadre des exceptions et commencent à occuper une certaine place, les médias se livrent à des campagnes de «banalisation». On peut citer à preuve le contraste entre les annonces de l'arrivée du premier contingent de femmes dans le gouvernement civil pendant la période 1979-1983 et les bruyantes plaisanteries échangées au sujet de la montée de la présence féminine dans les branches législative et exécutive après 1983.
>
> La condamnation et le ridicule guettent l'activisme féminin non issu des classes dirigeantes. Ainsi, les femmes sur le marché qui veulent garder leurs places traditionnelles dans le commerce sont taxées d'opiniâtreté tandis que, comme maillon de bout de la chaîne des intermédiaires, elles deviennent aisément des «saboteurs économiques». Quand elles tentent de faire connaître au gouvernement ce que veulent dire pour elles les diverses politiques adoptées, la couverture médiatique est moins grande que dans le cas des déclarations des femmes des classes supérieures qui les incitent à se conformer aux directives du gouvernement... Quand surgit une question qui intéresse les femmes, la vaste majorité des éditoriaux, des caricatures et des analyses d'actualité exercent des pressions de conformité sur les femmes. Ainsi, on voit dans la criminalité non seulement un fléau social, mais aussi l'effet direct de la négligence féminine du foyer, de l'époux et des enfants dans sa quête «inconsidérée» de richesses. On plaindra même l'homme criminel d'avoir succombé à l'influence de femmes avides demandant à leur homme ce qu'il n'a pas les moyens de leur procurer...
>
> En gros, on met en relief les pires côtés des femmes, comme en témoigne le feuilleton présenté par le *Sunday Sketch* à la fin de la Décennie des Nations Unies pour la femme. Le thème retenu était celui des pires exemples de vilenie féminine dans l'histoire. Les opinions médiatiques accentuent également l'inégalité sociétale des femmes, parlent du bout des lèvres des avantages accordés à la femme, exhortant celle-ci à les considérer avec gratitude comme des concessions et à ne pas y voir des droits... Peut-être l'indice le plus frappant de cette antipathie bien ancrée à l'égard des femmes est-il la levée de boucliers suscitée par la constatation du rôle de certaines femmes dans le trafic de la drogue. Éditoriaux, caricatures et analyses ont à ce point pourchassé les femmes qu'en janvier 1985 la cocaïne était devenue un produit féminin et la criminalité chez les femmes était imputée à la libération des femmes.
>
> (WIN 1985a:108–125)

La question des images médiatiques, dont se sont surtout souciées jusqu'ici les femmes africaines, représente un important domaine d'étude pour les foyers de recherche-action.

Le rôle des médias comme instrument de développement est une question moins épineuse. Les études démontrent que les médias ont été sous-utilisés à cette fin, surtout à cause d'une planification médiocre et de l'insuffisance des recherches sur le comportement des femmes à l'égard des médias. Ainsi, Subulola et Johnson

(1977:107) ont découvert, dans une enquête sur les opinions de 143 mères de Benin City au Nigéria en matière d'alimentation des nourrissons et de soin des enfants, que seules cinq mères voyaient la radio et la télévision comme une source d'information, et ce, malgré la présentation régulière d'émissions sur la nutrition et les soins destinés aux enfants. Odumosu (1982) est parvenu à des conclusions semblables. Ces deux études ont permis de constater que l'utilisation de l'anglais au lieu des langues locales était un obstacle dans ce cas. Odumosu (1982:108) s'est également rendu compte que les émissions féminines étaient diffusées au milieu de la journée à un moment où les femmes, qui sont de petits commerçants, vaquaient à leurs occupations en dehors du foyer.

Odumosu (1982) préconise le recours aux moyens d'information traditionnels, c'est-à-dire à la communication de l'information de bouche à oreille et aux services de «sonneurs de cloches» disposés à des endroits stratégiques. Dans une étude de 200 femmes enceintes, Odumosu a pu voir que plus de 90 % d'entre elles avaient reçu des injections contre le tétanos. Au total, 79 % avaient la radio, mais 4,5 % seulement avaient entendu parler du programme d'immunisation par ce moyen. Le reste avait eu vent du programme par le bouche à oreille. Les conclusions d'Odumosu nous indiquent le genre de recherche sur les médias qui pourrait se révéler beaucoup plus fructueux pour les programmes d'information sur les technologies. On notera aussi que l'intérêt pour les moyens de diffusion comme instrument paraît se limiter aux milieux de la recherche en santé et nutrition, situation à laquelle les spécialistes des sciences sociales et les planificateurs du développement devraient remédier. Le déplacement des heures d'antenne, l'utilisation des bonnes langues et l'étude des modes de recours aux moyens d'information traditionnels feraient sans doute partie des problèmes de développement moins difficiles à résoudre.

Aspects sociaux des soins de santé

Nous avons donné plusieurs exemples de l'importance du contexte social dans la section du chapitre 2 portant sur la technologie de la santé. L'examen des droits de la femme nous amène également à porter notre regard sur le cadre plus général de la prestation de services de santé. La question de la santé doit être liée aux autres questions de développement. On ne peut séparer, par exemple, ce secteur de celui de l'agriculture. Si les femmes sont mal pourvues économiquement et socialement, elles seront moins capables de se charger comme par le passé de la protection de la santé familiale. L'adoption de technologies appropriées pour l'accouchement est une question sociale particulièrement pressante. Plusieurs études de la bibliographie de la médecine sociale nous indiquent que l'activité des sages-femmes nigérianes, si elle s'accompagne d'une meilleure compréhension des questions d'hygiène et de pathologie exigeant une intervention médicale, est celle qui convient le mieux à des bas niveaux de services de santé assurés par l'État. Étant donné les conditions sociales d'appui qui règnent dans les villages, cette activité est celle qui fait l'usage le plus efficace des ressources sociales, et notamment des formes féminines d'organisation familiale et communautaire. Les auteurs en cause critiquent en particulier des pratiques d'obstétrique contestées en Occident, mais qu'on a jugé bon d'introduire en Afrique (comme la pratique de la posture de lithotomie où la femme accouche sur le dos). Une telle pratique déjà peu sûre dans un contexte d'apports de haute technologie (comme l'utilisation de moniteurs foetaux) devient encore plus douteuse quand on ne dispose pas de ce matériel perfectionné.

Mme Pamela Brink, une infirmière anthropologue qui a procédé à une étude détaillée des sages-femmes nigérianes à l'aide d'observations et de méthodes statistiques, signale que les femmes fréquenteront une clinique prénatale d'hôpital ou de centre de santé communautaire, mais hésiteront à y accoucher, préférant recourir à la sage-femme locale. Voici leurs raisons :

> L'hôpital ne leur permettra pas de s'accroupir pour l'accouchement et la sage-femme présente ne sera pas constamment à leurs côtés pendant le travail comme la sage-femme traditionnelle TBA (*Traditional Birth Attendant*) du village. Quand on leur a demandé pourquoi elles assistaient aux séances prénatales si elles n'avaient pas l'intention de recevoir les soins de l'infirmière sage-femme pendant le travail, elles ont répondu qu'elles fréquentaient la clinique pour obtenir les médicaments et les vitamines qu'elles jugeaient nécessaires à la santé de leur bébé.
>
> (Brink 1982:1887)

L'observation faite par Brink des techniques saines d'obstétrique traditionnelles et de l'existence d'un milieu de soutien permet de comprendre la préférence des femmes pour un accouchement à la maison.

Un autre aspect social des services de santé est l'importance de la participation des organismes féminins au développement de la santé. Au Nigéria, Feuerstein (1976) a comparé un programme de prévention du choléra dans une collectivité où on avait utilisé les méthodes occidentales classiques (par lesquelles on essaie d'influencer les gens individuellement) à un programme réalisé dans une autre collectivité et qui visait à obtenir l'approbation de la communauté pour l'application d'une politique de santé. Dans la première collectivité, 45 % des villageois seulement se sont présentés à l'immunisation, contre une proportion de 73 % dans l'autre village. Feuerstein (1976) a toutefois découvert que la profession médicale ne faisait guère de cas de la contribution que les collectivités pouvaient apporter aux services de santé. Elle a constaté que médecins et personnel infirmier avaient le sentiment que les services de santé publique n'avaient pas l'importance des services médicaux hospitaliers et que la formation de spécialistes devait primer celle de responsables en santé publique. Ces attitudes sont aussi difficiles à changer que les opinions traditionnelles en matière de santé à cause de leurs aspects culturels et psychologiques (Feuerstein 1976:52).

Une enquête menée par Were (1977) auprès de 400 villageoises du Kenya en vue d'établir leurs attitudes à l'égard de l'égalité des droits et des possibilités qui s'offraient à elles au sein de la collectivité a dégagé une nette majorité d'avis sur le caractère approprié des groupes constitués comme base de la gestion des soins de santé. Les intéressées sentaient qu'elles feraient de plus grands progrès dans la voie menant à une vie saine par l'action collective que par l'effort individuel (Were 1977:529).

Ces constatations, jointes aux résultats de l'emploi des instruments d'analyse des phénomènes sociaux et économiques mis au point au chapitre 4, indiquent des voies possibles pour les futurs travaux de recherche dans le contexte social du transfert de technologie en matière de santé.

Technologie et invention locales

Si on considère le succès avec lequel les Africains ont su peupler le continent et créer sur plusieurs milliers d'années une civilisation qui se distingue par sa richesse et sa diversité culturelles, on ne peut douter que les technologies locales aient été bien adaptées aux conditions africaines. On a cependant peu fait pour établir quels sont les aspects de ces techniques dont on devrait encourager activement la conservation. On connaît peu en vérité les inventions et les techniques qui ont été supplantées par des importations industrielles bon marché depuis un siècle. Les Haya d'Afrique orientale fabriquaient de l'acier dans de hauts fourneaux presque 2 000 ans avant que le procédé ne soit inventé en Allemagne. Le recul de la forge sous toutes ses formes par suite du commerce colonial de pièces forgées de Sheffield est un phénomène encore mieux connu. Mackenzie (1986) a décrit en détail les bonnes pratiques agricoles des femmes kikouyou (qui utilisaient les engrais, la culture en courbes, les brise-vent, etc.).

Nombre d'études de cas présentées dans ce document font voir le caractère approprié des technologies locales sur le plan matériel ou social ou sur ces deux plans. L'étude de cas de Charlton (1984) sur les pressoirs à huile de palme mis au rebut (voir p. 68–69) fait voir des avantages et matériels et sociaux. Le compte rendu de l'implantation de la nouvelle technologie des appareils de cuisson (voir p. 70–71) illustre la grande importance sociale de la technologie traditionnelle de cuisson. Le point de départ de la recherche sur cette question d'un grand intérêt est l'hypothèse suivant laquelle la technologie africaine est capable d'adaptation et n'est pas foncièrement arriérée. Les conditions auxquelles cette technologie s'est adaptée sur les plans social, économique et environnemental peuvent avoir changé et l'emploi de nouvelles technologies s'imposera peut-être. On ne peut toutefois supposer que, dans toutes les circonstances, une façon nouvelle de faire les choses est préférable aux voies du passé.

Ainsi, je doute que les chercheurs se soient interrogés sur les liens possibles entre les houes à manche court des femmes, que l'on a souvent tendance à rejeter parce qu'elles forcent celles-ci à se pencher des heures durant tous les jours, et la force du dos et du cou de ces mêmes femmes, qui est bien utile à qui a à porter de lourdes charges. Sur un continent où les animaux de trait ont été depuis toujours chassés par la mouche tsé-tsé et où la nature du relief ou les impératifs économiques ont rendu l'usage de ces animaux difficile ou impossible, la tête humaine a été le principal moyen de transport. Et pourtant, les maux de dos ne sont pas fréquents chez les femmes africaines respectant les façons traditionnelles de travailler (à moins qu'elles ne soient surmenées). Étant donné la pauvreté qui sévit en Afrique, il serait peu réaliste de penser que les charges de tête seront abandonnées dans un proche avenir. Si on change d'autres aspects du travail physique de la femme et si on substitue, par exemple, aux houes actuellement utilisées des houes à manche plus long qui évitent à la personne qui les manie de se courber, on pourrait empêcher le renforcement des dos que pourrait plus facilement blesser le transport des lourdes charges.

Si nous découvrons que nos propres hypothèses non vérifiées sur nos propres produits et nos propres corps ont causé des problèmes de transfert de technologie, il nous faut user d'imagination pour établir les parallèles nécessaires et nous affranchir de nos déformations (voir examen de Kirby [1987] au chapitre 6). Nous pourrions nous demander, par exemple, quels effets les attitudes occidentales à l'égard de la force musculaire chez les femmes pourraient avoir sur la conception de technologies appropriées. L'idée que le transport de charges de plus de 20 livres (9 kg) ne peut se faire sans l'aide d'un homme serait une révélation pour la femme kikouyou qui peut transporter des charges de 100 livres (45 kg) sur des grandes distances. Ce que nous dit cette réflexion sur les relations entre les tâches liées à la technologie et les questions de force musculaire est que nous ne pouvons prétendre connaître les liens entre divers types de pratiques technologiques à moins d'effectuer des recherches à ce sujet.

Dans le cas de l'invention, un exemple parfait est un phénomène que l'on peut observer dans toute ville ou village africain, celui d'un enfant parcourant une rue avec un merveilleux engin à roue plein d'éléments mobiles et de pièces compliquées. Affirmer que les Africains manquent d'ingéniosité ou que l'invention ne fait pas partie intégrante de la vie quotidienne, c'est ignorer au mieux la vie de l'Africain ordinaire et au pis faire preuve de racisme. Ce que nous devons examiner, ce sont les raisons sociales et idéologiques pour lesquelles l'ingéniosité africaine ne s'est pas manifestée par une culture de compétence mécanique caractérisant, par contraste, la civilisation asiatique.

Conscientisation des hommes

Dans l'examen présenté au chapitre 3, les déformations sexistes existant à tous les niveaux de l'élaboration de politiques constituaient une de nos principales constatations. Les féministes occidentales se sont efforcées tant et plus pendant des années, autant en milieu universitaire que dans les organismes d'aide, pour découvrir de bonnes façons d'amener leurs collègues masculins à lire leurs articles, à assister à leurs ateliers et à intégrer les analyses et les constats de fond de la recherche féministe à leurs propres travaux. On n'a pas encore la solution, bien que des progrès aient été faits sur plusieurs fronts. Le problème de la conscientisation de l'homme africain s'insère dans un contexte mondial d'indifférence générale aux efforts des féministes, tant masculins que féminins, en vue d'intégrer la question des femmes et du rapport entre les sexes à notre somme de connaissances sur la société humaine. En Afrique, la question est délicate d'un point de vue politique. Il est paradoxal que, sur un continent où les femmes ont un jour joui d'un plus grand pouvoir et d'une plus grande autonomie que la population féminine de la plupart des autres régions du globe, les efforts de transformation de la mentalité masculine soient perçus comme profondément menaçants. Du niveau de la théorie politique à celui de l'application des plans de transfert technologique, on se doit d'entreprendre des recherches sur l'idéologie sexiste et la façon de lutter contre elle.

Problème des frontières

Nous avons beaucoup parlé aux chapitres 1 et 2 du problème des frontières et l'avons illustré dans plusieurs des études de cas présentées. Plutôt que de répéter ce que nous avons dit, nous énoncerons au chapitre 7 des orientations concrètes de recherche susceptibles de résoudre le problème. Une suggestion qu'il nous apparaît important de faire en dépit de son caractère évident est que les organismes devraient dégager dans les études qu'ils commandent des mesures de rapprochement et s'employer à les mettre en oeuvre en leur sein.

Qui fait la recherche ?

Nous avons évoqué au chapitre 2 l'incidence qu'avait pour la femme africaine la question des chercheurs de l'extérieur. Au chapitre 6, nous examinerons le problème de la subordination des connaissances locales. Le but de l'Afrique devrait être de prendre en charge l'acquisition de connaissances sur le continent africain. Il faut cependant reconnaître, comme le font certains chercheurs féministes africains, qu'une attitude simpliste cherchant à privilégier la recherche africaine au détriment des travaux effectués sur d'autres continents se manifestera inévitablement par des déformations et la perpétuation des erreurs conceptuelles que l'africanisation entend corriger. Mbilinyi (1985b), en particulier, a perçu avec sagacité les problèmes d'une position «femmes africaines seulement».

Comme nous l'avons signalé plus haut, une inégalité d'accès aux ressources de recherche et aux canaux de diffusion assurera une domination des efforts de recherche par les femmes de l'élite et rendra encore une fois muette la voix de la femme africaine ordinaire. L'économie politique féministe a montré à quel point les femmes de l'élite ont été récupérées idéologiquement, économiquement et politiquement par les intérêts de leur classe entachés d'occidentalisme. Seuls les organismes de recherche qui ont analysé les structures de classes et tâché de les prendre en compte dans leur plan de travaux pourront réussir à vaincre les limites des cadres conceptuels existants et élaborer des programmes de recherche et de développement fondés sur une connaissance précise des systèmes fondés sur le rapport entre les sexes et des collectivités locales. De tels organismes (WIN, WAG, WRDP, etc.) semblent user en recherche des meilleurs principes de collaboration traditionnelle (authentique) des femmes, ceux du *ngwatio*.

L'examen de la documentation spécialisée sur les femmes, la technologie et le développement en Afrique fait voir que le grand clivage des démarches conceptuelles ne met pas les Africains d'un côté et les non-Africains de l'autre. Les esprits ne connaissent pas nécessairement l'illumination magique parce qu'ils sont africains et le fait d'être blanc ne condamne pas nécessairement un chercheur à l'erreur. La distinction entre recherche utile et recherche «inappropriée» tient au cadre conceptuel utilisé et les chercheurs africains ont contribué à l'édification de tous les cadres que nous avons examinés jusqu'ici. Si on pense que l'ethnie d'un Africain sera le facteur déterminant de la valeur de ses idées, on simplifie par trop la complexité des questions intellectuelles qui se posent. Certains considéreront sans doute que c'est faire preuve d'ethnocentrisme et de condescendance (à la manière de ce compliment «à rebours» que l'on fait quand on dit que les Noirs ont le sens du rythme). Les responsables de projets qui réclament d'emblée le rappel des chercheurs africains sans examiner leurs antécédents ni la qualité de leur travail envoient en fait un message disant que la question n'est pas suffisamment importante pour qu'ils songent à appliquer nos propres normes rigoureuses d'analyse et de critique.

Toutefois, si on tient compte de notre avantage relatif et du déséquilibre des relations de pouvoir entre l'Occident et l'Afrique, toute critique de la recherche-action africaine présente un caractère extrêmement délicat. D'une part, nous devons scrupuleusement veiller à ce que les critères de jugement soient exempts de la déformation ethnocentrique qu'accuse une si grande partie de la documentation spécialisée et du corps de politiques sur l'Afrique (c'est-à-dire éviter de nous faire reprocher encore une fois notre colonialisme intellectuel) et, d'autre part, nous devons nous assurer que les normes que nous appliquons sont aussi strictes que celles qui valent pour les travaux de recherche portant sur notre propre société.

De plus, le fait qu'une partie appréciable des ressources de recherche-action se trouvent en Occident, aussi bien dans les organismes que dans les milieux de recherche, vient garantir que les études sur l'Afrique se poursuivront inévitablement ici. Notre responsabilité morale à cet égard est double : nous devons d'abord voir à ce que nos efforts servent véritablement les intérêts africains et découlent de connaissances plus solides que celles que nous avons présentées jusqu'ici et nous devons ensuite découvrir et soutenir sur le continent africain des efforts de recherche qui s'attaquent aux déformations et aux hypothèses des activités de développement et se livrent à des études d'économie politique féministe utiles et axées sur le développement. Cette double responsabilité exige une participation respectueuse aux tentatives africaines actuelles en vue de mettre à jour et de promouvoir les connaissances locales. C'est de cette importante tâche que parlera le chapitre 6, qui traitera des problèmes conceptuels propres à la recherche féministe et non féministe en Afrique.

6 Problèmes conceptuels de l'étude de la question des femmes et du développement

Introduction

Les auteurs FED qui ont traité de l'Afrique ont examiné les conséquences négatives des tendances contemporaines de l'économie politique nationale et internationale et des activités de développement en particulier et y sont allés de recommandations en vue de l'atténuation de ces effets. Comme nous l'avons évoqué plus haut, la documentation spécialisée se rattache, avec des liens qui ne sont pas toujours fermes, à un ensemble plus petit d'écrits plus théoriques, en grande partie d'anthropologues et d'historiens, qui ont tenté d'expliquer la culture et l'économie politique de la question du rôle des sexes en Afrique (pour une description de ces études, voir Robertson 1987 ; Strobel 1982). Toutefois, la «visibilité» croissante du discours FED et la contestation qui s'affirme des hypothèses classiques des sciences sociales n'ont pas fait naître une démarche cohérente qui sache écarter les erreurs théoriques du passé et poser les bonnes questions empiriques. Il y a à cela deux raisons :

- les relations entre les études FED et les études féministes ;
- les relations entre la bibliographie FED et l'ensemble des documents portant sur le Tiers-Monde.

En ce qui concerne le premier aspect, à quelques exceptions près, les problèmes conceptuels propres aux études féministes se sont retrouvés dans la documentation spécialisée africaine. Loin de s'affranchir des problèmes du conservatisme, comme ils espéraient le faire, nombre de chercheurs féministes se servent des hypothèses mêmes à la base des arguments qu'ils contestent. Ainsi, beaucoup d'entre eux acceptent l'idée de la subordination universelle des femmes.

> Certaines analyses féministes... en viennent à des conclusions darwinistes en matière sociale malgré elles-mêmes... Féministes et marxistes paraissent hantés par une crainte irrationnelle et se demandent si les darwinistes sociaux n'auraient pas après tout raison quand ils affirment que les femmes n'ont jamais été égales à l'homme sur le plan social. Je pense que cette appréhension a retardé l'examen de la question de la situation féminine. Au lieu d'affronter directement le problème, beaucoup ont souvent trouvé plus facile d'user d'esquives ou de prétextes, concédant que les femmes sont dans un état de subordination, mais faisant valoir que la culture, et non pas la biologie, a créé cet état et que les conditions d'une égalité n'existent pas encore.
>
> (Sacks 1982:5)

Sacks (1982:60) démontre le bien-fondé de son point de vue par une critique de l'article d'Ortner (1974) qui continue à influencer la réflexion sur la question. Elle soutient que, dans des études comme celles de cet auteur,

> l'essence de la culture... dans ses liens avec les femmes, consiste à choisir les thèmes et les attributs qui aggravent la subordination féminine et à les projeter dans la totalité du phénomène de la féminité et de la masculinité. C'est ainsi que la notion de culture devient la science des stéréotypes. La culture devient l'ennemi de la femme et cette logique nous ramène à l'opinion exprimée par Bachofen au XIXe siècle que les femmes ont leurs racines dans la nature et que la hiérarchie ou la culture est une création masculine qui reflète la réalité. Il n'y a rien vraiment qui milite en faveur de cette logique.

Rosaldo (1983:76–77), dans une critique de ses propres travaux antérieurs et d'autres études, présente le même argument, faisant de la dualité nature–culture la «dichotomie déformée» centrale que l'on doit redresser.

> Peu de spécialistes des sciences sociales d'aujourd'hui oseraient nier le fait que les féministes ont su transformer nos horizons intellectuels. Au minimum, nous avons «découvert» la femme. Fait plus important, nous avons affirmé que certaines catégories et énoncés qui à une certaine époque nous paraissaient logiques doivent être remaniés si nous voulons saisir la forme et le fond de la vie aussi bien de l'homme que de la femme... mais les chercheurs féministes des dix dernières années ont fourni des éléments de contestation de certaines déformations des descriptions traditionnelles sans apporter les cadres conceptuels nécessaires à leur infirmation. Tout en reconnaissant des ennemis et des aveugles parmi les maîtres et les pairs, nous n'avons pu nous voir *nous-mêmes* comme les héritiers de leurs traditions d'interprétation politique et sociale. En même temps, nous avons adopté certains des dualismes de sexes des études antérieures et n'avons pas trouvé le moyen de les redéfinir. Nous avons trouvé une source de questions dans les erreurs les plus flagrantes du passé, mais nous sommes cependant demeurés prisonniers d'un ensemble de catégories et de préjugés profondément enracinés dans la sociologie traditionnelle.

Relations documentation FED/documentation sur le Tiers-Monde

Le problème des préjugés non vérifiés de la documentation féministe est lié à la seconde relation difficile des auteurs FED avec le domaine plus général des études sur le Tiers-Monde dont ils s'inspirent. Dans cette tradition «savante», les chercheurs n'ont pas réussi non plus à s'affranchir des pratiques discursives occidentales malgré tous leurs efforts assez radicaux. Un exemple en est l'échec de la tentative du marxisme de se dégager des notions économiques occidentales dans son activité intense de théorisation des rapports de classes et des modes de production précapitalistes hors Occident. Ainsi, les débats du ROAPE que nous avons évoqués au chapitre 1 sont le reflet de soucis concernant les catégories occidentales d'intelligibilité des phénomènes (voir Kaplinsky et al. 1980, p. ex.). De plus, dans leur orientation productiviste, les marxistes acceptent le statut privilégié conféré au domaine économique par l'école de pensée de la «modernisation» ou du «développementalisme». Et les développementalistes et les marxistes orthodoxes considèrent comme irrationnelles les motivations non économiques. Dans le premier cas, on parle de tradition rétrograde et, dans le second, de «chimère de superstructure» ou au mieux de représentation idéologique et embrouillée des rapports de production.

Baudrillard (1975) se demande si l'économie capitaliste peut nous éclairer sur les sociétés d'hier du type non occidental. Il répond très nettement à sa question par la négative : «Avec comme point de départ la catégorie déterminante de l'économique et de la production, on éclaire les autres types d'organisation en fonction de ce modèle et non pas dans leur spécificité ni même... *leur irréductibilité à la production*. Le magique, le religieux, le symbolique sont relégués en marge de l'économie» (Baudrillard 1975:86–87). Selon ce même auteur (1975:88–89), le dilemme est que «la culture occidentale a été la première à faire porter une réflexion critique sur sa propre nature (à compter du XVIIIe siècle). Mais cette crise a eu pour effet de la faire réfléchir sur elle-même également en tant que culture *dans l'universel* et ainsi toutes les autres cultures sont entrées dans son musée comme vestiges de sa propre image».

Les études que j'ai fait relever de l'économie politique féministe sont celles qui s'approchent le plus d'un examen des dilemmes épistémologiques dont nous parlons. Toutefois, il n'y a pas encore eu de critique cohérente et soutenue des problèmes théoriques propres aux études FED et à l'ensemble de la documentation spécialisée sur le Tiers-Monde. J'ai constitué six catégories liées entre elles pour organiser l'examen de ces questions. Chacune de ces catégories appelle une étude et des mesures correctives si nous voulons que nos futurs efforts de développement aident les femmes et les collectivités africaines au lieu de leur nuire.

Dichotomie domaine public/domaine privé

Un élément de la plupart des cadres conceptuels servant à l'examen de la question des femmes et du développement est la délimitation des sphères sociales «publique» et «privée», c'est-à-dire des domaines masculin et féminin. Cette division est à la base de l'orientation «bien-être» et de l'accent mis sur la «création de revenus», qui laissent dans l'ombre le rôle productif de la femme, comme nous l'avons signalé au chapitre 4. Elle est aussi un important rouage de l'idéologie et des politiques sexistes. Toutefois, peu d'études dites libérales, et cela vaut pour la majeure partie des études FED, remettent cette dichotomie en question. Dans ses travaux antérieurs, Rosaldo (1974:35) illustre la théorisation fondée sur la notion domaine public/domaine privé :

> Les aspects caractéristiques des rôles masculins et féminins dans les systèmes sociaux, culturels et économiques peuvent tous être rattachés à une opposition structurale universelle entre les domaines d'activité domestique et public. À bien des égards, cette constatation est par trop simple... Et pourtant, les complexités de cas particuliers n'infirment pas notre généralisation indiquant le caractère non pas absolu mais relatif des orientations masculines et féminines. De plus, en nous servant du modèle structural comme cadre, nous pouvons en dégager les conséquences sur le pouvoir, la valeur et la situation de la femme dans divers aménagements transculturels des rôles domestique et public.

Bien que Rosaldo soit ainsi devenue le meilleur critique de sa propre analyse, comme ses réflexions exposées à la page 131 le font voir, l'écrit faisant autorité où figure cette analyse continue à façonner le gros de la pensée libérale sur la question (Rosaldo et Lamphere 1974). Beaucoup diront que la solution du problème de la situation désavantageuse des femmes par rapport aux programmes de développement est soit un rôle plus dynamique dans la sphère «publique», soit une plus grande reconnaissance des apports possibles de la sphère «privée». Il nous faudra continuer à affirmer avec toute la vigueur possible que la dichotomie domaine public/domaine privé est une conceptualisation erronée de la vie africaine d'aujourd'hui et, encore plus, de la vie africaine d'hier.

Certains théoriciens féministes occidentaux se sont attachés à cette dichotomie (pour un aperçu du débat, voir Jaggar 1983). Ainsi, Spender (1980:191-197) lie la sphère publique au mot écrit à l'égard duquel l'homme joue un rôle déterminant. Elle soutient que le monde privé et le langage féminin sont subordonnés au monde masculin dominant. L'analyse de Spender (1980) nous livre des réflexions intéressantes sur la femme occidentale. Toutefois, son étude présente à la fois les lacunes de la démarche athéorique du féminisme radical et l'ethnocentrisme caractérisant une grande partie des études féministes. (Spender a tendance à universaliser l'expérience occidentale sans admettre qu'elle le fait.)

Armstrong (1978) soutient que le renforcement de la distinction domaine public/domaine privé est attribuable à la croissance de l'État et à la diminution de la capacité des femmes de contrôler et de distribuer les ressources, traits caractéristiques de la société occidentale et des nations africaines d'aujourd'hui. La théorie occidentale n'examine toutefois pas la possibilité d'un monde où cette distinction et les notions de domaines public et privé n'existeraient pas. Cette théorie ne peut, par conséquent, rendre compte du passé africain où les femmes exerçaient un contrôle sur les ressources et les distribuaient et où les structures de l'État, s'il y en avait, n'avaient pas tendance à «privatiser» la femme. Même dans les circonstances défavorables actuelles, les femmes gardent une certaine emprise sur la distribution des ressources, qui a disparu depuis des siècles dans la société occidentale.

À quelques remarquables exceptions près (March et Taqqu 1986, p. ex.), les auteurs féministes qui ont traité du Tiers-Monde n'ont pas systématiquement étudié la dichotomie domaine public/domaine privé. Nombreuses sont cependant les études sur les rapports entre les sexes en Afrique (et cela vaut pour quelques études FED) qui remettent implicitement cette dichotomie en question. Les meilleures d'entre elles décrivent la ligne de démarcation ténue entre ce que l'on soustrait au regard de tous (le «privé») et ce qui s'offre à la vue de tous les membres de la collectivité. Le monde féminin est en vérité séparé de celui des hommes sous l'effet d'une division du travail selon le sexe et d'un discours idéologique présentant une spécificité suivant les sexes. Il est néanmoins loin d'être privé, dans le sens que les Occidentaux prêtent à cet adjectif (le monde privé du foyer reposant en Occident sur la loi, les caractéristiques de l'habitation et les pratiques politiques). La communauté féminine participe au même titre que la communauté masculine au fonctionnement des mécanismes de prise de décision dans le village.

Même les sociétés musulmanes, où on a l'habitude d'isoler les femmes et qui semblent mieux correspondre aux notions occidentales de domaines public et privé, vont à l'encontre de notre intelligence de ces concepts. Callaway (1984:430) se sert de la notion de groupe muet d'Ardener (1975:vii–xxiii) pour examiner les façons dont les femmes de certaines sociétés, en apparence silencieuses dans la défense de leurs propres intérêts, peuvent mener une vie communautaire active (voir aussi Dwyer 1978)[1]. En fait, la notion même de groupe muet implique que les germes de l'indépendance totale existent déjà dans l'expérience féminine de la suppression totale (Callaway 1984:430). Dans des conditions qui peuvent sembler insupportables à un Occidental, le système de valeurs d'un monde féminin distinct où les femmes sont des agents sociaux entièrement autonomes et dynamiques «stimule et sanctionne une volonté d'affirmation qui pourrait un jour devenir le fondement d'une efficacité politique» (Callaway 1984:430-431). C'est précisément sur ces bases idéologiques et structurelles qu'il a été possible aux femmes musulmanes haoussa du projet de la rivière Kano au Nigéria de mener avec succès une grève de revendications salariales en 1977. Ce succès est un bon exemple d'efficacité politique (voir l'aperçu de Jackson [1985] au chapitre 3).

Pour la grande majorité des femmes africaines que les préceptes religieux ne condamnent pas à l'isolement, la distinction entre domaine public et domaine privé est encore moins valable. Wipper (1982), Van Allen (1976), Mackenzie (1986) et Mbilinyi (1986) comptent parmi les chercheurs qui ont décrit les mouvements de résistance féminins à l'époque coloniale. Ils ont fait voir la capacité des femmes de se mobiliser pour une action politique. L'importance de cette action dans l'histoire coloniale est cependant, en dehors d'études comme celles-là, demeurée dans l'ombre (Mbilinyi 1986).

Bien que les femmes soient largement absentes des institutions politiques nationales et structurées contemporaines, leur efficacité politique continue à se manifester au niveau communautaire et c'est à ce niveau même que nous devons scruter la nature du domaine «public» africain. Comme l'indiquent toutes les études détaillées sur les organismes féminins et comme l'a confirmé une étude théorique sur les associations de femmes (March et Taqqu 1986), les organismes communaux féminins figurent parmi les organes locaux les plus agissants et les plus efficaces. Comme les institutions juridiques et politiques structurées imposées à l'Afrique par le colonialisme sont faibles, les mécanismes «parallèles» ont une légitimité au niveau local qui sanctionne leur pouvoir de prise de décision dans la collectivité. March et Taqqu (1986) analysent les raisons de la genèse d'une «autorité rationnelle-juridique» (pour reprendre le terme de Max Weber) qui a mené à la formation de structures politiques à grande échelle que l'on appelle l'État. La conquête coloniale a implanté artificiellement de telles structures dans les petites sociétés africaines précapitalistes.

> Comme le pouvoir juridico-politique a supplanté les autres formes d'autorité dans notre propre histoire, il en est venu à les supplanter également dans notre pensée. La forme d'autorité juridico-politique bien spécifique d'un point de

---

1. Dans une critique de la notion d'Ardener de groupe muet, on peut se demander pour qui la population féminine est ainsi silencieuse. Les femmes ne sont muettes ni dans leurs rapports avec les autres femmes ni dans leurs rapports avec les hommes de la collectivité locale (Dwyer 1978 ; Étienne 1982). Une grande partie des études féministes qui considèrent les femmes comme dominées idéologiquement ne voient pas la tautologie de leur argumentation : la voix des femmes est absente du monde du discours masculin, les femmes sont, par conséquent, silencieuses et les hommes sont donc idéologiquement dominants. Un grand nombre des études d'Ortner et de Whitehead (1981), par exemple, n'échappent pas à cette tautologie. En s'attachant à l'absence de la femme du discours masculin et en oubliant d'examiner l'idéologie féminine et la façon dont les femmes pensent qu'elles se situent par rapport à l'idéologie masculine, les chercheurs féministes perpétuent la notion de sujétion universelle des femmes. Le problème ne réside pas tant dans le silence des femmes que dans la situation privilégiée de la communauté masculine acquise grâce aux processus socio-économiques contemporains.

> vue historique qui a vu le jour en Occident semble avoir fini par devenir synonyme d'autorité «légitime». Dans cette optique, les associations structurées nous paraissent légitimes parce qu'elles reçoivent leur autorité d'actes constitutifs rationnels à caractère juridico-politique. Le fait que les associations non structurées ne puissent présenter de tels actes constitutifs ne les rend ni illégitimes ni étrangères aux processus politiques. C'est l'acceptation et la sanction du public, et non pas les documents juridiques de constitution, qui représentent les bases de l'autorité.
>
> (March et Taqqu 1986:2)

Ces mêmes auteurs (1986) attribuent la confusion au sujet de la légitimité au «défaut de distinguer les différentes acceptions du terme "public".» Le résumé de Van Allen (1976:64) dont ils se servent pour clarifier ces acceptions mérite d'être reproduit :

> Une acception du terme «public» le rattache aux questions intéressant l'ensemble de la collectivité. Les fins servies par les «fonctions politiques» correspondent au bien général. Bien que les solutions de problèmes ou de différends puissent varier selon les personnes ou les groupes, on peut néanmoins considérer le «politique» comme embrassant tous les intérêts et les problèmes humains qui sont communs à l'ensemble ou au moins à une grande partie des membres de la collectivité. Les problèmes «politiques» sont des problèmes partagés que l'on règle par l'action collective. La solution est collective, et non pas individuelle. C'est ainsi que ces problèmes se distinguent des questions «purement personnelles».
>
> La seconde acception de «public» l'oppose au terme «secret» et fait de ce qu'il qualifie quelque chose qui s'offre au regard de tout le monde, quelque chose d'accessible à tous les membres de la collectivité. La solution des questions d'intérêt général d'une façon «publique» exige le partage de «connaissances politiques», de cette connaissance nécessaire à une participation au débat et à la prise de décision politique. Les régimes où les politiques publiques s'élaborent publiquement et où les connaissances utiles sont partagées tranchent vivement sur les systèmes où une poignée de privilégiés détiennent la connaissance utile — sous le couvert des mystères sacerdotaux ou des compétences bureaucratiques — et exercent, par conséquent, un contrôle sur les décisions de politiques.

Le terme «public» présente donc deux acceptions et vise «la nature de la collectivité en cause et celle de l'espace ou du style qui détermine le fonctionnement de cette même collectivité» (March et Taqqu 1986:3). En Occident, ces distinctions ont été oubliées et une seule acception a été retenue, celle d'un public «total» soi-disant uniforme au nom de qui les politiques s'élaborent. «Cette prétendue uniformité est à l'origine de la notion d'intérêt public ou de bien général qui est essentielle à l'activité politique structurée» (March et Taqqu 1986:3). On ne considère une chose comme légitime politiquement que si elle sert cet hypothétique «intérêt public». Comme ce terme fait partie intégrante d'un discours politique qui est devenu prédominant dans le Tiers-Monde, on ne reconnaît plus la légitimité des systèmes ou régimes d'autorité qui ne répondent pas à la définition.

C'est pourquoi les organismes féminins sont qualifiés de «non structurés» ou «parallèles» et demeurent en dehors des structures politiques «légitimes». Un autre facteur de non-légitimité de ces associations est qu'elles appartiennent à une sphère rendue moins visible par les structures et les discours contemporains dominés par les hommes, c'est-à-dire au monde des «affaires de femmes». Leur activité n'en devient pas pour autant «privée». Cette obscurité relative ne correspond pas à un degré peu élevé d'acceptation publique et de pouvoir politique. En réalité, comme le cas du groupe de femmes yorouba *Ifelodan* présenté au chapitre 5 l'indique, ce serait le contraire (voir aussi l'étude «classique» de Van Allen [1972] sur la coutume des femmes ibo qui «s'assoient sur un homme», ainsi que les importantes études théoriques consacrées par O'Barr [1982, 1984] à la question du pouvoir politique féminin). Pour comprendre la nature de la «vie publique» en Afrique et le rôle que jouent les femmes, on doit se défaire de la conceptualisation occidentale d'une opposition des domaines public et privé.

Les études FED font valoir que, dans le processus de développement, on a privilégié le domaine public au détriment du domaine privé. Je dirais plutôt que la communauté masculine a été préférée à la communauté féminine. Les étrangers, depuis les missionnaires jusqu'aux élites gouvernementales contemporaines en passant par les fonctionnaires coloniaux, ont vu dans les réseaux masculins le seul «public» légitime avec lequel ils devraient traiter, le «public» indifférencié et uniforme qui incarne l'«intérêt public». C'est ainsi que les liens complexes entre les communautés masculine et féminine, qui ensemble font d'un village un tout «public» fonctionnel, ont été rompus ou déformés. Cela a eu pour effet de reléguer la population féminine dans la sphère «privée» ou parallèle conformément aux préceptes de l'idéologie occidentale. Au dire même de March et Taqqu (1986:5), la conception que «la vie non structurée est personnelle et de ce fait apolitique, surtout chez les pauvres et les dominés, est venue en quelque sorte occulter la légitimité des associations qui n'ont pas vu le jour à l'aide d'actes constitutifs rationnels, bureaucratiques et juridiques». La négation du concept africain de «public», qui figure à l'état implicite dans presque tous les efforts de développement, a profondément desservi la vie politique des collectivités africaines.

«Famille» et «sphère domestique»

Nous avons examiné au chapitre 3 les problèmes de conceptualisation de la «famille» en Afrique. L'examen de la dichotomie domaine public/domaine privé auquel nous venons de nous livrer a une incidence immédiate sur cette question. La notion de «ménage» est nécessaire (voir Bryceson 1985:11). Beaucoup trop d'auteurs ont tendance à supposer que le «ménage» est une unité indifférenciée sans divisions ni contradictions internes. Les démarches libérale et développementaliste posent que le ménage peut être tenu pour une unité d'analyse statistique qui agit rationnellement comme entité solidaire sur le marché. Ainsi, les politiques de développement ont souvent visé les ménages sans s'attacher aux différences d'incidence sur leurs divers membres (voir Guyer et Peters 1987).

Les systèmes africains de rapports entre les sexes posent des problèmes particuliers aux chercheurs qui examinent les ménages. Ainsi, on a tendance à ne pas tenir compte des complexités créées par la polygynie. Bien que la majorité des mariages africains soient maintenant monogames, les discours, pratiques et modes d'organisation de l'espace demeurent souvent structurés en fonction des caractéristiques du mariage polygyne. Péchant par manque de subtilité dans leur perception de la famille et du ménage, les auteurs réduisent les problèmes féminins au sein de la famille à une question de «domination masculine», notion vague et ahistorique. Bryceson (1985:8) soutient que, dans la majeure partie de la documentation spécialisée sur les femmes et la technologie, «on considère la domination masculine dans son expression culturelle et institutionnelle comme un fait historique établi. Les analyses se contentent le plus souvent de constater l'importance et l'incidence de l'avantage des hommes sur les femmes en matière d'acquisition et de contrôle de la technologie et elles se livrent rarement à un examen approfondi de la nature de cet avantage». C'est pourquoi les analyses de la famille et du ménage sont «principalement descriptives».

Pour une compréhension plus rigoureuse et fondée sur l'histoire des relations entre les sexes, il faut donc une conceptualisation plus nette du ménage et plus particulièrement de la «politique de l'espace» en Afrique. Il importe d'abord de reconnaître que les ménages africains ont des frontières sociales indéfinies. «Les ménages varient non seulement sur le plan structural, mais aussi sur le plan fonctionnel et leurs membres recourent souvent à une participation à l'activité d'autres groupes pour quelques-unes de leurs fonctions de production et de consommation» (Bryceson 1985:11). Il est particulièrement important de voir que le travail féminin n'est pas «domestique» au sens que l'Occident prête à ce terme. On ne peut parler d'activité «domestique» pour le travail agricole féminin et cette constatation vaut également pour les activités de transformation (consommation). Ces tâches sont une fonction d'«habilitation» pour la production agricole, les femmes consacrant une grande partie de leur temps à des besognes qui contribuent directement ou indirectement à l'activité productive. On n'a qu'à songer à l'approvisionnement en eau, que l'on a le plus souvent assimilé à une fonction de «bien-être social», alors que le phénomène relève de la politique agricole (Fortmann 1981:208).

Les limites spatiales des familles sont également indéfinies. Les membres d'un ménage habitent souvent différents logements dans un village ou même différentes localités. Il est courant en Afrique que certains membres d'un ménage habitent en région urbaine et les autres en région rurale avec une circulation constante des gens entre les lieux de résidence. Une grande partie des ressources économiques de l'Afrique font la navette entre la ville et la campagne (et parfois entre pays) par le canal de ces réseaux familiaux.

Un autre aspect erroné du concept usuel de «famille» est l'hypothèse implicite que la filière successorale et généalogique est centrée sur le mari et le père. Pour de vastes régions de l'Afrique subsaharienne se caractérisant par un régime matrilinéaire, cette supposition a eu de fâcheuses conséquences. Rogers (1980:129–138) s'est livrée à une analyse révélatrice de la suppression active de la matrilinéarité par la Banque mondiale et d'autres organismes. Se servant de l'exemple du programme d'aménagement foncier réalisé par la Banque mondiale à Lilongwe au Malawi, cette auteure (1980) montre comment les responsables du projet ramènent, dans leur perception de la situation, les complexités des régimes fonciers, de la production et de la distribution coopératives et des héritages à un ensemble d'obstacles «socialistes» au progrès. Dans les documents d'évaluation, on assimile quelque peu émotivement la matrilinéarité au matriarcat (Rogers 1980:132). C'est, bien entendu, mal comprendre le phénomène, l'organisation matrilinéaire étant, aux yeux de la plupart des anthropologues, un système d'héritage et d'obligations s'articulant autour de la relation oncle maternel–neveu (nièce), et non pas autour du rapport père–enfant comme dans la société patrilinéaire. L'homme continue à dominer dans une société matrilinéaire, mais les études nous indiquent que l'autorité féminine y est plus grande et que la femme exerce un meilleur contrôle sur les biens communaux que dans les sociétés patrilinéaires[2].

Pour bien faire voir les erreurs conceptuelles dont est entaché le projet de la Banque mondiale, Rogers (1980:131) commente un document portant sur les attitudes actuelles à l'égard du système d'héritage :

> [Les évaluateurs] mentionnent les réponses dans le cadre de l'enquête des gens qu'ils définissent comme des producteurs agricoles (des hommes pour la plupart) : «la survivance de la matrilinéarité en Afrique est un sujet de discussion entre sociologues et de très abondantes indications font voir un désir accru chez les producteurs que leurs biens soient transmis à leurs enfants...» La difficulté avec ce genre d'énoncé est que les réponses ont sans doute subi l'influence de ce que les enquêteurs (eux-mêmes à orientation occidentale et rémunérés par les responsables du projet) avaient à l'esprit. De plus, on peut se demander ce que l'on entendait au juste par «leurs propres enfants». Si, par exemple, un homme comptait ses neveux et nièces parmi ses propres enfants et les voyait comme des héritiers éventuels, il aurait probablement répondu à cette question par l'affirmative.

On pourrait aussi se demander comment et pourquoi a vu le jour une idéologie de la famille qui s'éloignait des réalités africaines. Mbilinyi (1985a,b) voit l'origine de cette idéologie dans l'économie politique du colonialisme et du néocolonialisme (voir aussi Bryceson 1980).

> L'idéologie de la famille nucléaire où l'homme domine et la femme dépend de son conjoint a servi à des efforts de légitimation de l'expulsion périodique des femmes du marché du travail rémunéré (salariat) ou de la ville en période de crise. L'idéologie de la campagne, où les villageois, croit-on, peuvent survivre aussi longtemps qu'ils acceptent de suer pour leur pitance... aide à rationaliser ce retour forcé vers ce que l'on appelle le «foyer» tribal. Ces deux images sont nées dans un contexte d'infériorité persistante des salaires versés aux femmes par rapport à la rémunération masculine dans toutes les professions et à tous les degrés de l'échelle de l'instruction... Toutes deux contredisent la montée des taux d'urbanisation et du nombre de ménages dirigés par des femmes tant au village qu'à la ville.
>
> (Mbilinyi 1985b:81)

Les analyses de cette espèce détachent le concept de «famille» de l'idée reçue d'un état «naturel» et le replacent fermement dans le contexte historique africain (voir nos propos sur le «traditionnel» aux pages 142–145).

Les tâches de reconceptualisation de la famille sont particulièrement urgentes si on considère l'importante tendance démographique mondiale à la multiplication des chefs de ménage féminins. Youssef et Hetler (1983) ont procédé à une étude comparative utile de cette tendance, mais signalent également des difficultés de collecte de données en raison des «biais» propres aux méthodes de recherche statistiques. «Même quand des questions sur le sexe du chef de ménage sont intégrées au plan de collecte de données, il subsiste de grands obstacles à la

---

2. Il y a eu toutefois un débat sur la question de l'autorité relative des femmes dans les sociétés matrilinéaires. Poewe (1981) a entre autres contesté l'hypothèse suivant laquelle les membres masculins d'un régime matrilinéaire ont automatiquement plus d'autorité que les membres féminins. À mon avis, il y a une sorte d'argumentation tautologique dans une grande partie de ce débat sur la matrilinéarité : l'homme domine partout et ainsi l'autorité féminine dans une société matrilinéaire ne peut être réelle, il s'agit uniquement d'une autorité apparente.

détermination de la fréquence de ce phénomène de féminisation à cause de la définition ou de l'absence de définition des termes «famille» et «chef de ménage» dans les recensements et les enquêtes» (Youssef et Hetler 1983:225). Les circonstances de l'apparition de chefs de ménage féminins sont pourtant bien connues maintenant (voir Momsen et Townsend 1987, pour un résumé des études récentes). Chipande (1987) examine les stratégies novatrices des femmes chefs de ménage au Malawi et Wilkinson (1987) expose les problèmes particuliers auxquels font face en région rurale les femmes basotho dans le contexte du régime des réserves de main-d'oeuvre de l'Afrique australe.

Les femmes se retrouvent à la tête de ménages en Afrique par nécessité ou par choix. Beaucoup sont veuves ou divorcées ou remplacent tout simplement l'homme à la tête du ménage quand celui-ci se déplace vers les zones d'embauche. De plus en plus de femmes choisissent d'élever leurs enfants seules pour se soustraire aux franches iniquités du mariage et se donner un peu de sécurité pour la vieillesse (l'appropriation des revenus par le mari, la perte des droits de propriété et, par conséquent, de l'accès au crédit, la «commercialisation» du régime de la compensation matrimoniale et le contrôle patrilinéaire des enfants étant quelques-unes des difficultés auxquelles se heurte la femme mariée). Ce n'est que lorsque l'idéologie de la famille nucléaire dirigée par l'homme sera abandonnée et que l'on reconnaîtra que l'existence de chefs de famille féminins n'est ni une anomalie ni un phénomène marginal dans la société africaine que les planificateurs du développement tiendront convenablement compte des besoins de ce type important de ménage.

L'économique comme plan socialement déterminant de la société

L'économie et néoclassique et marxiste pose la primauté de la motivation économique dans la vie humaine (bien que l'école de pensée structurale marxiste d'Althusser, Poulantzas et Laclau dont nous avons parlé au chapitre 1 remette en question cette hypothèse). Une grande partie des études FED et des écrits des auteurs relevant de la tendance de l'économie politique féministe voient dans les rapports économiques la source des structures et des pratiques idéologiques et politiques. Les relations entre les sexes font également l'objet d'une analyse largement économique malgré les tentatives de théorisation du système fondé sur les rapports entre les sexes en tant que structure autonome de la société humaine. Ce souci des rôles économiques se retrouve maintenant dans beaucoup de documents d'organismes d'aide (OIT–INSTRAW 1985, p. ex.). Comme je l'ai indiqué, l'accent mis sur la contribution économique des femmes et les aspects économiques des rapports entre les sexes représente un important correctif à la perception de la femme comme un être non économique marginal habitant une sphère «privée» et dépendant de mesures de «bien-être social» pour la solution de ses problèmes. La critique de Fortmann (1981) du travail «domestique», dont nous avons parlé plus haut, démontre bien l'utilité de ce point de vue.

Il est temps néanmoins de bien évaluer cette préoccupation récente axée sur l'économique. Bien qu'une critique du «déterminisme économique» ou l'expression d'une opinion dans le cadre du débat théorique dont cette question fait actuellement l'objet dépassent notre propos, je pense que nous devrions nous attacher à nos hypothèses en la matière. L'invisibilité de ce que l'on a appelé la «politique spatiale» est sûrement un élément digne de mention. Un autre exemple est la conclusion de Jackson (1985) au sujet de la motivation politique et idéologique des choix féminins par opposition aux motifs économiques (voir notre examen du Projet de la rivière Kano au chapitre 3, p. 78–81). Un aspect particulièrement sérieux est celui de l'absence pratique de l'élément «bien-être social» (ou «reproduction sociale») de la question de la nutrition et des soins de santé aussi bien dans les écrits FED que dans les études d'économie politique féministe. Si on considère le lien étroit entre les facteurs économiques et la capacité des femmes de s'acquitter de leurs responsabilités en matière de bien-être social, la trop grande place accordée à ces facteurs devient encore plus étonnante. Comme Cecelski (1987:45–46) le fait remarquer, par exemple,

> Quand les familles sont réellement dans le besoin, les productions vivrières et les revenus en espèces prennent le pas sur des tâches ménagères féminines comme la cuisson et l'approvisionnement en combustible et en eau, même si elles sont tout aussi essentielles au bien-être de la famille... Quand plus de temps va à des tâches particulières, dans les travaux agricoles ou dans l'approvisionnement en combustible, les autres tâches des femmes en souffrent... Dans les villages où les femmes ont à consacrer plus de temps au ramassage de combustible, elles le font au détriment de la cuisson, d'où une possibilité de dégradation de l'état nutritionnel.

En ce qui concerne les transferts de technologie, Carr et Sandhu (1987) ont démontré qu'une grande partie de la planification des «technologies appropriées» reposait sur l'hypothèse que l'incidence première des nouvelles technologies serait d'ordre économique et prendrait la forme d'une plus grande disponibilité soit pour les productions vivrières soit pour l'acquisition de revenus. Ces erreurs d'appréhension du phénomène (dont nous avons parlé au chapitre 3, p. 69–73) indiquent encore une fois le danger qu'il y a à ramener les complexités des activités féminines à une simple dimension économique. Donnant un exemple de résultats imprévus, Carr et Sandhu (1987:51) ont indiqué que «les technologies se rattachant aux tâches ménagères sont peu susceptibles de faire épargner du temps à la femme, car elles auront peut-être tout simplement pour effet de diminuer l'aide offerte par les autres membres de la famille ou d'accroître les attentes en matière de qualité ou de quantité des services ménagers».

Baudrillard (1975) fait valoir que nos théories de la causalité économique sont en réalité une sorte de métaphore issue de l'expérience de la vie industrielle du XIXe siècle où la production était le facteur prédominant d'organisation de la société. Il critique l'application des modèles marxistes d'économie politique et de la méthode marxiste du matérialisme historique aux sociétés d'hier non occidentales.

> L'analyse des contradictions de la société occidentale n'a pas mené à la compréhension des sociétés antérieures (ou de celles du Tiers-Monde). Elle a eu tout simplement pour effet de reporter ses contradictions sur elles. À certains moments, nous n'avons même pas exporté les contradictions, mais tout simplement la *solution*, c'est-à-dire le modèle productiviste... Par ses approches les plus «scientifiques» des sociétés antérieures, [le matérialisme historique] «naturalise» celles-ci sous le signe des modes de production.
> (Baudrillard 1975:89–91)

Les spécialistes de l'économie politique trouveront peut-être un peu trop dur le jugement de Baudrillard. Il importe néanmoins que nous nous demandions si le «modèle productiviste» convient bien à la théorisation des rapports sociaux africains d'hier et d'aujourd'hui. Sûrement, les tentatives d'explication de tous les aspects des relations entre les sexes par les rapports de production se sont révélées difficiles. Dans le cas de la recherche FED, l'accent trop grand mis sur les questions de production au détriment des autres aspects des problèmes de développement a été la source de déséquilibres théoriques et empiriques dans la documentation spécialisée. Mbilinyi (1984) voit dans l'économisme une des grandes priorités de recherche en Afrique orientale et fait la critique de ses propres tendances antérieures à un tel réductionnisme. Admettant volontiers qu'on a trop insisté sur «la place de la femme dans la production et la reproduction» et que la définition de ces notions a été par trop «mécanique», Mbilinyi cite dans sa bibliographie sur la femme tanzanienne (Mascarenhas et Mbilinyi 1980:12) un exemple d'économisme qui lui a été communiqué par une collègue :

> Notre conceptualisation de la question féminine parle de la femme dans la production et la reproduction, c'est-à-dire de la nature du travail féminin et de la situation de la femme dans la production et dans la reproduction de la main-d'oeuvre et de la société elle-même... C'est pourquoi on ne compte plus les études sur les paysannes et les travailleuses, l'idéologie et l'éducation, la santé et la nutrition et *qu'aucune ne porte sur la couture ou la coiffure. Le problème d'intégration de la femme au développement n'a rien à voir avec la coiffure.*

Mbilinyi fait l'aveu suivant :

> Comme nous l'avons signalé plus loin dans la même étude, le harcèlement des femmes portant la jupe courte ou le jean et recourant au maquillage faisait partie d'une campagne générale visant à la sujétion de la femme. La coiffure avait tout à fait à voir avec l'oppression féminine et aussi avec l'oppression des hommes !
> (Mbilinyi 1984:298)

Swantz (1985) lie le souci de la théorie de la dépendance aux problèmes de l'économisme. Elle dit qu'il est important de reconnaître et d'analyser la dépendance des économies locales à l'égard des forces internationales du marché, mais qu'il faut également s'interroger sur la capacité de cette théorie d'expliquer la condition féminine.

> Comme le choix du mode d'analyse peut contribuer à aggraver la sujétion des gens en général ou de la femme en particulier, la nature de la démarche théorique adoptée présente un intérêt capital. Une théorie de la dépendance envisage les problèmes sous un jour négatif, s'attachant aux éléments de privation d'une catégorie de gens, mais négligeant souvent de dégager des voies de progrès... Quand on conçoit une méthode d'analyse de solutions locales à des problèmes sociaux, on ne peut tenir pour acquis que l'amélioration des conditions de vie des paysans et des travailleurs en général suffira à corriger les déséquilibres structurels dont sont victimes les femmes.
> (Swantz 1985:2–3)

Comme l'indique l'examen qui suit du «traditionnel» et les observations que nous avons faites au chapitre 6 sur le *matega*, une voie féconde de recherche s'ouvre à nous si nous mettons la théorie du discours et de l'idéologie au service de notre appréhension des aspects de l'économie politique africaine. En analyse de discours, on conçoit les rapports de pouvoir comme étant façonnés par les visions dominantes de la réalité. Les observations de Mbilinyi (1984) sur l'utilisation du discours culturel comme moyen d'assujettissement de la femme et celles de Swantz

(1985) sur les conséquences négatives de l'application de la théorie de la dépendance confirment la valeur d'une étude du discours. Et pourtant, on n'a que récemment commencé à appliquer ce cadre théorique aux questions FED. L'examen qui suit de la «tradition» et de la «nature» développe une argumentation au sujet du discours. La dernière section de ce chapitre examine les rapports entre pouvoir et connaissance.

Le «traditionnel»

Je me suis opposé à la conception d'un passage unidimensionnel et rectiligne des sociétés en développement d'une existence «traditionnelle» à une existence «moderne». J'ai également montré comment des éléments précoloniaux des systèmes fondés sur le rôle des sexes ont subsisté sous un aspect «submergé» et déformé, fournissant la matière première idéologique d'une limitation de l'autonomie et du pouvoir féminins au nom de la «tradition».

Sous l'angle d'examen idéologique retenu dans la section qui précède, nous nous devons d'étudier l'idéologie de la «tradition» dans ses liens avec les rapports entre les sexes. Katz (1985) démontre, dans le contexte des politiques nationales africaines, la force des discours idéologiques qui mettent la «tradition» au service de leurs explications de ce que devrait être la société. Les discours dominants qui renforcent la situation des groupes dirigeants sont ceux qui ont fait appel avec le plus de succès à la tradition pour légitimer le pouvoir politique de ces groupes. Pour distinguer les constructions idéologiques contemporaines des véritables structures sociales historiques (notamment en ce qui concerne les systèmes fondés sur le rôle des sexes), il nous faut aussi entreprendre de départager les choses au niveau local (Glazier 1985, p. ex.). Des indications plutôt disparates font voir qu'au défi des revendications féminines de droits et d'une amélioration des conditions économiques et sociales on répond par l'accusation que la femme a abandonné ses responsabilités «traditionnelles» et cherche à détruire la famille. Un tel discours a de puissants effets culpabilisateurs sur les femmes, étouffe les mécontentements et empêche les réformes juridiques progressistes.

Un exemple des pièges politiques que recèle une conception ahistorique de la «tradition» est la controverse dont est l'objet la pratique de la clitoridectomie. Les féministes radicaux occidentaux ont condamné celle-ci, la qualifiant de «tradition barbare», tandis que les apologistes des réalités africaines la défendaient et criaient à l'ingérence des féministes occidentaux au nom d'une «tradition honorable et fonctionnelle». Dans aucun de ces cas, l'invocation d'une «tradition» primordiale et immuable n'aide à comprendre et à résoudre ce problème politiquement délicat et médicalement pressant. Kirby (1987) a fait une analyse incisive du discours féministe sur la clitoridectomie. S'attachant à la pensée des femmes occidentales qui ne voient pas dans cette pratique une question difficile qui appelle un débat, elle critique leur prétention de se faire les porte-parole de la femme non occidentale. Elle ne partage pas non plus leur interprétation de la clitoridectomie comme preuve de l'universalité du patriarcat. Les écrits de ces féministes

> se ressemblent d'une manière troublante par leur représentation d'un corps mutilé et abject... La fascination singulière et obscène du spectateur-lecteur se dérobe rapidement derrière l'impassivité du regard médical. En réalité, le discours médical est le fil d'Ariane de tout cet ensemble de textes, en

> établissant les catégories d'examen et, implicitement, les significations
> «réelles» qui donnent du poids à l'argumentation... Le dualisme esprit-corps
> est une hypothèse essentielle de ce type d'argument... On fait fi comme s'il
> s'agissait d'un élément étranger de la vitalité de cette subjectivité du corps,
> des croyances et des valeurs qui ont été «incorporées» à sa signification
> existentielle... Bien que la clitoridectomie et l'infibulation soient pratiquées
> dans 30 pays en Afrique seulement, on rejette d'emblée la diversité de cette
> expérience culturelle, politique et historique. Le seul discours médical devient
> garant de cette positivité occidentale du «ce que vous êtes».
>
> (Kirby 1987:37–38)

Kirby (1987) conclut par certaines réflexions sur les côtés sombres de la philanthropie occidentale et indique que les préoccupations que suscitent des «traditions» comme celle de la clitoridectomie relèvent plus des obsessions de l'Occident que d'un altruisme éclairé.

Il n'y a pas que les Occidentaux qui interprètent mal la tradition, Wilson (1982) procède à une excellente analyse du discours contemporain des sexes en Afrique.

> L'*authenticité* a été le moyen par lequel on a consolidé les pouvoirs et
> légitimé les principes antidémocratiques en en faisant des valeurs africaines
> traditionnelles. Il apparaît nettement maintenant qu'on s'est servi de
> l'*authenticité* pour susciter des appuis populaires et détourner l'attention des
> problèmes économiques et sociaux pressants auxquels fait face le Zaïre... Les
> propos et les réalités de l'*authenticité* sont paternalistes, autoritaires et
> intéressés... En vertu de l'*authenticité*, on remet à la femme l'entière
> responsabilité de l'entretien de la moralité du système. Les hommes se
> retrouvent ainsi sans responsabilité morale.
>
> (Wilson 1982:190–191)

L'étude de Wilson (1982), qui décrit les façons d'user d'une idéologie de la «tradition» pour contrôler et opprimer les femmes, est un exemple du genre de recherche auquel on peut se livrer avec profit.

Mbilinyi (1985a) ajoute une importante dimension à la critique des conceptions ahistoriques de la «tradition». Au Tanganyika, le colonialisme a créé des notions de «vie traditionnelle» pour servir ses propres intérêts d'exploitation. Suivant les conclusions tirées par cet auteur (1985a), le régime colonial du Tanganyika a fabriqué de toutes pièces une dichotomie entre la vie africaine «traditionnelle» rurale et la vie «moderne» urbaine qui a transformé les sociétés locales pour les mettre au service de la «solution coloniale». En réalité, la colonie se composait d'économies paysannes, d'une part, et d'un secteur capitaliste, d'autre part. Ce dernier était formé d'entreprises urbaines et de plantations appartenant à des sociétés multinationales d'abord allemandes et ensuite britanniques, ainsi qu'à des colons européens et asiatiques. Entreprises rurales et urbaines dépendaient du système de main-d'œuvre migrante. Les plantations étaient tributaires en particulier des disponibilités largement féminines en main-d'œuvre occasionnelle. Le but du régime était, par conséquent,

> de stabiliser la classe ouvrière et de limiter l'établissement d'Africains dans
> les villes aux travailleurs ayant un emploi permanent et aux classes moyennes.
> Pour parvenir à ce but, on s'est attaqué à la famille étendue africaine et on a
> privilégié la famille conjugale ou nucléaire. L'économie secondaire était
> lourdement assujettie à toutes sortes d'impôts et de règlements et on essayait
> de lui nuire le plus possible. On a favorisé la formation d'associations

> d'employés ou de conseils ouvriers parmi les travailleurs pour lutter contre le mouvement syndical. Les femmes sont devenues des intervenantes et des cibles centrales dans la campagne d'imposition de la solution coloniale.
> (Mbilinyi 1985a:88)

Mbilinyi (1985a) procède à un examen critique du discours colonial pour découvrir les réalités économiques et politiques que sert le concept de division ville–campagne.

> Une opposition ville–campagne imprègne les observations du régime colonial sur la société que ses représentants ont découverte et celle qu'ils ont essayé de créer et de diriger. On assimilait tout simplement la ville aux non-Africains, aux hommes, aux adultes, à l'emploi rémunéré et à la civilisation et la campagne, aux femmes, aux Africains, aux enfants, à la «subsistance» et à la «brousse». Selon l'idéologie coloniale, la campagne était le «foyer» des Africains que l'on cantonnait volontiers dans les «territoires tribaux» et l'Africain habitant la ville était considéré comme un «étranger» qui avait «immigré» et s'exposait aux dangers d'une «détribalisation»... Les archives coloniales posent cette dichotomie. Elles supposent de plus que le passé était rural et agricole. Les siècles d'urbanisation et de spécialisation économique dont témoignent le développement des royaumes féodaux, la formation de la culture souahéli et l'essor de l'empire commercial de Zanzibar disparaissent ainsi de notre mémoire. Disparaissent également les luttes entre esclaves et esclavagistes, reines et roturiers[3].
> (Mbilinyi 1985a:88)

En plus de forger une dichotomie tradition–modernité, le discours colonial qu'analyse Mbilinyi vient étayer la dichotomie domaine public–domaine privé dont nous avons parlé plus haut, le village étant la sphère «privée» d'un point de vue occidental et la ville, le seul véritable domaine «public». S'appuyant sur cette double dichotomie, la politique coloniale pouvait qualifier les demandes et les besoins du «pays» d'arriérés et de peu importants.

Mbilinyi (1985a) propose des stratégies concrètes d'élimination des déformations des archives et des interprétations des historiens. Elle indique que «les mêmes faits font l'objet d'interprétations qui varient selon le groupe, la classe ou le sexe auquel leur auteur s'identifie» (p. 96) et recommande de ce fait la création d'un corps de connaissances «en opposition». Toutefois,

> l'élaboration d'une histoire d'opposition est en soi un acte politique. En disant, écrivant, interprétant, dessinant ou chantant leur propre histoire, les gens s'enseignent mutuellement de nouvelles façons de se voir et de percevoir le monde. La contestation des histoires «officielles» est un geste d'«habilitation»... Le principal auditoire devrait être les auteurs mêmes de cette histoire d'opposition et les classes populaires qu'ils représentent... On devrait veiller à produire des textes d'un abord facile et d'autres supports d'expression dans les langues nationales locales du peuple.
> (Mbilinyi 1985a:96)

Récemment, des commentateurs occidentaux et certains dirigeants africains ont soutenu que le passé colonial avait été liquidé et ne devrait pas servir à l'explication des problèmes contemporains (on trouvera un exemple particulièrement éloquent de cette tendance fâcheuse dans Sender et Smith 1986).

---

3. Le processus que décrit Mbilinyi (1986) correspond précisément au discours de l'apartheid et aux bases conceptuelles du régime des «foyers bantous» en Afrique du Sud, dont la majorité des habitants sont tenus pour des étrangers dans leur propre pays.

Là encore, cet argument contribue à renforcer la vision d'une Afrique arriérée dont les dilemmes actuels n'ont pour histoire que l'éternelle et immuable «tradition» africaine. Je partage l'avis de Mbilinyi (1985a) qu'un sauvetage de l'histoire, et notamment de celle de l'époque coloniale, représente une tâche essentielle pour le présent. Il pourrait servir à redresser les déformations occidentales au sujet de l'Afrique et à «habiliter» les collectivités locales et les femmes en particulier.

Les propositions de cette auteure (1985a) (et les travaux du WRDP de Tanzanie en général) sont un précieux instrument d'insertion de la femme non seulement dans l'activité d'élaboration de politiques, mais aussi dans les tâches d'édification d'un corps de connaissances précises sur les collectivités et leurs problèmes, qui sont l'objet même des politiques de développement. L'étude faite par Kimati (1986) des connaissances des femmes tanzaniennes en nutrition fait voir d'une manière saisissante l'importance pratique d'une telle recherche historique. Cet auteur (1986:131) fait valoir que

> le mot «ignorance» employé dans le contexte de la nutrition par certaines personnes implique une ignorance des bons aliments nourrissants et de la façon de bien les utiliser «à l'occidentale». On a pu considérer comme peu utiles les connaissances traditionnelles en matière alimentaire. Ce mot a eu cours pendant des années dans le domaine de la nutrition et, selon la conception déformée qu'il véhicule, les mères qui ont des enfants souffrant de malnutrition sont les personnes que l'on doit taxer d'ignorance et nous, les gens instruits, savons tout des questions de nutrition.

Cette étude a cependant permis de constater que la combinaison traditionnelle en Tanzanie d'un allaitement maternel prolongé, de pratiques de sevrage complexes, de productions vivrières assurées par les femmes avec un relèvement de situation sociale, de compléments alimentaires pour les mères en période de lactation et de mesures de planning familial permettait une saine alimentation des enfants. Kimati (1986) suggère aux nutritionnistes de se demander non pas pourquoi le tiers des enfants tanzaniens de moins de cinq ans souffrent de malnutrition protéique, mais plutôt pourquoi les deux tiers ne sont pas mal nourris. En puisant des réponses dans les pratiques nutritionnelles traditionnelles, on trouvera toutes sortes d'éléments de solution des problèmes de malnutrition. Les arguments de Kimati (1986) pour la mise des connaissances locales au service des politiques de nutrition valent pour tous les domaines de la planification du développement.

La nature de la «nature»

Comme la pensée orthodoxe en matière de développement, la plupart des écrits FED tiennent l'environnement pour quelque chose de donné, une réalité connue destinée à servir de toile de fond aux activités de recherche-action des artisans du développement. Les hypothèses sur la façon dont fonctionne cet environnement peuvent prendre deux formes. La première est celle d'une nature neutre, indifférente, éternelle, extérieure, séparée de la vie de l'homme. C'est l'hypothèse qu'ont sans doute formée les études sur l'oppression sociale des femmes dont nous avons parlé dans les précédents chapitres, puisqu'elles demeurent silencieuses au sujet de l'environnement. Même dans les études qui portent sur des ressources du milieu comme la terre et l'eau, l'examen de la question de la perte par la femme de ses droits d'usage ou de son emprise sur les ressources présente les rapports entre les gens dans un contexte passif, non «interactif», physique.

La seconde vision de l'environnement figurant à l'état implicite dans la réflexion sur le développement est celle d'une nature sur laquelle l'homme peut agir. Cette action est cependant perçue comme un problème de mésutilisation ou de surutilisation tenant habituellement à l'ignorance. La surexploitation a causé une dégradation catastrophique de l'environnement et les gens qui ont défié les lois de l'entropie en subissent maintenant toutes les atteintes. Les analyses sectorielles des ressources du milieu supposent souvent que la nature travaille de cette manière, conception qui rappelle celle des études consacrées à la famine en Afrique. Les études qui ont tendance à faire appel à cette hypothèse sont celles qui s'attachent aux problèmes de déboisement et de pénurie de bois de feu (voir Agarwal 1986). Même si cette vision catastrophique de la nature est plus dynamique que la première et retient quand même l'idée d'une action humaine, elle n'en fait pas moins de la nature quelque chose d'extérieur qui ne joue aucun rôle dans les problèmes sociaux. Qu'on l'assimile à une sorte de dispositif homéostatique comme dans la première perception ou à un organisme vaincu par l'agression et en décomposition comme dans la seconde, on n'a pas vraiment examiné la nature de la «nature». Dans les deux visions, la nature se contente d'être «naturelle».

Ce que ces deux hypothèses sur l'environnement perdent de vue, c'est l'aspect social de notre compréhension de la nature et de nos pratiques concernant celle-ci. C'est notre relation avec l'environnement façonnée par l'histoire qui modèle maintenant cette même nature. Agarwal (1984) nous engage à retirer la notion de «nature» du royaume des essences éternelles et à lui donner une histoire et des liens dynamiques avec la pensée et l'action humaines. Il examine les mécanismes socio-économiques nationaux et internationaux qui ont privilégié une forme de nature, «une nature conçue pour répondre aux besoins urbains et industriels, une nature essentiellement productrice d'argent», au détriment d'une autre espèce de nature, «une nature qui a su de tout temps satisfaire les besoins des ménages et des collectivités» (Agarwal 1984:9). C'est cette dernière nature, celle qui est en voie de disparition rapide, qui vient le mieux soutenir les femmes dans leurs responsabilités et leurs besoins et dont la femme a une connaissance pratique profonde. Ce qu'Agarwal (1984) nous dit, c'est que la nature fait l'objet de choix historiques que déterminent les forces dominantes dans la société et qu'elle est activement modelée sur les exigences de ces intérêts dominants. Et les idées que nous avons sur la nature et les transformations physiques que subit celle-ci sont des produits de la société. En d'autres termes, la nature est loin d'être «naturelle». Je ne veux pas dire par là qu'il n'existe pas de monde «réel» en dehors de la pensée humaine sur la nature et que la science a étudié une sorte de chimère. Je veux plutôt indiquer que le discours scientifique dominant sur l'environnement, comme il s'est développé dans l'histoire sur plusieurs centaines d'années, est intimement lié au monde social et politique où il a vu le jour.

Les idées d'Agarwal sont un excellent point de départ pour une critique des hypothèses formées sur la nature de la «nature» en Afrique. La notion mérite un examen précisément parce que les hypothèses des spécialistes ont contribué à l'échec des efforts de développement du passé. C'est le choix non voulu (ou déguisé) de la première nature d'Agarwal par les forces socio-économiques contemporaines qui pose les plus grands problèmes environnementaux pour les femmes et les collectivités locales en Afrique. La relation des femmes avec le milieu s'en est trouvée affaiblie, dévalorisée et oubliée. C'est la seconde nature présentée par Agarwal que nous devrions reconnaître, analyser et promouvoir si nous voulons trouver des solutions aux problèmes de ressources des femmes africaines et, par conséquent, des collectivités de ce continent. Toutefois, si elles font intervenir la seconde nature plutôt que la première avec son orientation commerciale, les pratiques environnementales locales sont nécessairement battues en brèche par les tenants de la dichotomie tradition–modernité et considérées comme des obstacles au développement. De plus, les usages rivaux de la nature trouvent une expression concrète au sein de la famille africaine. Si les hommes voient d'un bon oeil la commercialisation de la production favorisée par les activités de développement, les femmes ont souvent tendance à s'y opposer. Pour les hommes, la première nature d'Agarwal (1984) semble offrir des avantages immédiats, alors que pour les femmes la seconde est la seule qui leur permette de continuer à exercer leurs responsabilités traditionnelles. Une nature commercialisée est la source pour la femme d'une diminution des droits d'usage, d'une dévalorisation de ses connaissances scientifiques et d'une aliénation des ressources des collectivités locales que soutiennent les femmes.

Au coeur du problème, il y a, par conséquent, un passage d'une nature à une autre, transformation qui est demeurée inaperçue. L'adoption historique d'une nature plus hostile à la femme n'a pas été nettement examinée dans les études FED. On peut même dire que la démarche FED est indissolublement liée à cette question de la conception de l'environnement. D'une part, l'examen des problèmes auxquels s'intéresse la documentation FED ne va pas sans questions sur les hypothèses de base des activités de développement et, d'autre part, les difficultés conceptuelles que présentent les études FED contribuent à perpétuer des vues erronées sur la nature de la «nature».

Quand ils portent leur regard sur le terme «nature» ou «environnement», les chercheurs entrent dans un champ de débat bien délimité. Une des questions qui a suscité de vives controverses en Afrique comme ailleurs est celle de la conservation. Les environnementalistes se sont ligués pour fabriquer une nature statique, éternelle et immuable, un musée à protéger contre l'activité humaine. Agarwal (1984:1) nous indique que beaucoup de programmes de conservation

> semblent se fonder sur l'idée que le souci de l'environnement doit essentiellement prendre la forme de mesures de protection et de conservation qui le mettent à l'abri en partie des programmes de développement, mais surtout des gens eux-mêmes. On ne s'efforce guère de modifier le processus de développement même de manière à mieux le mettre en harmonie avec les besoins de la population et avec la nécessité de maintenir un équilibre écologique, tout en augmentant la productivité de nos ressources terrestres, hydriques et forestières.

L'argument pour la seconde nature d'Agarwal ne sacrifie pas à l'idée d'une nature-musée. Il procède plutôt de l'hypothèse que l'homme et la nature se forment réciproquement à la faveur d'un mouvement dialectique permanent. Le conditionnement de ce mécanisme devrait solliciter notre attention. Agarwal (1984) signale que la plupart des groupements écologiques de l'Inde qui réussissent à mobiliser les populations locales pour la prévention de la destruction de l'environnement (souvent en dépit même des politiques gouvernementales) ne se soucient pas à proprement parler de protection du milieu. Ils visent plutôt à mettre l'environnement au service et sous l'autorité de la population, celle-ci étant définie comme les collectivités locales qui vivent dans cet environnement... C'est cette compréhension croissante des liens entre la population et l'environnement, née d'un souci d'utilisation plus équitable et plus durable du milieu, qui est probablement le phénomène le plus fascinant (Agarwal 1984:2).

Comme les arguments contre la conception prédominante de la nature sont souvent qualifiés d'antidéveloppementaux et d'antipopulaires et souvent écartés de ce fait, il importe de bien examiner l'optique «conservation» et la façon dont elle se distingue de la seconde nature d'Agarwal. Les gouvernements du Tiers-Monde ont peut-être raison de faire valoir que «une fois leur richesse et leur mode de vie fortuné acquis, les Occidentaux étaient tout simplement en quête d'un surcroît de richesse par l'air pur, l'eau non polluée et les vastes espaces naturels de divertissement et de récréation, dont beaucoup devaient être protégés dans les forêts et les savanes tropicales de l'Asie, de l'Afrique et de l'Amérique du Sud» (Agarwal 1984:3). Ces arguments servent toutefois de justification à la promotion d'une nature axée sur les besoins urbains et industriels, c'est-à-dire sur les intérêts des élites du Tiers-Monde.

La force de ce mouvement en faveur d'une telle nature réside non seulement dans la puissance politique et économique des classes dominantes, mais aussi dans les conceptions artificielles de la connaissance scientifique occidentale. Comme l'affirme Keller (1985:131) :

> La notion même de «loi de la nature» est, dans ses acceptions contemporaines, à la fois un produit et une expression de l'absence de réflexion. Elle introduit dans l'étude de la nature des éléments métaphoriques marqués à jamais par leur origine politique. On invoque la distinction philosophique entre loi descriptive et loi «prescriptive» pour bien faire voir la neutralité de la description scientifique. Mais tout comme les lois de l'État, les lois de la nature ont de tout temps été imposées du haut et respectées par le bas.

Revêtus de la respectabilité des lois de la nature, les tenants de notre première nature font fi des connaissances et des intérêts de ceux qui ont adopté l'autre concept. Comme les connaissances scientifiques locales (cette «science du concret» pour reprendre le terme appliqué par Lévi-Strauss aux sciences non occidentales) appartiennent à cette dernière catégorie, ce rejet a des effets profondément perturbateurs sur la capacité des Africains de promouvoir leur propre vision de la nature.

> Une diversité de ressources naturelles et humaines demeurent inexploitées parce que, en dehors des collectivités en cause, on a à peu près pas eu vent de leur existence. Cela vaut particulièrement pour les femmes, qui exercent sur les ressources locales un contrôle qui n'a pas été suffisamment reconnu. [De telles ressources sont] un «pouvoir de la périphérie».
>
> (Swantz 1985:3)

Cecelski (1987:46) donne un exemple de ces ressources : «dans les économies de subsistance, les espaces incultes sont une source d'aliments, de remèdes, de matériaux de construction, d'outils et d'ustensiles. Les aliments recueillis dans ces zones, principalement par les femmes, constituent souvent un important complément nutritionnel. Même les déserts et les savanes arides et semi-arides offrent une diversité de fruits et de légumes sauvages, source d'alimentation particulièrement importante sur laquelle on peut se rabattre en période de sécheresse». Et pourtant, la destruction de ces produits de la seconde nature à orientation communautaire par les projets de développement et la dégradation du milieu est passée largement inaperçue à cause du peu de cas que l'on fait des connaissances locales. Agarwal (1986) condamne pour ces raisons les plans d'exploitation forestière et plaide éloquemment en faveur d'une véritable participation communautaire à l'élaboration et à l'application des politiques.

Il convient de souligner que les connaissances locales sur la nature ne sont pas seulement un «savoir populaire» dont les éléments n'ont pas été rigoureusement éprouvés au contact de la réalité. La «science du concret» peut être étroitement liée aux pratiques de tous les jours où sa rigueur demeure imperceptible aux tenants des méthodes scientifiques occidentales. Le sauvetage de cette science demande de la subtilité et des connaissances en matière sociale. Dahl (1981:201) dégage cet aspect pour ce qui est du pastoralisme.

> Un certain type de recherche qui, à mon avis, devrait encore être utile est la démarche de l'ethnoscience pastorale. Les études purement descriptives des taxonomies écologiques, de l'ethnobotanique, etc., n'ont pas souvent droit aux palmes académiques, mais représentent un urgent besoin. Elles sont nécessaires aussi bien à l'établissement d'un «terrain» raisonnable de communication avec les éleveurs de bétail qu'à une appréciation convenable de la masse assez considérable de connaissances utiles acquises par ceux-ci. On pourrait faire valoir que de telles études ne sont pas l'affaire des anthropologues, mais on ne peut nier qu'ils ont le devoir de s'employer à intéresser les botanistes, les zootechniciens, etc., à ces domaines.

Un exemple d'ethnoscience est l'étude par David Western (Western et Dunne 1979, p. ex.) de la gestion du bétail chez les Masaï. Son étude remet en question les hypothèses habituellement formées par les anthropologues étudiant les sociétés pastorales d'Afrique orientale au sujet de l'absence chez les pasteurs d'une connaissance de cette gestion et des techniques de production laitière. On aurait ainsi constaté que les décisions relatives aux fermes d'élevage, aux migrations et à d'autres questions apparentées étaient prises suivant des critères purement sociaux (pour une étude de cas classique, voir Gulliver 1955). Une telle opinion est possible si on souscrit à l'idée d'une nature non «interactive» et passive qui ne se révèle qu'aux yeux d'une science occidentale impartiale. En revanche, Western s'est d'abord attaché à la question des bases scientifiques des décisions de gestion animale des éleveurs (Western et Dunne 1979). Intéressé par l'interaction complexe et harmonieuse de l'homme et de l'animal dans les savanes du Kenya, ce chercheur s'est lui-même formé aux méthodes et aux questions de l'anthropologie. Pendant ses recherches chez les Masaï d'Amboseli, il a été attiré dans un groupe d'âge, comme les chercheurs enthousiastes le sont souvent. Comme frère de lignage, il est lui-même devenu propriétaire de bétail.

Ainsi, comme Masaï d'adoption et scientifique respectueux des connaissances scientifiques «parallèles» d'une culture différente, Western a cherché des éléments communs entre sa propre science et celle des Masaï. Il a été amené à poser de meilleures questions sur la prise de décision pastorale et les réponses obtenues différaient de celles des anthropologues. Son investigation a pris deux directions. Il a d'abord examiné les emplacements d'établissement du type *boma* actuels et passés et, avec le concours de Dunne, mis des chiffres sur les éléments d'uniformité des lieux choisis (voir Western et Dunne 1979). L'analyse statistique de ces deux chercheurs indique que les emplacements *boma* se trouvaient toujours à une certaine hauteur de déclivité de colline, sur certains types de sol et d'«empierrement» et dans des orientations particulières. Il a ensuite demandé à ses compagnons d'âge s'ils disposaient leur *boma* de cette façon et posé d'autres questions sur leur gestion d'élevage. Parce qu'il avait posé des questions scientifiques en s'appuyant sur ses propres connaissances comme écologiste et propriétaire de bétail, ses interlocuteurs lui ont livré une riche information sur leur mode de prise de décision.

Dans les hautes terres, les Masaï préféraient les vaches noires ou de couleur à cause de leurs meilleures propriétés d'absorption calorique qui amélioraient les productions laitières (le mélanisme comme propriété de conservation d'énergie a été observé par les écologistes étudiant d'autres espèces). À l'inverse, dans les terres basses très chaudes, les vaches blanches réfléchissaient la chaleur et, utilisant moins d'énergie de leur corps pour combattre la chaleur, fournissaient de meilleurs rendements que les animaux à robe foncée ou colorée. En ce qui concerne l'emplacement des *boma*, les Masaï expliquaient les caractéristiques chiffrées par Western et Dunne par une volonté d'optimisation des conditions d'entretien des troupeaux. Le choix d'emplacements plus bas sur les déclivités exposerait les bêtes aux atteintes de l'humidité et de la maladie et les emplacements plus hauts seraient trop froids et laisseraient les troupeaux sans protection. Le choix se faisait en outre en fonction de la nature du terrain : les empierrements et les sols foncés absorbaient la chaleur solaire et la réfléchissaient la nuit tombée, gardant les vaches au chaud. Ainsi, l'énergie servant à la production du lait n'était pas détournée vers la fonction de conservation de la chaleur. Western a mis au jour une grande quantité de connaissances scientifiques sur la production laitière. Les anciens chargés de choisir les lieux de pâture pour la journée avaient l'habitude d'observer le temps pour s'assurer que l'on utilisait bien la «poussée verte» qui suivait les orages locaux. Ils savaient avec grande précision ce que chaque vache pouvait et devait produire et cherchaient constamment à atteindre des objectifs de production par de bons choix techniques en matière de gestion d'élevage.

J'ajouterai un point auquel même les écologistes éclairés ne se sont pas attachés, celui de la nécessité, pour une utilisation quotidienne judicieuse de la nature, d'une collaboration entre les producteurs laitiers, c'est-à-dire les femmes, qui ont pour tâche de contrôler et de mesurer le lait, et les gardiens du troupeau ou les chefs d'élevage masculins. La prochaine tâche à accomplir dans la mise au jour des connaissances scientifiques locales dans le domaine de la gestion animale est, par conséquent, un examen aussi éclairé des connaissances des femmes sur la production laitière et la protection de la santé des troupeaux[4].

Pour conclure, disons que l'échec de la recherche et des politiques de développement n'est pas uniquement imputable à une insensibilité à l'égard de la question du rôle des sexes, mais aussi au peu de cas que l'on fait des capacités scientifiques des Africains et, par extension, à la négation d'une nature façonnée par l'histoire. Ce que nous révèle ce tableau de la science pastorale, c'est l'importance d'adopter au départ l'hypothèse que les humains dont le mode de vie socio-économique est fructueux font preuve de l'intelligence nécessaire dans tous les aspects de leur monde social et physique.

---

[4]. Bien que les chercheurs qui étudient les peuples pastoraux aient récemment adopté une attitude plus éclairée à l'égard des pratiques d'élevage, leur point de vue demeure, dans l'ensemble, masculiniste et ethnocentrique (Kettel 1986:48). Pour une vue plus fine du phénomène de la gestion d'élevage qui cependant ne tient pas suffisamment compte du rôle de la femme, voir Galaty et al. (1981).

Affranchissement des connaissances étouffées

Est inhérent à tous les problèmes conceptuels dont nous venons de parler un profond dilemme épistémologique illustré par l'appel de Mbilinyi (1985a) à une lutte pour le sauvetage de l'histoire au profit des Tanzaniens. Une grande partie de la critique des cadres conceptuels des chapitres 1 et 2 et des indications fournies dans l'ensemble de cette étude confirment que l'existence de conceptions rivales de la réalité sont au coeur des dilemmes du développement. À plusieurs reprises, nous avons fait le récit de l'imposition d'une «connaissance» occidentale dominante au détriment des «connaissances» locales qui représentent une interprétation plus juste des réalités locales. Le problème réside en partie dans la médiocrité d'une science qui s'appuie sur des dichotomies déformées : théories et méthodes insuffisantes d'appréhension de la «famille», de la nature de la vie publique, de l'histoire des sociétés africaines à un niveau tant général que local et des conceptions locales de la nature. Cette science indigente est elle-même un produit de l'histoire, car elle est née en tant qu'aspect et élément d'appui des rapports de pouvoir qui ont mis l'Afrique sous le joug. À cause de la nature de ces relations de pouvoir, la connaissance de l'Afrique a été formée par des non-Africains selon des catégories rationnelles occidentales. L'aliénation des Africains par rapport à leur propre connaissance de ce qu'ils sont est l'autre facette de ce dilemme épistémologique. Compte tenu des profondes différences entre l'Occident et l'Afrique sur le plan de la connaissance et de la pratique des relations entre les sexes ainsi que de la construction et de l'interprétation de l'identité féminine, cette crise de la connaissance a des conséquences pressantes sur les activités FED.

Ce serait faire preuve d'irresponsabilité et d'utopisme de suggérer la possibilité d'un retour à l'âge d'or de cette «auto-connaissance» africaine (en fait, toute allusion au fait que le passé africain serait plus «authentique» que le présent est implicitement de l'ethnocentrisme, car on nie ainsi le droit des Africains de se voir comme des membres cosmopolites de la collectivité mondiale, dont ils partageraient les valeurs et les pratiques culturelles modernes). Les chercheurs ne peuvent néanmoins plus éviter les tâches d'étude des liens entre les structures de pouvoir dominantes d'hier et d'aujourd'hui et la nature de notre connaissance de l'Afrique. Au coeur de cette entreprise, il y a un intérêt pour la théorie du discours. Un premier pas en avant a été fait par les chercheurs désireux d'appliquer les idées de l'analyse de discours récente (ainsi que les conceptions de critiques humanistes antérieurs du Tiers-Monde comme Franz Fanon) à notre connaissance du phénomène de la domination occidentale. C'est ainsi que d'une conférence qui a eu lieu en 1984 sur la sociologie de la littérature à l'Université d'Essex est né le Groupe d'étude critique du discours colonial qui exerce maintenant son activité à l'Université de Californie à Santa Cruz, aux États-Unis (Groupe d'étude critique du discours colonial 1985 ; pour une étude de ce groupe intéressant notre propos, voir Spivak 1985). L'étude faite par Said (1979) de la notion d'«Orient» dans la pensée occidentale, qui est déjà considérée comme un ouvrage classique, a inspiré en grande partie cette réflexion, et notamment un certain nombre de travaux sur le discours en Afrique (Miller 1985, p. ex.). Mueller (1987) compte parmi les premiers chercheurs à s'être livrés à une critique de base du discours FED.

Michel Foucault, le penseur à qui on attribue largement le mérite d'avoir élaboré pendant les années 70 une nouvelle méthode d'étude de l'être humain dans la société (et dont les travaux postérieurs ont inspiré Said et les analystes du discours qui ont suivi), donne les moyens d'entreprendre une investigation d'ordre théorique des discours de la domination dans le Tiers-Monde (pour une introduction à ses idées, voir Foucault 1980b). Cet auteur a été l'objet de critiques et de la gauche et de la droite, ainsi que des féministes, pour la prétendue obscurité de ses écrits et leur peu de rapport avec les orientations sociales et économiques contemporaines. Ses adversaires le voient comme un théoricien d'avant-garde «dans le vent». Cependant, de plus en plus de chercheurs occidentaux, féministes compris, reconnaissent la valeur de la démarche de Foucault pour un renouvellement de notre compréhension de la nature des institutions et des mécanismes du pouvoir, comme les travaux de Mueller (1987) en témoignent. Les oppositions à cette contribution primordiale à la pensée sociale contemporaine ne devraient pas empêcher les chercheurs étudiant la question du rôle des sexes et du développement d'évaluer sa théorie et d'en adapter les idées au contexte africain.

Foucault (1973, 1979, 1980a) montre dans ses travaux comment les idées sur la folie, la maladie, la criminalité et la sexualité se sont transformées à l'époque moderne et ont été mises au service des besoins tactiques des nouveaux systèmes sociaux. De ses analyses des formes organisées de la vie sociale, qu'il s'agisse de prisons, d'hôpitaux, d'écoles ou d'établissements psychiatriques, une réflexion originale se dégage sur la nature du pouvoir et du discours et la façon dont notre ère a fait des humains des objets de connaissance. Le phénomène n'est pas attribuable à une action délibérée de praticiens aux leviers du pouvoir et il n'obéit pas non plus à des lois ni à des règles établies. Les pratiques culturelles sont plutôt façonnées par un «dispositif» ou grille d'intelligibilité (Dreyfus et Rabinow 1983:121), qui naît de l'interaction subtile du pouvoir et de la connaissance. Selon Foucault (1980b:194), ce dispositif est un ensemble tout à fait hétérogène où interviennent le discours, les institutions, les formes architecturales, les décisions de réglementation, les lois, les mesures administratives, les énoncés scientifiques et les propositions philosophiques, morales et philanthropiques, en bref tout le dit et le non-dit.

Bien que les études de Foucault portent presque exclusivement sur les institutions occidentales (et on débat encore vivement la question de la qualité de ses méthodes historiques), leur intérêt pour le Tiers-Monde demeure appréciable. D'abord, sa pensée procure une méthode à un examen épistémologique de la façon dont l'Africain, et notamment la femme africaine, ont été transformés en objets de connaissance. Ensuite, ses idées sur les relations entre le pouvoir et la connaissance offrent un précieux instrument conceptuel à notre compréhension de la genèse de cette connaissance de l'Africain en contexte colonial et postcolonial. Foucault (1979:26) voit dans le pouvoir non pas un bien que l'on détient, mais une stratégie qu'il assimile à une trame de rapports, constamment en tension et en activité, plutôt qu'à un privilège dont jouiraient certains. Le pouvoir ne s'exercerait pas simplement d'une manière monolithique sur les gens qui ne l'ont pas (notion de pouvoir caractérisant en grande partie la théorie du sous-développement). À l'opposé, la connaissance ne serait pas quelque chose qui peut seulement exister indépendamment des rapports de pouvoir.

> Peut-être ne devrions-nous plus penser que le pouvoir rend fou et que, par conséquent, la renonciation au pouvoir est une des conditions de la connaissance. Nous devrions plutôt admettre que le pouvoir produit la connaissance (et non pas uniquement en l'encourageant parce qu'elle sert le pouvoir ou en l'appliquant parce qu'elle est utile) ; que le pouvoir et la connaissance s'impliquent directement l'un l'autre ; qu'il n'y a pas relation de pouvoir sans constitution corrélative d'un domaine de connaissance et qu'il

n'y a pas non plus de connaissance qui ne présuppose et ne constitue en même temps des rapports de pouvoir... En d'autres termes, ce n'est pas l'activité du sujet de connaissance qui produit un corps de connaissances servant ou desservant les intérêts du pouvoir, mais le pouvoir-connaissance, les mécanismes et les luttes qui y interviennent et dont il est formé, qui détermine les formes et les domaines possibles de la connaissance.

(Foucault 1979:27-28)

Jusqu'ici, nous avons implicitement fait valoir que les relations économiques internationales contemporaines et les activités d'aide qui s'y rattachent sont des relations de pouvoir qui ont engendré des formes et des domaines particuliers de connaissance sur l'Afrique et la femme africaine et qui ont été façonnées à leur tour par ces mêmes formes et domaines. Le discours n'est pas nécessairement cohérent et unifié. J'ai plutôt indiqué que notre connaissance du continent africain et de ses problèmes de développement est morcelée selon la diversité des foyers de recherche-action et des cadres conceptuels. Pour reprendre ce qu'a dit Foucault (1979:26) sur le discours, «il est souvent fait de toutes sortes de petites choses et emploie un ensemble disparate d'outils ou de méthodes. Malgré la cohérence de ses résultats, on ne peut le localiser dans un type particulier d'institution ou d'appareil de l'État».

Foucault (1983) soutient qu'une nouvelle espèce de pouvoir a vu le jour au cours des derniers siècles. Ce pouvoir s'est formé grâce à une série de pratiques disciplinaires dans toute une série d'institutions, dont celle de l'État (il se livre à un jeu de mots sur le terme «discipline», qui signifie à la fois «règles de conduite» et «branche structurée de la connaissance»).

Ce qu'il entend par discipline des sociétés européennes depuis le XVIIIe siècle n'est pas, bien sûr, une obéissance croissante des individus qui en font partie, ni le fait qu'ils commencent à se rassembler dans des casernes, des écoles ou des prisons, mais la recherche d'un mode d'adaptation de mieux en mieux contrôlé — et de plus en plus rationnel et économique — entre les activités productives, les ressources de communication et le jeu des relations de pouvoir.

(Foucault 1983:219)

Comme il l'indique, ces rapports de pouvoir sont une nouvelle version profane du pouvoir pastoral (au sens d'«orientation spirituelle», et non pas à celui d'«élevage du bétail»). Ce nouveau pouvoir pastoral réside dans l'État et les autres institutions modernes et, comme le pouvoir ecclésiastique qu'il remplace, est axé sur le salut.

Il ne s'agissait plus de mener les gens à leur salut dans l'au-delà, mais de sauver les gens dès ce bas monde. Dans ce contexte, le mot «salut» prend différentes acceptions : santé, bien-être (caractère suffisant des biens et du niveau de vie), sécurité, protection contre les accidents. Une série de buts profanes a remplacé les finalités de l'ancienne activité pastorale... Parfois, le pouvoir était exercé par des entreprises privées, des sociétés de bienfaisance et des bienfaiteurs et généralement par des philanthropes. On a aussi voulu mobiliser des institutions anciennes comme la famille et on leur a confié des fonctions pastorales... Enfin, la multiplication des buts et des agents du pouvoir pastoral a axé le développement de la connaissance humaine sur deux rôles, le premier à caractère globalisateur et quantitatif et intéressant la population et l'autre à caractère analytique et visant l'individu.

(Foucault 1983:215)

On pourrait croire que ces remarques s'appliquent directement aux activités d'aide au développement. À mon avis, la notion de Foucault de pouvoir pastoral profane peut nous permettre de comprendre la façon dont le discours du développement et les pratiques «disciplinaires» qui l'accompagnent en sont venus à dominer les sociétés du Tiers-Monde. Nous examinerons plus à fond au chapitre 7 l'utilité des idées de ce penseur sur les liens entre le pouvoir et la connaissance.

Dans la réflexion sur l'utilité de la théorie du discours pour l'économie politique féministe et la recherche pratique sur la question de la femme, de la technologie et du développement, on devrait prêter une attention toute particulière aux théories de la résistance que l'on oppose au processus nouveau de la globalisation et de la mondialisation du pouvoir. Laclau et Mouffe (1985) soutiennent que les vieilles conceptions de la lutte sociale reposant sur les théories des contradictions entre classes monolithiques sont maintenant dépassées. Ces auteurs penchent plutôt pour une politique démocratique radicale liant les intérêts de groupes marginalisés et opprimés et leur permettant d'offrir ensemble aux forces hégémoniques qui se manifestent aujourd'hui une résistance plus grande que celle que pourraient opposer des groupes en particulier. Au coeur de l'analyse faite par Laclau et Mouffe (1985) de la pluralité de mouvements de résistance de notre époque se trouve une reconnaissance de l'importance de la lutte féministe. Ces chercheurs se sont également intéressés au phénomène de la domination occidentale sur le Tiers-Monde.

La pensée de Laclau et Mouffe (1985) sur la résistance est étroitement liée aux idées de Foucault sur le mouvement insurrectionnel des connaissances étouffées, qui serait déjà en cours. Selon ce penseur,

> Ce qui s'est fait jour depuis 10 ou 15 ans, c'est un sentiment de vulnérabilité croissante à la critique des choses, des institutions, des pratiques et des discours. On a découvert une certaine fragilité dans les fondements mêmes de l'existence, même et peut-être surtout dans les aspects de cette existence qui sont les plus familiers, les plus solides et les plus intimement liés à notre corps et à notre comportement quotidien. Mais avec ce sentiment d'instabilité et cette incroyable efficacité des critiques discontinues, particulières et locales, on a peut-être aussi découvert quelque chose d'imprévu au départ, ce que l'on pourrait décrire précisément comme les effets inhibiteurs de théories globalisantes, *totalitaires*. La volonté de prendre en compte la totalité a nui en fait à la recherche. Ce que ce caractère essentiellement local de la critique indique en réalité, c'est l'existence d'un type de production théorique autonome et non centralisé dont la valeur ne dépend pas de l'approbation des défenseurs des régimes de pensée établis.
>
> Par connaissances étouffées, on doit entendre tout un ensemble de connaissances qui ont été écartées parce qu'on jugeait qu'elles remplissaient mal leur rôle ou qu'elles étaient insuffisamment élaborées : connaissances naïves aux échelons les plus bas de la hiérarchie et n'atteignant pas le seuil de la cognition ni de la scientificité. C'est grâce à la réapparition de ces connaissances populaires locales, de ces connaissances frappées d'exclusion que la critique se fait. À quoi se rapportaient réellement ces connaissances enfouies et étouffées ? C'était une connaissance historique des luttes. C'est dans le savoir populaire que réside la mémoire des affrontements qui, jusqu'à présent, sont demeurés en marge de la connaissance.
>
> (Foucault 1980b:80–83)

Il y a un lien direct entre cette réflexion sur les connaissances étouffées et ce que nous avons dit plus haut au sujet de la suppression des connaissances locales et des efforts de récupération dont celles-ci font l'objet. Elle intéresse également la critique faite dans tout notre exposé des théories et des politiques qui ont tendance à universaliser des phénomènes qui relèvent à la fois de la subjectivité et de l'expérience historique occidentales. Foucault (1980b:83–84) demande aux chercheurs d'établir une connaissance historique des luttes et d'en faire un usage tactique dans le monde où nous vivons. Cette recherche d'ordre généalogique vise à appuyer les demandes d'attention d'une masse de connaissances discontinues et frappées d'incapacité et d'illégitimité contre les revendications d'un corps de théorie à orientation unitaire qui filtrerait, hiérarchiserait et ordonnerait ces connaissances au nom de la vérité et d'une vue arbitraire de ce qui constitue une science et ses objets. C'est en réalité contre les effets du pouvoir d'un discours qui se prétend scientifique que la démarche généalogique doit livrer bataille (Foucault 1980b:83–84).

Geertz (1983) est un des héros de cette lutte qui entend donner une voix aux connaissances disparates. Cet auteur indique que l'intérêt croissant pour interprétation et l'exégèse vient en partie

> de l'opinion que partagent de plus en plus de gens que le mode établi d'examen de ces phénomènes, celui de la physique sociale des lois et des causes, n'apporte pas les triomphes de révision, de contrôle et de vérifiabilité qu'on avait si longtemps promis en son nom. Il faut aussi y voir en partie l'effet d'une déprovincialisation intellectuelle. Les courants plus larges de la pensée moderne ont finalement commencé à empiéter sur ce qui avait toujours été, et demeure dans certains milieux, une entreprise confortable et «insulaire».
> (Geertz 1983:3)

Si la pensée du développement a été à ce point confortable et à l'abri des courants et a su fermer les yeux avec désinvolture sur les affreux échecs de ses propres prévisions, vérifications et méthodes, il est temps qu'elle fasse l'objet d'une telle déprovincialisation (pour une introduction utile et facile à lire aux sciences sociales d'interprétation, voir Rabinow et Sullivan 1979).

Des chercheurs féministes comme Mbilinyi essaient d'accomplir les tâches proposées par Foucault et Geertz. En fait, on peut voir dans toute la démarche féministe une tentative de mettre la condition féminine et les relations entre les sexes dans un contexte historique. C'est ce que tente Rosaldo (1983) dans ses réflexions sur les dilemmes moraux et épistémologiques de la science sociale féministe (dont nous avons parlé au début de ce chapitre). Les chercheurs et les organismes d'aide occidentaux ont le devoir de prendre au sérieux les connaissances locales, de les tirer des confins de la connaissance et de les incorporer à une compréhension scientifique de la société africaine. Les penseurs occidentaux doivent aussi reconnaître la place prédominante de leur propre connaissance dans la hiérarchie et le rôle que joue la connaissance dans les rapports de pouvoir internationaux. Nous ferons au chapitre 7 des suggestions de recherche concrètes en ce qui concerne les questions épistémologiques (p. 170–183).

7 Établissement d'un cadre pour les recherches futures

Aux chapitres 5 et 6, nous avons indiqué des orientations pleines de promesses pour les nouvelles recherches sur le plan aussi bien des méthodes à employer et des angles d'examen du problème du transfert de technologie que du traitement des grandes questions théoriques par lequel passera une amélioration de notre connaissance de la question du rôle des sexes, de la technologie et du pouvoir en Afrique. Dans le présent chapitre, nous énonçons des règles concrètes pour la réalisation de telles recherches et parlons en particulier de cinq tâches. Nous présentons d'abord une «liste de contrôle» de sujets de recherche pour la tâche de classement des systèmes de rapports entre les sexes. Nous offrons ensuite une grille d'examen des rapports entre les politiques de développement et les systèmes sociaux. Dans une troisième proposition, nous décrivons un modèle d'action concrète en diffusion de technologie qui tient compte de la nécessité d'une participation communautaire et de la rareté des ressources disponibles. En quatrième lieu, nous proposons un inventaire de programmes permettant de répertorier les activités de développement réussies. En dernier lieu, nous nous livrons à un exercice d'application de la théorie à une question pratique d'aide, celle de la relation entre le spécialiste et le bénéficiaire de l'aide, exemple qui indiquera un peu la façon de faire face à la crise de la connaissance en Afrique. Il ne faudrait pas voir dans les règles que nous exposons une volonté d'imposer une démarche unifiée et particulière d'examen des problèmes et des possibilités de la recherche. Elles prennent plutôt plusieurs directions méthodologiques dans l'espoir de stimuler une quête novatrice de méthodes et d'objets possibles pour une recherche plus fructueuse.

Classement des systèmes fondés sur les rapports entre les sexes

Une des principales constatations de notre exposé est celle de l'insuffisance de la compréhension des systèmes fondés sur les rapports entre les sexes aussi bien chez les développementalistes que dans la documentation spécialisée FED. On a presque entièrement oublié la spécificité historique et culturelle des pratiques fondées sur le rôle des sexes dans les études développementalistes et, dans la bibliographie FED, cette spécificité n'a droit qu'à un traitement descriptif. De leur côté, les auteurs de l'économie politique féministe ont, dans l'ensemble, négligé d'examiner de près les questions de transfert des technologies. La connaissance doit être acquise d'une manière systématique en ce qui concerne les sociétés africaines et faire appel à un cadre normalisé d'analyse pour que des comparaisons entre collectivités et des généralisations puissent être faites (ou rejetées si elles laissent à désirer). Il serait particulièrement utile au planificateur de politiques d'apprendre, par exemple, que l'expérience des Kamba au Kenya dans l'adoption d'un programme déterminé ressemble sans doute à celle des Ibo au Nigéria à cause de la similitude des systèmes fondés sur les rapports entre les sexes. On peut tenir compte en même temps des différences d'économie politique entre les deux groupes.

Ce que je propose, c'est une caractérisation des systèmes fondés sur les rapports entre les sexes comme ils se présentaient dans le passé et comme ils se sont transformés. À l'aide d'un tel cadre, on devrait pouvoir, par exemple, en venir à la généralisation que, dans les sociétés patrilinéaires à compensation matrimoniale, les formes de propriété foncière étaient X et Y et sont devenues A, B et C et que, dans les sociétés matrilinéaires pratiquant cette même compensation, les formes P, Q et R de régime foncier n'ont pas connu, dans le cadre de l'économie politique contemporaine, une évolution semblable à celle des institutions foncières de la société patrilinéaire.

Cette étude typologique sera l'occasion d'analyser chaque collectivité visée d'un point de vue historique et culturel et fournira un cadre de généralisation, de comparaison et d'application «interrégionales» des résultats obtenus. L'exercice de caractérisation doit faire appel aux ressources et aux méthodes suivantes :

- Bonnes études non ethnocentriques et non «élitistes» existantes, et notamment celles des chercheurs africains ;
- Interprétation de documents plus anciens, et notamment des études anthropologiques de la première époque, des journaux de marchands, etc. ;[1]
- Nouvelles recherches portant sur les systèmes fondés sur les rapports entre les sexes et, en particulier, sur l'activité communale féminine.

On peut en arriver à caractériser les systèmes fondés sur les rapports entre les sexes à l'aide d'une liste de contrôle de questions de recherche susceptibles d'être étudiées (par un examen des archives, des interviews, l'observation et l'utilisation de sources secondaires). Le chercheur devrait disposer d'information détaillée et de données d'analyse sur l'économie politique contemporaine et précoloniale et les processus de transformation.

Économie politique contemporaine

En ce qui a trait à l'économie politique contemporaine, les sujets suivants devraient être abordés :

- Régime politique national (dictature militaire, régime démocratique, socialiste, à partis multiples, etc.) ;

---

1. Bien que sexistes, un grand nombre de ces documents renferment de précieuses données sur les systèmes fondés sur les rapports entre les sexes et les modes de production précoloniaux. On ne peut guère plus se servir de l'histoire orale contemporaine, car elle est trop éloignée de l'époque précoloniale. Un excellent exemple est l'étude succincte que Leakey (1933) a consacrée aux Kikouyou d'avant 1903. Plusieurs chercheurs féministes comme Clark (1980) et Mackenzie (1986) ont exploité cette mine de renseignements.

- Formes structurées de pouvoir local (régime d'administration locale, pouvoir des partis politiques au niveau local, rôle des coopératives parrainées par l'État, etc.) ;
- Aspects économiques locaux comme le réservoir de ressources (société pastorale, agricole ou mixte), le degré de «commercialisation» de la production et d'intégration aux marchés national et international, la nature des productions culturales et l'évolution du prix des produits) ;
- L'ethnicité et le tribalisme doivent être étudiés sous un angle historique. Les divisions ethniques ont eu tendance à beaucoup s'accentuer avec le temps. Quels ont été les avantages et les inconvénients de ce mouvement pour le groupe ethnique étudié ? Comment celui-ci se situe-t-il par rapport au pouvoir politique national et à la répartition des ressources ?

Économie politique précoloniale

En ce qui concerne l'économie précoloniale, sept sujets sont dignes d'intérêt :

- Système de parenté et de résidence (patrilinéarité, patrilocalité, matrilocalité, etc.) ; cet examen s'appuiera sur des données ethnologiques classiques ;
- Système fondé sur les rapports entre les sexes (structure, idéologie et pratique des rapports entre les sexes) ; cette recherche s'apparente étroitement à l'étude du système de parenté et devra faire appel aux acquis récents de la théorie et de la recherche ; on devrait prêter une attention toute particulière aux caractéristiques et aux droits des épouses polygynes dans leurs rapports mutuels et dans leurs liens avec leur mari et son lignage et on devrait également s'attacher aux différences de statut et de droits de la femme comme épouse et comme soeur ;
- Lois régissant la propriété du sol et du bétail et les héritages ;
- Droits d'usage (usufruit) des hommes et des femmes ;
- Division du travail dans le ménage et au village, et notamment division du travail selon le sexe ;
- Complexe pouvoir–connaissance local (Foucault 1979 ; voir p. 151–154) concernant le fonctionnement de la société, surtout dans les domaines de l'agriculture, de la nutrition et des pratiques de santé ; dans quelle mesure ce pouvoir–connaissance réside-t-il dans l'individu et dans les organes collectifs (des conseils d'anciens aux groupements féminins et aux épouses polygynes) ? ;
- Associations féminines constituées : les formes de structuration ont-elles été les couches d'âge, les groupements de commerce ou les sociétés secrètes ? Sinon, quelles formes spéciales d'association les liens de collaboration entre femmes ont-ils prises ? En quoi consistaient les fonctions, les responsabilités et les pouvoirs des associations féminines ? Quel était le rapport entre les pouvoirs des hommes et ceux des femmes ? Quel était le lien entre la situation de la femme comme épouse et sa situation comme membre de la collectivité ?

Processus de transformation

Une fois dressé le tableau de la société précoloniale, on dispose des bases voulues pour examiner ses éléments de transformation. Ainsi, on devrait examiner la façon dont les formes traditionnelles d'organisation des femmes ont évolué. On devrait étudier à fond en particulier les façons dont les groupements spécialisés (groupements de pratique religieuse, de «grève des loyers», de désherbage, etc.) en viennent à constituer la base d'une action politique plus générale ou d'autres tâches collectives. Il importe de voir le processus de transformation sous l'angle de la collectivité (dans ses liens avec le cadre plus global de l'économie politique) par opposition aux changements individuels.

On devrait donc privilégier les sept domaines d'étude suivants : système de parenté et de résidence, système fondé sur les rapports entre les sexes, propriété foncière et héritage, droits d'usage, division du travail, pouvoir et connaissance locaux et formes d'organisation féminine. Voici des exemples de questions précises à se poser :

- Parenté et résidence : Quelle incidence la construction d'habitations à l'occidentale a-t-elle sur la polygynie ? Là où les épouses polygynes partagent un logement, comment ce partage influe-t-il sur les droits et les devoirs des épouses et la capacité de la famille d'accomplir ses tâches en matière d'activité économique et de prestation de soins ?

- Système fondé sur les rapports entre les sexes : Les questions précitées permettent également de s'enquérir de l'évolution des systèmes fondés sur les rapports entre les sexes. Qu'est-il advenu du régime de la compensation matrimoniale et quels sont les effets de cette évolution sur la situation et l'autonomie des épouses et des filles ? Y a-t-il eu passage à la monogamie et, si oui, quelles en ont été les conséquences sur les droits des femmes et leur rôle et leur autorité comme mères ? Quelle a été l'incidence du christianisme sur les relations entre les sexes ?

- Propriété foncière et héritage : Comment l'individualisation de la propriété du sol et du bétail a-t-elle influé sur les caractéristiques de l'exploitation, du contrôle et de la transmission des ressources ? Le passage à la propriété individuelle a-t-il aidé ou nui à l'autosuffisance des familles concernées ? Dans cette transition vers une famille nucléaire et patrilocale, comment les droits matrilinéaires de propriété et de transmission du sol ont-ils été touchés et quelles sont les répercussions sur l'éducation et les soins de santé des enfants ?

- Droits d'usage : On peut songer à des questions très proches de celles que nous venons de mentionner : comment l'individualisation de la propriété foncière a-t-elle influé sur les droits d'usage féminins concernant le sol et le bétail ? Cette évolution a-t-elle changé la capacité des femmes de s'acquitter de leurs responsabilités économiques ? Il importe aussi d'examiner les droits d'usage des fils, dont l'individualisation de la propriété peut interdire l'accès aux ressources familiales.

- Division du travail : Comment les quatre questions présentées plus haut ont-elles influé sur la division du travail dans le village, et notamment sur la division du travail selon le sexe ? Quelle a été l'incidence des migrations externes des hommes sur cette division, et plus particulièrement sur le travail féminin ? La mécanisation a-t-elle aussi exercé une influence sur la division du travail et, si oui, a-t-elle joué contre la femme ?

- Pouvoir–connaissance local : Quelle a été l'incidence de la domination de la connaissance occidentale (dans le passé sous le régime colonial et aujourd'hui dans le contexte de l'indépendance et de l'aide au développement) sur les connaissances traditionnelles ? Dans quelle mesure cette domination a-t-elle nui à la capacité des collectivités locales de prendre des décisions éclairées et utiles, notamment en matière de pratiques de santé, d'agriculture et de nutrition ? Comment les connaissances communautaires dont les «conseils» et les groupements masculins et féminins sont les dépositaires cèdent-elles leur place à des connaissances spécialisées dont des membres de la collectivité ou des experts de l'extérieur ont le monopole ? La femme a-t-elle cédé dans une mesure plus ou moins grande à son mari ou à la collectivité ses tâches relatives à l'acquisition et à la diffusion de connaissances ? Ce domaine d'étude étant plutôt vaste, les questions devraient porter sur des pratiques bien précises.

- Formes d'organisation féminine : Quelle est la nature et la fonction des formes d'organisation féminine contemporaines, du niveau du ménage à celui du district ? Comment ces formes se situent-elles par rapport aux formes antérieures ? Dans quelle mesure les groupements féminins constitués à des fins de commerce, de production culturelle, de transformation, d'organisation de manifestations sociales ou de pratique religieuse sont-ils créés au niveau local ou imposés d'en haut ? Dans le domaine du développement, quel succès les groupements créés au niveau local ont-ils eu par rapport aux groupements imposés ?

Ce ne sont que des exemples de questions que l'on peut se poser sur le processus de transformation et la liste est loin d'être complète. Les chercheurs ne devraient pas se contenter de procéder à une analyse générale de l'évolution de ces réalités, mais devraient aussi s'attacher directement à des aspects précis d'ordre pratique. Les études ayant pour objet la technologie de la santé devraient s'intéresser aux questions de pouvoir et de connaissance, qui ont des effets directs sur la capacité d'une famille d'assurer les soins nécessaires ou de solliciter une intervention médicale.

Solution du problème des frontières

Pendant que les questions politiques et philosophiques plus générales sont examinées au niveau organisationnel, les foyers de recherche-action peuvent progresser à l'aide d'outils pratiques. On doit établir des liens entre des domaines d'intérêt plus ou moins séparés antérieurement (Tableau 1). Pour commencer, on devrait réaliser une étude, en se reportant au cadre dressé plus haut, dans chaque domaine où on prévoit mettre en place un programme de développement. Il n'est pas toujours possible d'effectuer une étude à grande échelle, mais si on sait exploiter les sources secondaires et faire appel à cette méthode «orientée», on peut faire une analyse relativement approfondie. Les données d'étude de cas ainsi obtenues formeront les bases nécessaires de travaux de recherche appliquée qui donneront naissance à un projet précis.

Tableau 1. Grille des relations possibles pour l'étude des transferts de technologie.

Programmes de vaccination et
- opinions et pratiques de santé traditionnelles concernant la maladie en question
- le pouvoir de prise de décision en matière de santé
- les méthodes habituelles de diffusion de l'information
- la participation communautaire
- etc.

L'approvisionnement en eau et
- la division du travail selon le sexe
- le pouvoir de prise de décision concernant les différents types de technologie
- l'incidence sur les tâches sociales quotidiennes
- etc.

Éducation sur le SIDA et
- le système fondé sur les rapports entre les sexes
- le pouvoir de prise de décision en matière sexuelle
- le contrôle traditionnel des connaissances sur le sexe
- l'économie et la culture de la prostitution
- etc.

Technologie de l'information (radio, p. ex.) et
- le contrôle exercé dans le ménage sur les produits de consommation et leur utilisation
- le programme quotidien des tâches des membres de la collectivité par rapport à l'horaire des émissions de formation
- etc.

La technique employée consiste à poser une série de questions sur le programme de transfert de technologie envisagé. Grâce à ces questions, on devrait établir si la participation, les connaissances, les pratiques d'organisation et les capacités et les ressources des femmes ont été prises en compte comme facteurs. Elles devraient aussi permettre de constater l'incidence de toute nouvelle technologie sur les rapports entre les sexes, autant dans la famille que dans la collectivité. De plus, on devrait s'attacher aux façons possibles dont les organismes en place pourraient détourner ou appuyer et améliorer le programme proposé à cause de la nature de leurs intérêts économiques et politiques. La grille de relations du tableau 1 est loin d'être complète. On devrait vraiment s'efforcer de développer les listes de facteurs corrélatifs à examiner selon les objectifs pratiques des travaux de recherche projetés.

Organisation de la diffusion de la technologie

Cette étude a amplement démontré la valeur des organismes populaires féminins et leur capacité (même si on les voit comme des structures parallèles) d'influencer le développement du village. Elle a aussi dégagé les problèmes d'une orientation «de haut en bas», qui se manifestent autant par une déformation sexiste des politiques que par le peu d'importance accordé à la participation des femmes au développement. Il apparaît aussi nettement que les ressources de diffusion des nouvelles connaissances sont restreintes. Cette rareté peut cependant se révéler avantageuse si elle amène les gens à mettre plus d'efficacité–coût dans l'utilisation des ressources existantes. Le recours aux ressources humaines locales est également une approche plus souhaitable d'un point de vue politique et éthique. Les programmes «autoreproducteurs» sont sûrement les plus à recommander.

Rachlan (1986) décrit le modèle d'action humaine mis au point au Centre de recherche sur l'environnement de l'Institut de technologie de Bandung, en Indonésie, et qui a été employé avec succès dans le cadre de projets pilotes de développement rural. Le projet que décrit cet auteur (1986:i) visait à une utilisation importante et efficiente des «entrées» disponibles en vue d'une optimisation des «sorties», ainsi qu'à un emploi, une diffusion, une reconstitution et un développement continus des produits par les bénéficiaires cibles en vue d'une accélération de l'amélioration du bien-être social et économique de la population rurale et, aspect encore plus intéressant, de l'inculcation d'un sentiment d'indépendance par rapport aux gens de l'extérieur dans cette même population.

Le mode retenu de diffusion de la technologie pour l'amélioration du milieu est la diffusion horizontale par des changements verticaux de rôles. L'emploi de cette méthode amène

> une multiplication constante des agents de vulgarisation non rémunérés dans les villages qui s'efforcent sans cesse de parfaire leurs connaissances et leurs capacités pratiques en vue d'un relèvement de la situation sociale des membres de leur collectivité. Le recours à ce moyen semble justifié par les effets purement matériels. Pour un emploi d'environ 60 % des produits d'entrée prévus au départ, le nombre d'hectares traités par l'application de technologies en progression continuelle est 12 fois supérieur à l'objectif fixé au départ... L'expérience nous indique que, grâce à cette diffusion horizontale de la technologie, les apports «en espèces» du gouvernement diminuent à chaque étape des activités de diffusion. En phase de démonstration, ces apports se résument à des conseils et, en phase de diffusion, les visites sur le terrain d'agents de vulgarisation du gouvernement se font uniquement à la demande des groupes d'agriculteurs.
>
> (Rachlan 1986:10)

La tâche de recherche que nous proposons ici consisterait à développer pleinement ce modèle dans le contexte des groupements villageois africains. Comme les groupements communautaires sont vigoureux en Afrique, les perspectives d'application efficace d'un modèle de ce genre devraient être excellentes. Les tableaux 2 et 3 présentent un modèle qui pourrait être évalué et essayé dans le contexte africain. Le tableau 2 décrit les mécanismes par lesquels les villages deviennent «habilités» en tant qu'organes de diffusion de la technologie. Le tableau 3 indique les quatre formes que prend un projet dans l'ensemble de son déroulement : projet pilote, projet modèle, projet de démonstration et activités de diffusion. Les statistiques pour l'Indonésie au tableau 3 font voir l'évolution de la composition des apports, dont la majorité vient du gouvernement à l'étape du projet pilote (année 1) et ensuite des villageois à l'étape de la diffusion (année 4).

Inventaire des initiatives fructueuses

Le problème de la recherche sur la question du rôle des sexes, de la technologie et du développement en Afrique ne réside pas dans un manque de données, mais plutôt dans leur morcellement, car elles sont disséminées dans tous les foyers de recherche-action, enfouies dans des documents qui franchissent difficilement les délimitations de domaines de compétence, et séparées des connaissances

Tableau 2. Diffusion horizontale de la technologie pour une transformation verticale des rôles.

Année	Agent de vulgarisation	Bénéficiaires cibles : 1re année	2e année	3e année	4e année
1	Animateur	Groupe d'apprentissage	—	—	—
2	Motivateur	Animateurs	Groupe d'apprentissage	—	—
3	Conseiller	Motivateurs	Animateurs	Groupe d'apprentissage	—
4	Personne-ressource	Conseillers	Motivateurs	Animateurs	Groupe d'apprentissage

Source : Rachlan (1986).

Tableau 3. Comparaison des apports du gouvernement et de ceux des villageois pendant le déroulement d'un projet de diffusion horizontale.

Année	Stade du déroulement	Proportion des apports Gouvernement	Villageois
1	Pilote	70	30
2	Modèle	50	50
3	Démonstration	30	70
4	Diffusion	10	90

Source : Rachlan (1986).

proprement africaines. Le défaut de rendre compte des initiatives de développement fructueuses est une question qui intéresse particulièrement la femme africaine (voir OIT 1985 ; cette question est aussi examinée au chapitre 2, p. 46–51). Une tâche de recherche essentielle à cet égard est un inventaire des initiatives réussies. On pourrait ainsi répertorier aussi bien les projets des organismes d'aide que les activités conçues sur le plan local. Il faudrait entre autres se donner des critères pour juger du «succès» d'activités (notre définition devrait exclure, par exemple, les projets d'approvisionnement en eau qui amènent l'eau à un village au prix d'une aggravation de l'oppression dont sont victimes les femmes).

On doit aussi déterminer le laps de temps à prévoir avant qu'un jugement ne soit porté sur la réussite d'un projet. L'examen des retombées permanentes d'un projet plusieurs années après les travaux peut révéler des ombres au tableau qui ne sont pas apparues immédiatement après l'achèvement. On ne devrait toutefois pas écarter un projet uniquement parce que le succès observé au départ a semblé s'estomper quelque peu par la suite. On peut tirer des leçons utiles de l'examen des aspects positifs et négatifs d'une initiative, comme en témoigne le cas du service d'autocar des femmes de Mraru que nous allons résumer.

Nature de l'inventaire

On devrait passer en revue quatre types de documents. Les trois premiers comprennent les données produites par les foyers de recherche-action s'occupant de développement, le quatrième groupe plus directement les données de la recherche «savante». Disons d'abord que les études de cas qui dépeignent dans toute leur richesse et leur détail les luttes et les réalisations des femmes sont précieuses pour quiconque évalue l'interaction des facteurs sociaux et techniques dans une entreprise réussie. Ces comptes rendus narratifs se révéleront particulièrement utiles aux femmes d'autres villages cherchant à implanter des nouveautés technologiques semblables. Il y a ensuite la catégorie des études qui donnent un aperçu des activités de développement dans un grand secteur de transfert de technologie comme celui de l'approvisionnement en eau et des mesures d'hygiène et qui présentent de l'utilité à cause de leur valeur comparative et du cadre d'évaluation qu'elles fournissent. La première catégorie livre des données d'analyse détaillées, mais néglige les comparaisons. L'autre fait des comparaisons, mais est plus avare de détails. Ainsi, ces deux types d'études se complètent. Le troisième genre de document est le rapport de recherche qui évalue un élément technologique déterminé (une technique de meunerie mécanique, par exemple) et en cerne le développement et l'application dans le contexte africain. Les textes «savants» forment une quatrième catégorie de documents à examiner dans notre inventaire. On s'intéressera à cet égard aux études de cas, aux bilans et aux bibliographies.

Études de cas

Citons comme exemple d'étude de cas à examiner et à répertorier le document décrivant les mesures prises par les femmes taita de Mraru, dans l'est du Kenya, en vue de résoudre les problèmes d'acheminement de leurs produits agricoles vers le marché (Kneerim 1980). Cette étude de cas parue dans la série de brochures des SEEDS (Sarvodaya Economic Enterprises Development Services) est un bon exemple de document appartenant à cette catégorie. Ce projet parrainé conjointement par la Société Carnegie, la Fondation Ford et le Conseil de la population

> était destiné à répondre aux demandes de renseignements venant du monde entier au sujet des programmes novateurs et pratiques conçus par et pour les femmes à faible revenu. Les documents de la série ont pour but de communiquer de l'information et de faire naître de nouveaux projets sur la base des expériences positives vécues par des femmes qui ont cherché à améliorer leur sort et à aider d'autres femmes à relever leur situation économique. Les projets décrits dans les divers numéros SEEDS ont été choisis parce qu'ils procurent aux femmes des revenus en espèces, les associent à la prise de décision et aux activités rémunérées, font appel à des critères économiques sains et réussissent à vaincre des obstacles courants. Les rapports n'ont aucune valeur «normative», car les problèmes et les ressources varient selon les projets de développement. On y raconte l'histoire d'une idée et de son application dans l'espoir que l'on puisse en tirer des leçons utiles dans une diversité de cadres et de milieux. Ils visent également à attirer

> l'attention des décideurs sur la viabilité des projets créateurs de revenus pour
> et par les femmes et le rôle important qu'ils peuvent jouer dans le
> développement.
>
> (Kneerim 1980:i)

Le groupe des femmes de Mraru ressemble aux groupes d'entraide constitués dans tout le Kenya et présente des caractéristiques proches de celles des groupes de Mitero décrits au chapitre 4. En 1971, les femmes de Mraru ont décidé de recueillir des fonds en vue de l'achat d'un autocar qui les transporterait jusqu'au marché de la localité voisine de Voi. Elles ont opté pour cette solution à cause de la difficulté qu'elles avaient à trouver des places dans les autocars locaux, les gens venant de villages plus éloignés et les hommes occupant habituellement tous les sièges. Il leur a fallu plusieurs années et l'aide de divers organismes dont une banque de Mombasa pour obtenir suffisamment d'argent et résoudre les problèmes d'intendance que posent la commande et l'achat d'un petit autocar. Le véhicule a été mis en service en 1975 et ce petit capital ambulant a beaucoup fructifié avec les années. Dès 1977, la dette bancaire était éteinte et on faisait des économies appréciables. Les intéressées ont investi dans d'autres projets (magasin au village, troupeau de chèvres, etc.). Elles ont aussi réussi à maîtriser les aspects techniques de l'entretien et de la réparation de leur véhicule.

On s'est plu à louer les efforts de ces femmes et à les présenter comme un modèle de ce que la femme peut accomplir par ses propres moyens si elle sait bien définir elle-même ses besoins. La vie du village s'est trouvée améliorée par cet accès sûr à la localité de Voi (dont a aussi profité la clientèle des services hospitaliers) et les approvisionnements assurés par le magasin local géré par les femmes. Il y a eu d'autres grands avantages moins palpables comme l'accroissement de la participation des femmes aux affaires du village et l'enrichissement des capacités féminines traditionnelles par ces nouvelles compétences en organisation.

Quand l'autocar a connu l'usure, les femmes de Mraru n'avaient pas suffisamment d'argent pour en acheter un autre aux prix largement supérieurs de 1979. Au moment où Kneerim (1980) rendait compte des activités du groupe, les villageoises avaient adopté deux stratégies, la première consistant à épargner les 60 000 shillings kényans (KES) (valeur correspondant à 6 000 CAD) additionnels nécessaires à une mise de fonds et la seconde, à faire arpenter leurs biens-fonds à Mraru pour que le magasin puisse être engagé en garantie de remboursement d'un emprunt à long terme. L'auteur tire des aspects positifs et négatifs de l'expérience de Mraru un certain nombre de leçons générales susceptibles de s'appliquer utilement à d'autres contextes (voir Kneerim 1980). Un enseignement particulièrement important pour la femme au Kenya est qu'elle devrait éviter la tendance de la petite entreprise à se diversifier hâtivement sans prêter une attention suffisante aux besoins de capitaux à long terme (pour une analyse de ce phénomène au Kenya, voir Marris et Somerset 1971).

> Le Groupe des femmes de Mraru a fait preuve d'un esprit créateur et d'une
> persévérance inhabituels dans l'identification de besoins communs et les
> mesures d'organisation à prendre pour les satisfaire. Il a aussi fait la preuve
> qu'un petit organisme privé disposant de peu de ressources peut faire
> efficacement appel aux compétences et aux ressources d'autres organismes,
> aussi bien publics que privés, dans la réalisation de ses buts, tout en
> conservant son indépendance et sa faculté de compter sur ses propres moyens.
>
> (Kneerim 1980:1)

Bilans d'activités de développement

Un exemple du deuxième type d'étude, les bilans de projets de transfert de technologie, est le document d'information élaboré par l'INSTRAW et l'UNICEF en prévision de la conférence de 1985 de la Décennie des Nations Unies pour la femme (INSTRAW-UNICEF 1985). Dans le contexte de la crise internationale de l'approvisionnement en eau et de l'hygiène et de la Décennie internationale de l'eau potable et de l'assainissement (DIEPA) qui a commencé en 1980, ce document propose une double action d'élaboration d'une stratégie d'amélioration du rôle de la femme dans le cadre de la DIEPA (INSTRAW-UNICEF 1985:21) et d'aide aux activités permanentes liées aux programmes de la Décennie. En ce qui concerne ce dernier volet, INSTRAW-UNICEF (1985:21) a proposé de lancer une recherche-action pour l'amélioration de la base d'information après un inventaire de questions, de pays et de projets pilotes, ainsi que de sensibiliser les gens, de l'échelon communautaire au niveau international, en recueillant et en diffusant de l'information et en faisant connaître les expériences vécues concernant les intérêts et les possibilités des femmes dans les tâches d'amélioration de l'approvisionnement en eau et de l'hygiène.

Le document résume les efforts des organismes internationaux (FAO, PNUD, UNESCO, UNICEF, OMS, Département de la coopération technique pour le développement des Nations Unies, Fonds de développement des Nations Unies pour la femme, etc.) et des commissions régionales (CEA, etc.). Les deux principales parties de la publication sont une annexe sur les stratégies d'amélioration de la participation féminine aux activités d'approvisionnement en eau et d'assainissement (recommandations du groupe de travail interorganismes sur la femme et l'eau du comité directeur de la DIEPA (INSTRAW-UNICEF 1985:23–31)) et une autre annexe consacrée aux idées issues des travaux pratiques sur le terrain et indiquant comment les femmes ont été et pourraient être associées à tout ce qui est approvisionnement en eau et hygiène au niveau communautaire (INSTRAW-UNICEF 1985:32–45).

La seconde annexe est des plus intéressantes avec son projet d'inventaire des programmes réussis. Elle s'attache à un large éventail de projets d'approvisionnement en eau et d'assainissement et range dans des catégories utiles les conclusions tirées sur leur valeur ou leur caractère approprié. Elle examine la participation passée et future possible de la femme aux différentes tâches que comportent ces projets : planification au niveau communautaire ; évaluation des besoins ; collecte de données ; conception et choix de technologies ; réalisation (construction, exploitation et entretien), surveillance et évaluation ; formation et éducation en matière de santé et d'hygiène et questions particulières s'y rapportant. Elle s'attache aussi au contexte plus général des soins de santé primaires, du rôle de la femme dans la collectivité, et des femmes et du développement. La section sur la conception et le choix de technologies est un bon exemple des règles utiles (et souvent trop discrètes) qu'énonce le document. Ainsi,

> Dans la prise de décision en matière technologique, on doit tirer tout le parti voulu de la connaissance féminine de tout ce qui est approvisionnement en eau et assainissement dans l'environnement, et notamment de ce que sait la femme sur les sources et les régimes d'eau en saison sèche et en saison des pluies. Les femmes qui portent l'eau peuvent nous procurer d'importants renseignements. Ainsi... à Panama, les femmes ont conduit les ingénieurs à une source d'eau fraîche sur le littoral de l'île qui n'avait pas été découverte pendant l'étude de faisabilité... Si on consulte les femmes au moment de

concevoir des latrines, on pourra souvent apporter des changements technologiques simples qui les rendront plus acceptables à la population. Au Nicaragua, les femmes n'ont pas utilisé les latrines installées parce qu'on pouvait voir leurs pieds de l'extérieur.

(INSTRAW-UNICEF 1985:38)

Évaluation de types précis de technologie

Bien que de nombreuses évaluations techniques fassent fi ou traitent d'une manière simpliste des facteurs sociaux du contexte d'utilisation de la technologie étudiée, certains documents tiennent compte des réalités sociales. Ces études sont particulièrement utiles parce que les responsables des politiques d'aide ne peuvent lire les analyses sociologiques pour mettre du matériel en place dans des villages africains. Malheureusement, la critique des transferts de technologie a trop tendance à présenter un caractère général et sociologique. Trop souvent, on ne tient pas compte du plan de jonction entre les nouveaux objets matériels introduits et les individus et les collectivités qui doivent les utiliser. On devrait recourir à des études technologiques bien organisées et bien étayées de données de recherche pour renseigner concrètement et en détail sur les technologies envisagées et fournir des modèles dont pourront s'inspirer les auteurs de futures évaluations.

Un exemple de ce type de document est le petit livre intitulé *L'adieu au pilon : un nouveau système de mouture mécanique en Afrique* (Eastman 1980). Dans ce document, on décrit plusieurs prototypes d'appareils de décorticage et de mouture destinés à tirer une farine acceptable des céréales et des légumineuses. Ce n'est pas un manuel d'instructions complet, il cherche plutôt à passer en revue les connaissances et l'expérience acquises à l'occasion de la mise au point, de l'essai et de l'exploitation des divers moulins étudiés (Eastman 1980:5). Le décortiqueur choisi pour son utilité particulière dans le contexte des sociétés des régions tropicales semi-arides de l'Afrique est un prototype conçu à Saskatoon, au Canada, et modifié au Botswana. La brochure commence par examiner la nécessité de disposer d'un système spécial de mouture pour ces régions où le mil et le sorgho constituent les principaux produits de l'alimentation humaine. Elle expose aussi les problèmes des modes de meunerie traditionnels et les divers facteurs environnementaux et économiques qui déterminent cette nécessité. La raison la plus convaincante pour laquelle on se doit de mettre au point un procédé simple de meunerie mécanique à sec est que la population du Tiers-Monde en veut un. Dans une enquête menée dans plusieurs villages du Sénégal, les gens ont dit qu'un approvisionnement sûr en eau et des installations de mouture et de décorticage capables de tirer une farine convenable des céréales locales comptaient parmi les principales améliorations à apporter à la vie du village (Eastman 1980:8).

L'étude décrit les activités de mise au point de cette technologie et parle du premier moulin «pilote» établi à Maiduguri, au Nigéria. Après s'être attachée aux aspects purement techniques des systèmes de décorticage et de mouture, et notamment à leur applicabilité aux productions céréalières des régions semi-arides, la brochure dresse un cadre de planification de l'installation d'un moulin. Elle étudie deux catégories de moulins, les moulins à traitement continu devant desservir un grand territoire et fonctionner comme une usine, et les moulins de services permettant de transformer les produits des producteurs locaux à des fins d'autoconsommation. Onze étapes de planification sont proposées pour cette dernière catégorie : analyse des caractéristiques de la production et de la consommation céréalières ; choix de zones appropriées de culture du sorgho ;

réalisation d'une étude sur l'utilisation de moulins ; vérification de prélèvements de céréales et de farine en vue de s'assurer que la farine qui sortira du futur moulin plaira aux gens ; choix d'un emplacement pour le moulin ; budgétisation, financement et exécution des travaux de construction.

Le dernier chapitre du livret, le plus important pour notre propos, évalue les systèmes de mouture décrits dans les sections qui précèdent. D'après un certain nombre de facteurs techniques, économiques et sociaux, les auteurs de l'étude jugent le moulin de services préférable au moulin à traitement continu dans un grand nombre de contextes ruraux (ce dernier convenant plus particulièrement aux populations urbaines).

> Les planificateurs de travaux de construction de moulins doivent reconnaître que la mouture mécanique peut être la source de changements dans une société. Ainsi, dans beaucoup de collectivités rurales, une grande partie des échanges sociaux se font à l'occasion de l'accomplissement de tâches ménagères de routine comme le décorticage et la mouture des céréales. L'adoption d'un système de traitement continu pourrait faire disparaître cette occasion d'échanges communautaires, ce que ne fera pas nécessairement le moulin de services. Mentionnons également que, si un moulin à traitement continu fonctionne avec l'appui entier de la collectivité, l'économie locale est fondée sur la confiance, la conviction que le grain qui est vendu maintenant sera disponible plus tard sous la forme de farine. Le recours à un moulin de services n'exige pas le même degré de rendement du moulin et du marché, ni la même confiance dans ceux-ci.
>
> (Eastman 1980:43)

Textes «savants»

Outre les deux types d'études à orientation «développement», notre inventaire des programmes réussis comprend la documentation proprement «savante» consistant en études de cas, en bilans de projets et en bibliographies. En ce qui a trait aux études de cas, les associations de mouture de maïs du Cameroun, dont Wipper (1984:75–76 ; voir aussi chapitre 3) rend compte des succès, et les exemples du chapitre 3 montrent bien la valeur de ce type de documents. Ces cas comptent souvent parmi les plus intéressants à cause de leur cadre d'analyse de sciences sociales et, souvent, de critique féministe. Les bilans dressés dans une perspective «universitaire» ou «savante» sont également précieux, car la critique à laquelle ils se livrent est libre de toute restriction imposée par des liens avec un gouvernement ou un organisme de commande. Rogers (1980) a procédé à une analyse impitoyable des mécanismes d'aide et de leur incidence sur la femme et puisé des données dans un certain nombre de cas de développement précis. La bibliographie analytique de Mascarenhas et Mbilinyi (1983) est un excellent exemple d'une étude «orientée» combinant la documentation savante et non savante. Il s'en dégage un bilan de l'état général de la connaissance sur la femme dans un pays déterminé (Tanzanie).

Tâches de recherche dans le cadre de l'inventaire

Les sept tâches de recherche suivantes découlent des questions soulevées dans la section qui précède et dans tout notre exposé, ainsi que d'un examen de la nature des documents à répertorier.

- On doit établir des critères d'appréciation du succès des projets ou des initiatives réussis. (Le projet en question fait-il de la femme un des principaux intervenants ? La collectivité est-elle suffisamment associée à la prise de décision ? La correspondance entre les éléments matériels de la technologie et les caractéristiques, préférences, besoins, etc., physiques et sociaux des femmes est-elle satisfaisante ? La technologie en question peut-elle être durable au niveau des villages si on tient compte notamment des connaissances et des habitudes de travail des femmes ? Le transfert de technologie améliore-t-il ou maintient-il au moins l'autorité et l'autonomie de la femme dans la collectivité ? etc.).

- Il faut établir la période de l'examen. Le cadre peut être fonction des différents types de transfert de technologie et faire appel à des rapports de cas portant sur un certain nombre d'années et indiquant le moment où apparaissent les problèmes comme dans l'étude de Mraru.

- Là où le laps de temps ne permet pas de juger de la réussite à long terme ou là où on dispose de renseignements insuffisants en ce qui concerne les critères de succès établis, on devrait songer à une étude complémentaire (de suivi) sur le terrain.

- On devrait éventuellement organiser des recherches précises sur le terrain afin de recueillir de l'information sur les projets qui ont échappé à l'attention des organismes d'aide, des gouvernements ou des milieux de la recherche. Cette initiative serait particulièrement utile dans le cas des activités lancées par les collectivités.

- On devrait agencer l'information à obtenir sur les projets étudiés selon les quatre catégories de documents décrites plus haut : études de cas, bilans d'activités de développement, évaluations de types précis de technologie et textes savants. En ce qui concerne les études de cas, on devrait examiner la possibilité d'une corrélation entre l'origine d'une initiative (organisme, collectivité ou gouvernement) et son succès.

- Dans chaque pays africain, on devrait élaborer une bibliographie analytique sur le modèle de celle de Mascarenhas et Mbilinyi (1983). En embrassant l'éventail des travaux allant de la recherche théorique à la recherche appliquée, ce constat bibliographique pourrait indiquer l'état des ressources intellectuelles d'un pays, l'intérêt politique pour les questions féminines et les réalisations concrètes intéressant la question des femmes et du développement. Le document pourrait ainsi constituer une mine de renseignements aussi bien pour les activistes locaux luttant pour des changements législatifs ou autres que pour les praticiens de l'aide au développement cherchant à mieux comprendre la politique féminine du pays où ils travaillent.

- Réalisation de recherches sur les modes de diffusion de l'inventaire pour qu'il soit amplement utilisé par les foyers de recherche-action et les collectivités. La présentation de l'inventaire pourrait être adaptée en tout ou en partie à la clientèle. Sa forme pourrait être plus narrative lorsque le destinataire est un groupement communautaire. S'il a révélé l'existence de problèmes sociaux et économiques comparables dans l'application de deux types de technologie différents, on pourrait élaborer un bilan partiel pour ces deux types. Les villageois qui s'intéressent à un de ces types pourraient profiter des leçons tirées de l'examen de l'autre type. S'il y avait informatisation de l'inventaire, on pourrait en tirer «sur mesure» des inventaires partiels pour des collectivités ou des foyers de recherche-action particuliers.

Transformation de la relation d'aide spécialiste–bénéficiaire

Dans cette étude, nous avons fait voir une crise de la connaissance sur l'Afrique et, en particulier, l'aliénation des Africains par rapport à leur propre connaissance de ce qu'ils sont, situation dont souffre avant tout la femme africaine. La solution de ce dilemme représente une tâche immense et redoutable, mais on peut songer à un premier pas en avant qui présentera une utilité pratique pour les activités d'aide. La relation d'aide entre le spécialiste (chercheur ou praticien africain ou étranger) et le bénéficiaire (personne ou collectivité) est un point de transfert du pouvoir et de la connaissance et, à ce titre, elle constitue un sujet d'étude distinct permettant de scruter un certain nombre de problèmes de développement. Aspect des plus importants, une telle recherche nous éclairera sur les conditions de la présence ou de l'absence de connaissances acquises au niveau local sur ces problèmes. Nous suggérons donc le rapport d'aide spécialiste–bénéficiaire comme sujet de recherche. C'est aussi l'occasion d'un exercice d'application de la théorie aux questions pratiques de l'aide au développement. Nos arguments et nos suggestions concernant la recherche se rapporteront aux problèmes généraux de notre connaissance sur les Africains comme bénéficiaires et ne feront pas directement référence à la femme. On ne doit cependant pas oublier notre propos général qui est de mieux faire comprendre la question de la femme, de la technologie et du pouvoir en Afrique.

Réflexion sur la théorie

Nous prendrons encore une fois la pensée de Foucault comme cadre d'appréhension du rapport spécialiste–bénéficiaire comme objet d'investigation[2]. L'importante tâche de synthèse du matérialisme et de l'analyse du discours est maintenant «réservée». La dynamique de la relation d'aide donateur–bénéficiaire est largement fonction de la façon dont le bénéficiaire accueille le discours, qui dépend à son tour en partie des circonstances matérielles de l'intéressé. Comme l'exercice vise à mettre en lumière la façon dont le discours du développement perçoit les bénéficiaires comme destinataires des activités d'aide, on ne s'attache pas à la question du bénéficiaire comme sujet actif trouvant sa place dans les rapports de production locaux et entretenant des relations dynamiques avec le donateur. L'examen de cet important sujet fait partie intégrante des tâches de recherche définies à la page 179–183.

Il est difficile de caractériser les idées de Foucault sans les amplifier. Par son étude généalogique des pratiques culturelles contemporaines, il a diagnostiqué une tendance au renforcement de ce qu'il appelle l'omniprésence de l'organisation de la

---

[2]. Il s'agit ici d'appliquer la théorie à un problème concret et non pas d'examiner la documentation relevant de cette tradition théorique.

société. Comme l'expriment les excellents commentateurs de Foucault, Dreyfus et Rabinow (1983:xxvi),

> [ce qui est en cause ici, c'est] l'ordre croissant apporté dans tous les domaines sous le couvert de l'amélioration du bien-être de l'individu et de la collectivité. Pour le généalogiste, cette mise en ordre se présente comme une stratégie dont personne ne dirige l'application et qui tend de plus en plus largement ses filets, une stratégie dont la seule finalité est l'accroissement du pouvoir et de l'ordre lui-même.

Bien qu'il y ait d'autres façons d'interpréter l'histoire contemporaine et que d'autres penseurs comme Nietzsche, Weber et Heidegger aient eu cette vision avant Foucault, la contribution particulière de ce dernier tient à l'accent qu'il a mis sur le lien entre les pratiques sociales les plus menues et l'organisation à grande échelle du pouvoir. Il fait valoir que, depuis deux siècles, l'être humain a été de plus en plus conçu comme un sujet et un objet de connaissance. Il étaie son argumentation de plusieurs exemples éloquents et parle notamment de l'évolution des institutions pénales et du développement des idées modernes sur la sexualité (voir Foucault 1979, 1980a). Ces exemples nous indiquent comment notre culture essaie de normaliser l'individu par des moyens de plus en plus rationnels en le transformant en sujet porteur de signification et en objet docile (Dreyfus et Rabinow 1983:xxvii).

En suivant la réflexion de Foucault, on peut voir que le colonialisme d'abord et l'aide internationale ensuite ont exigé que le colonisé et, plus tard, les populations tributaires de l'aide internationale deviennent des objets de connaissance d'une manière nouvelle. Il était ensuite possible de les caractériser et de les rendre maniables d'abord comme sujets coloniaux et, par la suite, comme bénéficiaires des activités d'aide. Le rapport de la Banque mondiale sur l'Afrique (BIRD 1986 ; voir le chapitre 2, p. 33–34) est un bon exemple du but manifeste du discours de l'aide consistant à façonner des populations maniables de bénéficiaires. Les gouvernements sont appelés à créer un consensus social au sujet des politiques de planning familial, de mise en valeur de ressources et d'activité agricole de la Banque mondiale. Ce qui créera une population docile, c'est, bien entendu, l'acceptation de la conception de la Banque mondiale au sujet des problèmes de développement et les gouvernements africains ont le devoir de bien ancrer cette vision dans l'esprit des gens.

Comme nous ne pouvons nous affranchir du système de connaissances de l'Occident, il nous est difficile de voir à quel point ce que nous savons des populations du Tiers-Monde, la façon dont nous le savons et notre degré de connaissance ne correspondent pas à la nature de ce que ces populations savent d'elles-mêmes. Les catégories mêmes que nous employons, la systématisation et la généralisation de la connaissance que nous en avons, sont des produits de notre volonté de connaître, et non pas de la leur. Qui plus est, cette connaissance est un fruit des relations de pouvoir entre l'Occident et le Tiers-Monde et elle façonne à son tour ces relations (voir Payer 1982)[3].

Foucault prend des détours frustrants quand il se propose de dépeindre notre

---

[3]. Ce n'est pas dire que l'aide occidentale est exempte de tout véritable altruisme. Comme l'indique Foucault (1980:95), dans les grandes stratégies que se donne l'histoire, les inventeurs de tactiques sont souvent dépourvus d'hypocrisie. Il est intéressant de se rappeler cependant que le colonialisme était animé par tout un discours altruiste marqué (et un jour caricaturé) par l'évocation de la mission de l'homme blanc.

situation actuelle à l'aide de formules générales (Dreyfus et Rabinow 1983:xxvi). Son refus de nous livrer une grande théorie est néanmoins conforme à ses conclusions : une fois que l'on se rend compte de l'omniprésence, de la dispersion, de la complexité, de la contingence et de l'étagement de nos pratiques sociales, on constate que toute tentative de résumer ce qui se passe ne peut que mener à des déformations sans doute dangereuses (Dreyfus et Rabinow 1983:xxvi). Un autre problème que pose l'application de ses idées tient au caractère interprétatif de ses travaux :

> Foucault dit qu'il écrit l'histoire du présent et nous appelons la méthode qu'il emploie à cette fin l'analyse d'interprétation. C'est dire que, bien que l'analyse de nos pratiques actuelles et de leur développement historique représente une démonstration disciplinée et concrète susceptible de servir de base à un programme de recherche, le diagnostic établi suivant lequel l'organisation croissante de tout constitue la question essentielle de notre temps ne se prête en aucune manière à une démonstration empirique et se présente plutôt sous la forme d'une interprétation. Cette interprétation naît d'intérêts pragmatiques et se donne une orientation de même nature et, pour cela même, peut-être contestée par d'autres interprétations nées d'autres intérêts (Dreyfus et Rabinow 1983:xxvi).

Pour mettre ce problème dans le contexte de la pensée du développement, des critiques comme Mbilinyi (1985a ; voir p. 144–145), dont l'orientation pragmatique s'est traduite par une interprétation particulière du discours colonial, pourraient être contestés à l'aide d'arguments correspondant à des intérêts très différents (point de vue des élites postcoloniales dominées par les hommes, par exemple). Ces intérêts pourraient déterminer des interprétations différentes des mêmes données. L'analyse d'interprétation s'expose toujours à de telles contestations.

En dépit de ce problème et d'autres dans les travaux de Foucault (on peut parler, par exemple, d'une notion de pouvoir qui finit par embrasser tellement de choses qu'elle en perd son utilité), la volonté de prendre ses distances par rapport à ses propres systèmes de signification est la source d'intéressantes possibilités nouvelles de solution des dilemmes épistémologiques qui sont en cause ici. Précisément parce qu'il s'agit d'une méthode d'interprétation, cette démarche permet de dégager les connaissances locales des systèmes de pensée dominants qui les étouffent. Minson (1985:ix) nous dit en peu de mots ce que nous devrions faire et ne pas faire avec la théorie de Foucault :

> Le respect le plus judicieux des travaux de Foucault ne devrait pas nécessairement nous amener à attendre et à consommer avec dévotion tout ce qu'il a pu dire sur tous les sujets. Il y a quelque chose d'absurde dans l'héroïsation intellectuelle de ce penseur. Ses écrits demeureront, je crois, à cause d'une série de suggestions peu spectaculaires (et d'erreurs instructives) sur un ensemble restreint de questions théoriques, historiques et politiques... À mes yeux, le tribut le plus approprié [à payer à sa mémoire à la suite de son décès en 1984] est, d'une part, une attention critique constante à ses arguments et, d'autre part, l'élaboration d'une argumentation qui nous appartienne dans les domaines qu'il s'est efforcé d'ouvrir à notre investigation.

Pour démontrer l'utilité de la démarche de Foucault tout en suggérant un programme concret de recherche sur la relation d'aide spécialiste–bénéficiaire, je ferai appel à sa notion de pouvoir-connaissance des centres locaux (Foucault 1980a:98). Il soutient que, dans le discours, les objets de l'étude scientifique ne sont pas étrangers aux exigences économiques ou idéologiques du pouvoir. Ainsi, dans le discours sur la sexualité qui s'est élaboré depuis le XVIIIe siècle,

> si on a constitué celle-ci comme domaine d'investigation, ce n'est que parce que les relations de pouvoir en avaient fait un objet possible et, à l'opposé, si le pouvoir a pu se l'approprier comme objet, c'est parce que les techniques de la connaissance et les procédés du discours avaient été capables de la cerner.
> (Foucault 1980a:98)

Les centres locaux de pouvoir-connaissance sont les noeuds de cette action croisée. Des exemples de centres locaux sont les relations entre pénitents et confesseurs ou entre fidèles et directeurs de conscience. Là, sous l'influence du thème de la «chair» qui doit être domptée, différentes formes de discours (examen de conscience, interrogation, aveu, interprétation et entretien) ont constitué le véhicule d'un va-et-vient incessant de formes d'étouffement et de schèmes de connaissance (Foucault 1980a:98). Le rapport entre le médecin et son patient forme un autre centre local qui a vu le jour au cours des derniers siècles et représente une force considérable dans toutes les sociétés du monde contemporain.

À mon avis, la relation d'aide spécialiste–bénéficiaire est un autre centre local de pouvoir-connaissance. C'est un point essentiel du processus de transfert de technologie et, plus généralement, un lieu important d'élaboration aussi bien des relations de pouvoir que des connaissances sur le destinataire des activités d'aide. Pour adapter l'expression de Foucault (1980a:98), le bénéficiaire de l'aide au développement est devenu un objet d'investigation parce que les relations de pouvoir en avaient fait un objet possible. À l'inverse, individu et collectivité peuvent devenir la cible de relations de pouvoir à cause de l'apparition de techniques de connaissance qui ont permis de les concevoir comme des bénéficiaires. En d'autres termes, la connaissance des Africains comme bénéficiaires acquise à la faveur des activités d'aide sert à son tour à former, à organiser et à étendre cette aide et comme discours de développement et comme ensemble de pratiques. On peut trouver un exemple concret de ce processus dans Rogers (1980:120–138 ; voir chapitre 6, p. 137–138), qui montre comment la connaissance de la matrilinéarité voit le jour à la faveur de la relation entre le spécialiste (en l'occurrence la Banque mondiale) et le bénéficiaire des activités d'aide (en l'occurrence les sociétés matrilinéaires du Malawi). Cette vue de la matrilinéarité comme phénomène socialiste et matriarcal sert ensuite à façonner des politiques appropriées, c.-à-d. à orientation antimatrilinéarité. Elle forme également la matrice (dispositif ou grille d'intelligibilité) où s'insérera toute nouvelle information sur les systèmes de parenté. Le discours et la pratique du développement dans le projet de Lilongwe ont, par conséquent, pour effet de supprimer la filiation matrilinéaire et d'entamer sérieusement les droits de la femme et le contrôle qu'elle exerce sur les ressources.

L'aide internationale étant ouverte, intentionnelle et massive, on a un exemple particulièrement éloquent de la pénétration profonde des nouvelles relations de pouvoir-connaissance dans les diverses sociétés. La transformation examinée par Foucault (1979) des structures pénales et des idées sur la criminalité était décousue et n'obéissait à aucune stratégie ouverte et globale (mais elle se traduisait par une orientation globale en ce qui concerne les prisons et la réforme carcérale). Par contraste, l'aide internationale se caractérise par un immense et manifeste déséquilibre entre donateurs et destinataires sur le plan des connaissances scientifiques, situation que les activités d'aide devraient contribuer du moins en partie à corriger. Il est possible de dire que la pénologie et la criminologie sont des pseudosciences (voir Dreyfus et Rabinow 1983:162–167) et qu'une grande partie de nos connaissances soi-disant objectives sur l'Afrique sont de la même eau, mais il existe un noyau irréductible de connaissances techniques et scientifiques liées à la technologie que ne peuvent écarter d'emblée les critiques du discours du développement. De plus, aucun affranchissement des connaissances étouffées ne pourra redresser l'inégalité des relations de pouvoir-connaissance fondées sur ce noyau irréductible. La transformation du rapport spécialiste–bénéficiaire de l'aide internationale passe par une séparation des connaissances véritablement supérieures de l'idéologie ou de la science indigente déguisée en connaissance supérieure.

Quel est le processus intellectuel par lequel les idées formées dans un contexte empirique différent apparaissent intéressantes et utiles à ceux qui étudient l'aide au développement de l'Afrique ? L'application de la théorie se fait toujours en partie par l'intuition. On ne fait pas toujours les liens nécessaires quand on se sert du raisonnement et de ses opérations linéaires. Si on considère les systèmes patents de domination auxquels l'Afrique en général et la femme en particulier se sont prises, toute réflexion sur les relations entre le pouvoir et la connaissance est évidemment utile. Les africanistes tant locaux qu'étrangers réfléchissent depuis longtemps à l'histoire de la connaissance sur l'Afrique (Davidson 1969:17–31, p. ex.). Une des grandes impulsions du féminisme du XXe siècle est venue de la constatation que la connaissance sur les femmes et les relations entre les sexes était prisonnière des systèmes de pouvoir dominés par l'homme.

J'ai choisi les idées de Foucault comme exemple d'application créatrice de la théorie. Il existe cependant d'autres traditions philosophiques et sociologiques qui pourraient se révéler riches en nouvelles possibilités de recherche. Le modèle actuel le plus développé du double exercice de critique et d'application de la théorie est le débat qui a cours depuis vingt ans sur l'utilité de la pensée marxiste pour l'étude de l'Afrique. Ce débat a permis une adaptation variée et très féconde de la méthode et de la théorie marxistes à l'étude de l'économie politique africaine. Nous avons fait mention dans tout notre exposé des heureux résultats de ce mouvement, surtout dans le cadre de l'économie politique féministe.

Compte tenu du problème des connaissances étouffées, il peut sembler contradictoire de suggérer une autre application des traditions savantes occidentales à la compréhension de la condition africaine. La contradiction n'existe qu'en apparence. L'élément clé ici est la découverte des théories et des méthodes utiles (contrairement à ce que pouvaient faire, par exemple, les sciences politiques du début des années 60 qui assimilaient les nouvelles institutions politiques africaines à des variantes des régimes américains ou européens [voir l'étude d'Almond et Coleman 1986, qui a exercé une grande influence]). La solution du problème des connaissances étouffées ne peut être simplement d'ordre géographique, comme les Africains sont les premiers à le reconnaître. L'utilité d'un cadre théorique tient à la possibilité qu'il offre de reconnaître et de rectifier les explications culturellement relatives, ethnocentriques et sexistes des sociétés non occidentales. Cette utilité ne dépend ni du fait que le théoricien ait examiné une société non occidentale (Foucault ne l'a pas fait) ni du fait que ce même théoricien soit libre de tout ethnocentrisme et de toute erreur empirique dans une étude de sociétés non occidentales (on juge, par exemple, que les écrits de Marx sur l'Inde sont eurocentriques et inexacts [Katz 1989]). Ce qui importe ici, c'est que les deux types de théoriciens offrent aux Africains les instruments voulus pour critiquer la la conceptualisation du traditionnel comme un pôle immuable de la dichotomie tradition–modernité (voir p. 142–145).

Hypothèse 3

Quand on n'assimile pas les destinataires de l'aide à des catégories collectives (emploi des termes «population», «ressources» ou«obstacle»), on les voit comme l'objet ou la cible des politiques d'aide. Dans bien des cas, c'est l'individu et non pas la collectivité qui constitue cette cible. En fait, les tendances traditionnelles de l'activité économique collective en matière de propriété et d'utilisation du sol, par exemple, ont été considérées comme des entraves au développement et, par conséquent, les politiques adoptées ont privilégié l'individu au détriment de la collectivité (voir Leonard 1986:198)[5]. Et pourtant, comme l'admettent volontiers aujourd'hui les penseurs du développement, il apparaît clairement maintenant que ces conceptions sous-estiment largement l'adaptabilité des régimes collectifs de propriété du sol... Les systèmes dits traditionnels n'ont pas gêné en réalité le développement agricole... Les coûts sont peu élevés et les avantages nombreux quand les régimes fonciers relèvent des collectivités locales (Leonard 1986:198). Le problème des politiques d'aide ne s'explique pas uniquement par le peu de goût que l'on aurait de traiter avec les collectivités. La notion de vie humaine trouvant tout son sens et son expression comme partie intégrante d'une collectivité est étrangère dans une très large mesure à la pensée occidentale. Il s'agit d'un problème épistémologique urgent pour les recherches et les politiques d'aide, comme tout notre propos le fait voir.

Hypothèse 4

Les individus destinataires de l'aide internationale sont non seulement un objet ou une cible pour les politiques de développement, mais posent un problème à ce titre. Les analyses de projets voient fréquemment un problème dans les attitudes et les pratiques des femmes, même quand un projet vise à faire participer la femme aux activités de développement. L'intéressante évaluation de Getechah (1981) du rôle de la femme kényane dans la mise en valeur des ressources en eau (voir p. 36) est néanmoins symptomatique de la conception des destinataires de l'aide internationale comme éléments problèmes. Elle aborde la question de la contribution possible des femmes aux projets d'approvisionnement en eau dans un contexte de pauvreté, d'ignorance et de manque de savoir-faire technique dans la population rurale féminine (Getechah 1981:86). Cela veut dire que les femmes manquent d'autonomie, qualité qui, paradoxalement, doit venir du haut (paradoxe qui hante le mouvement kényan d'incitation des femmes des régions rurales à adhérer à des groupes d'entraide). Quand des groupes se caractérisent véritablement par une orientation d'auto-assistance et qu'ils sont nés au niveau local des besoins et des pratiques collectifs des femmes, ils restent souvent en marge de tout soutien et de tout contrôle administratifs. C'est pourquoi ils sont soit ignorés soit considérés comme une cible pour les activités d'aide et un élément à attirer dans les filets de la gestion.

À la notion d'insuffisance des qualités des destinataires de l'aide correspond comme corrélatif nécessaire la notion de potentiel (ainsi, on pourra dire que, bien

---

5. Il convient de noter que la langue continue à poser la question des régimes fonciers d'un point de vue strictement économique, et non pas social ou éthique.

que les femmes aient apporté une contribution importante, leur potentiel n'a pas été pleinement exploité [Getechah 1981:87]). Donc, même si les bénéficiaires posent un problème, ils offrent une page blanche de possibilités non exploitées sur laquelle pourront s'inscrire les dernières trouvailles de l'aide au développement, du souci des années 50 de faire mousser l'image de la ménagère vertueuse et soucieuse de propreté (voir Koeune 1952) au regain de faveur de la mère nourricière et allaitante proche de la terre en passant par l'évocation de l'artisane créatrice et source de revenus et de l'«environnementaliste» pour qui les économies de combustible et la plantation d'arbres n'ont plus de secrets. Encore une fois, je ne veux pas décrier les buts associés à ces images, j'essaie plutôt de montrer à quel point le discours du développement se fonde sur ces images qui relèvent souvent plus des préoccupations politiques ou culturelles de l'Occidental que des besoins réels des femmes concernées.

Hypothèse 5

Dans l'ensemble, les destinataires de l'aide, qu'il s'agisse de collectivités ou d'individus, sont conçus par le discours du développement comme des sujets à «gérer», la contribution des bénéficiaires se limitant à la fourniture d'une rétroaction au système de recherche (Leonard 1986:197). Le lieu de l'interaction est la vulgarisation, terme qui a acquis ses lettres de noblesse dans le développement agricole en Occident et qui pose des problèmes particuliers de conception des tâches de développement dans le Tiers-Monde. La relation d'aide spécialiste–bénéficiaire, qui constitue le point de transfert le plus important de la technologie et d'autres aspects du développement, devient un avant-poste d'un système, une sorte de frontière dont un des côtés est occupé par l'agent de vulgarisation et l'autre, par le destinataire de l'aide. Le système «formation et visite» de vulgarisation agricole de la Banque mondiale, une des solutions les mieux vues des problèmes de développement agricole, incarne cette conception de la relation spécialiste–destinataire comme système de gestion (voir BIRD 1983:94–95). Mode hautement discipliné de gestion de la vulgarisation, le système «formation et visite» est la meilleure solution qui semble s'offrir pour ces exigences de gestion (Leonard 1986:196–197).

Même l'excellent modèle de diffusion de technologie élaboré par Rachlan (1986) et dont nous avons parlé plus haut (p. 113–114) succombe aux charmes des concepts de ressources, de cible et de bénéficiaire. Manifestement, les programmes d'aide sont par définition des systèmes qui font passer l'information et la technologie d'un secteur où elles sont connues à un autre où elles ne le sont pas. Chercheurs et décideurs devraient être plus conscients des relations de pouvoir et de la domination des connaissances locales créées par cette logique de la diffusion.

Hypothèse 6

Les connaissances des femmes demeurent invisibles dans le discours du développement. Les études anthropologiques ont indiqué qu'il existe de grands secteurs féminins de production et d'utilisation de connaissances en Afrique. Dans les études anthropologiques plus anciennes, ce fait se dégageait «par défaut». Ainsi, l'observation déconcertante suivante figure dans l'étude faite par Lambert (1956:96) des institutions politiques des Kikouyou : «Les hommes disent qu'ils ne savent pas au juste si... les réunions de femmes sont organisées à des fins précises ou s'il s'agit de comités spéciaux de *chiama* [conseils] permanents et organisés». À l'instar de nombreux spécialistes des sciences sociales, Lambert se plaisait à laisser dans l'ombre les domaines de connaissance des femmes qu'évoquaient vaguement ses informateurs masculins (l'idée d'interroger directement les femmes ne lui étant sans doute jamais venue à l'esprit).

Les études du développement ont perpétué cette tradition et c'est pourquoi les connaissances féminines sur la famille, l'agriculture, les soins de santé, la nutrition et les technologies qui s'y rattachent n'ont jamais été exploitées ni analysées systématiquement. Les projets d'aide se sont ainsi appuyés sur des connaissances erronées et incomplètes, comme l'illustrent de nombreux exemples cités dans cet exposé. Les institutions d'aide et les gouvernements dominés par les hommes sont à la recherche de connaissances masculines dans les centres locaux de pouvoir-connaissance, renforçant de ce fait sans le vouloir la domination des hommes, perturbant les rapports locaux de pouvoir-connaissance et aliénant la femme par rapport au processus de développement. Les structures masculines de connaissance incomplètes sont considérées comme représentant la totalité des connaissances locales. Les connaissances féminines deviennent, si on leur accorde une pensée, une sorte d'affaire privée ne relevant pas de la compétence des responsables d'un projet d'aide, un type de connaissance comparable à la connaissance que peut avoir la ménagère occidentale (selon l'image stéréotypée qu'on en a) des détersifs à employer pour la lessive ou des couches pouvant convenir à son bébé. La suppression de ces connaissances et la déformation des relations locales de pouvoir-connaissance sont une des conséquences les plus tragiques de l'aide occidentale comme elle se pratique en Afrique depuis 30 ans.

Transformation de la relation spécialiste–bénéficiaire

L'exercice théorique qui précède n'est véritablement utile (en dehors de sa contribution possible aux progrès de la recherche) que s'il permet de mieux cerner les politiques et les pratiques d'aide peu appropriées et de les transformer. À la faveur d'un exercice qu'Althusser (1977:253) appelle une lecture «symptomatique» des textes, les six hypothèses ont fait naître une série d'idées concrètes sur les modes de structuration de la connaissance des problèmes de développement. La vérification de ces hypothèses au contact de projets d'aide existants et leur utilisation dans la conception des futures activités d'aide peuvent ouvrir la voie à une transformation de la relation d'aide spécialiste–bénéficiaire. Dans cette dernière section, le chapitre 7 évoque des tâches de recherche pour une telle transformation.

D'abord, il faut procéder à une étude des activités d'aide qui ont tenu compte des connaissances et des agents locaux, et il est question ici non seulement des femmes, mais aussi des structures et des pratiques de prise de décision au niveau communautaire[6]. Comme point de départ, on pourrait effectuer un examen de la documentation spécialisée dans chaque foyer de recherche-action. Certains organismes de développement se sont vraiment efforcés de répertorier et d'évaluer ces efforts. L'étude du CRDI intitulée *Recherche à la ferme : participation des*

---

[6]. Il importe de ne pas idéaliser les connaissances locales et de ne pas penser au départ que les pratiques traditionnelles fructueuses ont nécessairement survécu à une évolution rapide et irrésistible. Nous ne devons pas perdre de vue non plus les mécanismes par lesquels les gens influents d'une localité exploitent les traditions à leur propre avantage. La politique d'interprétation des connaissances locales est un important sujet à aborder dans ce type de recherche.

paysans au développement de la technologie agricole (Matlon et al. 1984) en est un exemple digne de mention. Le bilan devrait faire état en particulier d'études comme celle de Matlon et al. (1984) qui mettent l'accent sur la recherche participative. Le relevé devrait présenter sous une forme systématique les propositions et les expériences d'activités participatives, apprécier la nature de la connaissance que peut avoir le spécialiste du bénéficiaire et tenter de voir comment les spécialistes utilisent et caractérisent les connaissances locales. Dans la réflexion sur la femme comme destinataire de l'aide, il est nécessaire mais non pas suffisant de passer en revue les exposés de vues et les comptes rendus de toutes les conférences FED. Ceux-ci se contentent trop souvent de donner de l'information «normative» étayée de petits résumés de projets (INSTRAW/UNICEF 1985, p. ex.).

Ensuite, les principes essentiels d'une transformation de la relation d'aide spécialiste–bénéficiaire doivent être extraits des documents relevés dans l'enquête (études de cas précis et bilans comme celui de Matlon et al. (1984)) et codifiés. Le problème des frontières a empêché les idées des quelques bonnes études qui existent de circuler en dehors du cercle des spécialistes du domaine étudié. L'étude de Matlon et al. (1984) sur la participation des agriculteurs est un exemple des possibilités de franchissement des frontières. Entre autres tâches utiles, elle présente et évalue l'orientation recherche–développement–production en développement agricole où la participation de l'agriculteur sert d'abord à diagnostiquer les problèmes, ensuite à concevoir des améliorations techniques et enfin à utiliser et à évaluer les éléments d'innovation (Matlon et al. 1984:12).

La démarche RDP est formée de trois catégories de méthodes. La première consiste en évaluations que permet une collaboration étroite entre des chercheurs expérimentés et les agriculteurs et qui tiennent compte des rapports entre les cadres écologique et technique, entre les techniques et les systèmes d'exploitation agricole et entre les techniques et les sociétés. La deuxième consiste en expériences qui ne font pas intervenir les méthodes de station de recherche, mais mettent au point des techniques et des outils statistiques en vue d'essais gérés par les exploitants. Certains chercheurs voient dans ces essais un prolongement des expériences entreprises en station, d'autres les considèrent comme l'amorce des expériences, le véritable cadre d'un dialogue qui s'engage avec l'agriculteur. Les essais... renseignent sur la production et la consommation réelles au niveau de la parcelle, de l'exploitation, de la collectivité rurale et du pays. La troisième catégorie de méthodes est du type «adoption, vulgarisation et adaptation» et prévoit l'adaptation précise des éléments d'innovation mis au point dans la ferme et en milieu contrôlé à d'autres localités et à d'autres types de production (Matlon et al. 1984:12–13).

Dans cet exemple, la codification proposée des principes de recherche et de politiques ferait appel aux trois catégories méthodologiques et créerait des généralisations applicables à d'autres contextes. Ainsi, les programmes agricoles ayant directement pour objet les agricultrices pourraient, dans la première catégorie de méthodes, prévoir une évaluation de la connaissance des techniques, de l'état des sols, etc., qui est spécifique aux femmes, ainsi que l'étude de la façon dont ces connaissances proprement féminines pourraient s'intégrer aux techniques proposées par les spécialistes de l'aide internationale. Dans la deuxième catégorie, on pourrait concevoir expressément des «essais gérés par les exploitants» en fonction des possibilités et des contraintes des responsabilités multiples et de l'emploi du temps des agricultrices. Dans la troisième catégorie, on pourrait songer à des travaux de recherche permettant de recueillir des données au sujet des conséquences d'éléments d'innovation déterminés sur les activités agricoles des femmes.

En dehors de l'agriculture, on pourrait évaluer l'adaptabilité de l'orientation RDP au domaine de la technologie de la santé. En mettant l'accent sur la participation, le dialogue et les essais et évaluations centrés sur les bénéficiaires, on s'éloignerait avantageusement de la conception des destinataires des soins de santé comme objet passif et individuel de la recherche et de la prestation de services. Cette tâche pourrait être difficile si on considère la compétence beaucoup moins évidente du bénéficiaire de services de santé par rapport à celle de l'agriculteur, ainsi que le caractère spécialisé des connaissances médicales. En ce qui a trait aux méthodes de recherche, pour établir un parallèle avec les essais gérés par les exploitants, on pourrait délaisser l'orientation hospitalière des méthodes de recherche médicale et adapter celles-ci aux cliniques rurales et aux capacités et au savoir-faire des auxiliaires médicaux, des guérisseurs traditionnels et des sages-femmes.

Le discours du développement qui sous-tend certains projets (avec l'assimilation des projets à des centres locaux de pouvoir-connaissance) devrait faire l'objet d'un examen critique. On insiste beaucoup sur l'importance d'une constatation et d'une reproduction des cas de réussite, et à juste titre. On ne s'attache guère cependant aux enseignements à tirer des politiques et des recherches médiocres. Les critiques féministes et autres des projets d'aide se complaisent trop souvent dans les condamnations générales et n'examinent pas en détail pourquoi une politique d'aide déterminée laisse à désirer et relève d'un exercice peu approprié du pouvoir sur les bénéficiaires (qu'il s'agisse des spécialistes de l'aide étrangère ou du gouvernement du pays destinataire). Dans cet examen critique, on devrait tenter d'établir un lien entre les échecs de projets et le cadre de connaissance où ces projets ont vu le jour. Cette tâche n'est pas aussi étrangère à nos soucis qu'on pourrait le croire : les erreurs si souvent répétées de la recherche sur le développement et des politiques d'aide se répéteront encore à moins qu'on n'en vienne à une compréhension plus nette et plus systématique de ces erreurs. On pourrait se retrouver à la fin avec un document où seraient répertoriés et expliqués les problèmes que posent les démarches adoptées en matière d'aide au développement.

Des conceptions nouvelles de la relation d'aide spécialiste–bénéficiaire pourraient s'élaborer grâce à un relevé et à une analyse des projets de recherche axés sur une «habilitation» locale. Les foyers féminins africains de recherche-action sembleraient tout désignés pour une telle recherche. Le WRDP pourrait servir, par exemple, de modèle. Ce qui était au départ en 1978 un petit groupe d'étude formé de femmes universitaires et non universitaires a été incorporé en 1980 à l'Institut des études de développement de l'Université de Dar es-Salaam. Des différences fondamentales de conception organisationnelle entre les membres du groupe et la majorité masculine de l'Institut, ainsi que les tentatives de s'emparer des fonds et du matériel que les premiers avaient réussi à acquérir, ont provoqué le départ du groupe et la constitution officielle du WRDP en 1982 (Mbilinyi 1985b:75–76). Cet organisme est maintenant affilié au Programme des femmes du Conseil international pour l'éducation des adultes et à l'Association africaine d'éducation des adultes et est un bon exemple des leçons à tirer des luttes en vue de l'établissement d'activités de recherche sur le développement centrées sur les femmes et dirigées par elles. On accorde actuellement la priorité à un projet d'expériences de vie où on opère un rapprochement entre l'expérience du changement social et des problèmes de développement et la vie personnelle. Le WRDP a adopté comme principe primordial de ses travaux de recherche-action la participation des femmes tanzaniennes ordinaires aux activités de recherche et de développement (voir CWS/cf 1986:67–68).

La récupération des connaissances féminines représente une tâche de recherche urgente pour les artisans du développement. Le projet d'expériences de vie du WRDP est une excellente façon de procéder. On pourrait recourir à d'autres types de recherche sur le terrain. On devrait puiser des méthodes utiles dans l'histoire et la sociologie africaines contemporaines. Les chercheurs féministes en particulier ont mis au point des techniques de recherche sur le terrain qui pourront servir à cette étude des connaissances féminines. En plus de cette recherche nouvelle, on devrait entreprendre un examen systématique des ethnologies publiées pour en extraire des informations sur des sociétés déterminées, les systèmes de connaissance masculine et féminine et le contenu réel des connaissances féminines. On n'a pas à se limiter aux seuls documents parus pour cette recherche de données dans les études antérieures sur le terrain, on pourrait aller chercher chez les ethnologues vivants les renseignements consignés dans leurs carnets de recherche inédits.

Le document en quatre volumes de Molnos (1972–1973) sur la population d'Afrique orientale pourrait servir de modèle à cette tâche de recherche. Le premier volume recense la recherche socio-culturelle de 1952 à 1972. Le deuxième traite de l'innovation qu'ont connue les sociétés de cette région de l'Afrique, notamment en ce qui concerne le planning familial. En seconde partie, ce volume étudie ces thèmes dans 28 groupes ethniques d'Afrique orientale. Le volume III aborde la question des croyances, opinions et pratiques traditionnelles de ces groupes. L'enquête consacrée à ceux-ci forme le noyau empirique de l'étude. Le quatrième volume est une bibliographie disposée par groupes ethniques. En plus de passer en revue les documents publiés, Molnos a demandé des contributions à 37 spécialistes des sciences sociales, dont beaucoup étaient les ethnographes initiaux des 28 groupes en question (Philip Gulliver pour les Turkana du Kenya et Monica Wilson pour les Nyakyusa de Tanzanie, pour ne citer que ces exemples). Ces chercheurs n'avaient cependant rien écrit sur la fécondité, les attitudes à l'égard des enfants et d'autres facteurs présentant un intérêt immédiat pour l'étude de la question du planning familial. En fait, grâce à cette sollicitation de Molnos, on dispose maintenant d'un ensemble unique de données comparatives en matière de rapports entre les sexes qui serait demeuré enfoui dans l'esprit et les notes inédites de certains grands anthropologues.

Un élément clé du succès de Molnos (1972–1973) a été son choix judicieux de collaborateurs anthropologues. Elle s'est intéressée aux chercheurs dont les recherches complètes sur le terrain et l'intérêt pour les mécanismes sociaux familiaux leur permettraient sans doute d'aller puiser dans les données brutes des réponses à ses questions. Un autre aspect de son succès est l'extrême méthode avec laquelle elle s'est assuré l'aide enthousiaste et systématique de ces collaborateurs. Son étude parrainée par l'Institut des études africaines de l'Université de Nairobi et financée par la Fondation Ford compte parmi les meilleurs fruits peu connus des sciences sociales appliquées.

Conclusion

Un dilemme se trouve au coeur des efforts de transformation de la relation d'aide spécialiste–bénéficiaire. Par définition, l'aide établit un lien entre celui qui donne et celui qui reçoit. Et pourtant, l'examen qui précède et notre exposé tout entier indiquent que l'assimilation des Africains à des destinataires par les activités d'aide les a fait concevoir comme des cibles, des obstacles ou des bénéficiaires passifs recevant quelque chose qu'ils n'ont pas mérité par leur travail. Comment les organismes d'aide peuvent-ils continuer à apporter leur aide, tout en repensant la façon dont se pratique cette aide et en faisant du destinataire un véritable partenaire dans l'opération ? En ce qui concerne les femmes et les transferts de technologie en Afrique, la solution se trouve seulement dans les idées de ces femmes et de ces hommes africains qui ont dû s'attaquer eux-mêmes à la question.

Bibliographie

ACDI (Agence canadienne pour le développement international). 1987. Partageons notre avenir : l'assistance canadienne au développement international. ACDI, Hull, Qué., Canada.

Achebe, C. 1983. The trouble with Nigeria. William Heinemann, Ltd, Londres, R.-U. p. 19.

AFARD (Association des femmes africaines pour la recherche et le développement). 1982. The experience of the Association of African Women for Research and Development. *In* Another development with women. Proceedings of a seminar held in Dakar, Senegal, June 1982. Development Dialogue, 1(2), 101–113.

_____1983. A statement on genital mutilation. *In* Davies, M., compiler, Third World — second sex: women's struggles and national liberation, Third World women speak out. Zed Press Ltd, Londres, R.-U.

_____1985. AAWORD Newsletter, 1985. AAWORD, Nairobi, Kenya.

Afonja, S. 1986a. Changing modes of production and the sexual division of labor among the Yoruba. *In* Leacock, E., Safa, H., éd., Women's work: development and the division of labour by gender. J.F. Bergin, Publishers, Inc., South Hadley, MA, É.-U.

_____1986b. Land control: a critical factor in Yoruba gender stratification. *In* Robertson, C., Berger, I., éd., Women and class in Africa. Holmes & Meier Publishers, Inc., New York, NY, É.-U.

Afshar, H., éd. 1985. Women, work, and ideology in the Third World. Tavistock Publications Ltd, Londres, R.-U.

_____1987. Women, state, and ideology: studies from Africa and Asia. State University of New York Press, Albany, NY, É.-U.

Agarwal, A. 1984. Beyond pretty trees and tigers: the role of ecological destruction in the emerging patterns of poverty and people's protests. Fifth Vikram Sarabhai Memorial Lecture. Indian Council of Social Science Research, New Delhi, Inde.

Agarwal, B. 1985. Women and technological change in agriculture: the Asian and African experience. *In* Ahmed, E., éd., Technology and rural women: conceptual and empirical issues. George Allen & Unwin (Publishers) Ltd, Londres, R.-U.

_____1986. Cold hearths and barren slopes: the woodfuel crisis in the Third World. Allied Publishers Pvt Ltd, New Delhi, Inde.

Ahmed, E., éd. 1985. Technology and rural women: conceptual and empirical issues. George Allen & Unwin (Publishers) Ltd, Londres, R.-U.

Almond, G., Coleman, J., éd. 1960. The politics of developing areas. Princeton University Press, Princeton, NJ, É.-U.

Althusser, L. 1971. Ideology and ideological state apparatuses. *In* Lenin and philosophy. New Left Books, Londres, R.-U.

_____1977. For Marx. New Left Books, Londres, R.-U.

Althusser, L., Balibar, E. 1970. Reading capital. New Left Books, Londres, R.-U.

Amadiume, I. 1987. Male daughters, female husbands: gender and sex in an African society. Zed Press Ltd, Londres, R.-U.

Amin, S. 1972. Underdevelopment and dependency in Black Africa — origins and contemporary forms. Journal of Modern African Studies, 10(4), 503–524.

Anderson, M. 1985. Technology implications for women. In Overholt, C., Anderson, M., Cloud, K., Austin, J., éd., Gender roles in development projects: a case book. Kumarian Press, West Hartford, CT, É.-U.

Ardener, S., éd. 1975. Perceiving women. Benjamin Dent Publications Ltd, Londres, R.-U.

Armstrong, K. 1978. Rural Scottish women: politics without power. Ethnos (Stockholm), 43, 51–72.

ATAC (Appropriate Technology Advisory Committee). 1985. Tech & tools: an appropriate technology event for women at Forum '85. In Program of events: 9–19 July 1985, Nairobi, Kenya. World YWCA/International Women's Tribune Centre/ATAC, Nairobi, Kenya.

ATRCW (African Training and Research Centre for Women). 1985a. Women and development planning: an African regional perspective. In Were, G.S., éd., Women and development in Africa. Gideon S. Were Press, Nairobi, Kenya.

_____1985b. Women and the mass media in Africa: case studies from Sierra Leone, The Niger, and Egypt. In Were, G.S., éd., Women and development in Africa. Gideon S. Were Press, Nairobi, Kenya.

Badri, B. 1986. Women, land ownership, and development in the Sudan. Canadian Woman Studies/les Cahiers de la femme, 7(1/2), 89–92.

Baran, P. 1968. The political economy of growth. Monthly Review Press, New York, NY, É.-U.

Barrett, M. 1980. Women's oppression today: problems in Marxist feminist analysis. Verso Editions, Londres, R.-U.

Barrett, M., McIntosh, M. 1982. The anti-social family. Verso Editions, Londres, R.-U.

Baudrillard, J. 1975. The mirror of production. Telos Press, St Louis, MO, É.-U.

Baxter, D., éd. 1987a. Women and the environment in the Sudan. University of Toronto, Toronto, Ont., Canada. Project Ecoville, Working Paper, 42.

_____1987b. Women and the environment: a downward spiral. In Baxter, D., éd., Women and the environment in the Sudan. University of Toronto, Toronto, Ont., Canada. Project Ecoville, Working Paper, 42.

Bay, E., éd. 1982. Women and work in Africa. Westview Press, Boulder, CO, É.-U.

Bay, E., Hafkin, N., éd. 1975. Women in Africa. African Studies Review, 18(3).

Beneriá, L., Sen, G. 1986. Accumulation, reproduction, and women's role in economic development: Boserup revisited. In Leacock, E., Safa, H., éd., Women's work: development and the division of labour by gender. J.F. Bergin, Publishers, Inc., South Hadley, MA, É.-U.

Bennett, F.J. 1981. Editorial. Social Science and Medicine, 16(3), 233–234.

Berg, R.J., Whitaker, J.S., éd. 1986. Strategies for African development. A study for the Committee on African Development Strategies sponsored by the Council on Foreign

Relations and the Overseas Development Council. University of California Press, Berkeley, CA, É.-U. 603 p.

Bernstein, H. 1977. Notes on capital and peasantry. Review of African Political Economy, 10, 60–73.

BIRD (Banque internationale pour la reconstruction et le développement). 1979. Recognizing the "invisible" woman in development: the World Bank's experience. BIRD, Washington, DC, É.-U.

_____1981. Accelerated development in sub-Saharan Africa: an agenda for action. BIRD, Washington, DC, É.-U.

_____1983. World development report 1983. Oxford University Press, New York, NY, É.-U.

_____1986. Financing adjustment with growth in sub-Saharan Africa, 1986–90. BIRD, Washington, DC, É.-U.

Blair, P., éd. 1981. Health needs of the World's poor women. Equity Policy Centre, Washington, DC, É.-U.

Boserup, E. 1970. Women's role in economic development. George Allen & Unwin (Publishers) Ltd, Londres, R.-U.

Brett, E.A. 1973. Colonialism and underdevelopment in East Africa: the politics of economic change 1919–39. William Heinemann, Ltd, Londres, R.-U.

Brink, P. 1982. Traditional birth attendants among the Annang of Nigeria: current practices and proposed programs. Social Science and Medicine, 16(21), 1883–1892.

Briskin, L. 1985. Theorizing the capitalist family/household system: a Marxist–feminist contribution. York University, Toronto, Ont., Canada. Thèse de doctorat.

Brownmiller, S. 1976. Against our will: men, women, and rape. Bantam Books Inc., New York, NY, É.-U.

Bryceson, D. 1980. The proletarianization of women in Tanzania. Review of African Political Economy, 17, 4–27.

_____1985. Women and technology in developing countries: technological change and women's capabilities and bargaining positions. United Nations International Research and Training Institute for the Advancement of Women, Saint-Domingue, République dominicaine.

Bryson, J. 1981. Women and agriculture in sub-Saharan Africa: implications for development (an exploratory study). Journal of Development Studies, 17(3), 29–46.

Buvinic, M., Lycette, M., McGreevey, W., éd. 1983. Women and poverty in the Third World. Johns Hopkins University Press, Baltimore, MD, É.-U.

CAAS (Canadian Association of African Studies). 1972. The roles of women: past, present and future. Canadian Journal of African Studies, 6.

_____1985. Mode of production: the challenge of Africa. Canadian Journal of African Studies, 19(1), 258 p.

Cain, M. 1981. Overview: women and technology — resources for our future. *In* Dauber, R., Cain, M.L., éd. Women and technological change in developing countries. American Association for the Advancement of Science, Washington, DC, É.-U. Selected Symposium, 53.

Callaway, B. 1984. Ambiguous consequences of the socialisation and seclusion of Hausa women. Journal of Modern African Studies, 22(3), 429–450.

Caplan, P. 1981. Development policies in Tanzania — some implications for women. *In*

Nelson, N., éd., African women in the development process. Frank Cass & Co. Ltd, Londres, R.-U.

_____ éd. 1987. The cultural construction of sexuality. Tavistock Publications Ltd, Londres, R.-U.

Carr, M. 1981. Technologies appropriate for women: theory, practice, and policy. In Dauber, R., Cain, M.L., éd., Women and technological change in developing countries. American Association for the Advancement of Science, Washington, DC, É.-U. Selected Symposium, 53.

Carr, M., Sandhu, R. 1987. Women, technology, and rural productivity: an analysis of the impact of time and energy-saving technologies on women. Intermediate Technology Consultants Ltd, Rugby, R.-U.

CDPA (Centre for Development and Population Activities). s.d. A manual on planning, implementation, and management of development projects. CDPA, Washington, DC, É.-U.

CEA (Commission économique pour l'Afrique). 1977. Origin and growth of the African Research and Training Centre for Women of the Economic Commission for Africa. Proceedings of a Regional Conference on the Implementation of National, Regional, and World Plans of Action for the Integration of Women in Development, Nouakchott, Mauritanie, 27 September 2 to October 1977. CEA, Addis Ababa, Éthiopie. E/CN.14/ACTRW/BD.7

Cecelski, E. 1987. Energy and rural women's work: crisis, response, and policy alternatives. International Labour Review, 126(1), 41–64.

Chambers, R. 1983. Rural development: putting the last first. Longman Group Ltd, Londres, R.-U.

Charlton, S.E. 1984. Women in Third World development. Westview Press, Boulder, CO, É.-U.

Chege, R.N. 1986. Communal food production: the Mukuru–Kaiyaba women's group in Nairobi. Canadian Woman Studies/les Cahiers de la femme, 7(1/2), 76–77.

Cherian, A. 1981. Attitudes and practices of infant feeding in Zaria, Nigeria. Ecology of Food and Nutrition, 11(2), 75–80.

Chintu-Tembo, S. 1985. Women and health. In Women's rights in Zambia: Proceedings of the Second National Women's Rights Conference held at Mindolo Ecumenical Foundation, Kitwe, Zambia, 22–24 March 1985. Zambia Association for Research and Development, Lusaka, Zambie.

Chipande, G.H.R. 1987. Innovation adoption among female-headed households: the case of Malawi. Development and Change, 18(2), 315–328.

Ciancanelli, P. 1980. Exchange, reproduction, and sex subordination among the Kikuyu of East Africa. Review of Radical Political Economy, 12(2), 25–36.

Clark, C.M. 1980. Land and food, women, and power in nineteenth century Kikuyu. Africa, 50(4), 357–369.

Cohen, A. 1969. The migratory process: prostitutes and housewives. In Custom and politics in urban Africa. University of California Press, Berkeley, CA, É.-U.

Collier, J., Rosaldo, M. 1981. Politics and gender in simple societies. In Ortner, S., Whitehead, H., éd., Sexual meanings: the cultural construction of gender and sexuality. Cambridge University Press, Cambridge, R.-U.

Collier, J., Rosaldo, M., Yanagisako, S. 1982. Is there a family? New anthropological views.

In Thorne, B., Yalom, M., éd., Rethinking the family: some feminist questions. Longman Group Ltd, New York, NY, É.-U.

Commonwealth Secretariat. 1984. Working into the system: a calendar for the integration of women's issues into international development dialogue. Commonwealth Secretariat, Londres, R.-U.

Conti, A. 1979. Capitalist organization of production through non-capitalist relations: women's role in a pilot resettlement in Upper Volta. Review of African Political Economy, 15/16, 75–92.

Coquery-Vidrovitch, C. 1977. Research on an African mode of production. *In* Gutkind, P., Waterman, P., éd., African social studies: a radical reader. Monthly Review Press, New York, NY, É.-U.

Cousins, M., Hussain, A. 1984. Michel Foucault. Macmillan Publishers Ltd, Londres, R.-U.

Coward, R. 1983. Patriarchal precedents: sexuality and social relations. Routledge & Kegan Paul Ltd, Londres, R.-U.

Coward, R., Ellis, J. 1977. Language and materialism: developments in semiology and the theory of the subject. Routledge & Kegan Paul Ltd, Londres, R.-U.

CRDI (Centre de recherches pour le développement international). 1981. Approvisionnement en eau dans les régions rurales des pays en voie de développement. Compte rendu du colloque tenu à Zomba (Malawi) du 5 au 12 août 1980. CRDI, Ottawa, Ont., Canada. IDRC-167f, 137 p.

Crummey, D., Stewart, C.C., éd. 1981. Modes of production in Africa. Sage Publications, Inc., Beverly Hills, CA, É.-U.

Cutrufelli, M.R. 1983. Women of Africa: roots of oppression. Zed Press Ltd, Londres, R.-U.

CWS/cf (Canadian Woman Studies/les Cahiers de la femme). 1986. Post Nairobi. Canadian Woman Studies/les Cahiers de la femme, 7(1/2).

Dahl, G. 1981. La production dans les sociétés pastorales. *In* Galaty, J., Aronson, D., Salzman, P., Chouinard, A., éd., L'avenir des peuples pasteurs. Compte rendu de la conférence tenue à Nairobi (Kenya) du 4 au 8 août 1980. Centre de recherches pour le développement international, Ottawa, Ont., Canada. IDRC-175f, 220–231.

Daniels, D., Nestel, B., éd. 1981. Affectation des ressources à la recherche agricole : procès-verbal d'un colloque tenu à Singapour du 8 au 10 juin 1981. Centre de recherches pour le développement international, Ottawa, Ont., Canada. IDRC-182f, 182 p.

Dauber, R., Cain, M.L., éd. 1981. Women and technological change in developing countries. American Association for the Advancement of Science, Washington, DC, É.-U. Selected Symposium, 53.

Davidson, B. 1969. The African genius: an introduction to African cultural and social history. Little, Brown and Co., Boston, MA, É.-U.

Davies, M., compiler. 1983. Third World — second sex: women's struggles and national liberation, Third World women speak out. Zed Press Ltd, Londres, R.-U.

DAWN (Development Alternatives with Women for a New Era). 1986. Development crisis and alternative visions: Third World women's perspectives. Canadian Woman Studies/les Cahiers de la femme, 7(1/2), 53–59.

DHF/SIDA (Dag Hammarskjöld Foundation/Swedish International Development Authority). 1982. Another development with women. Proceedings of a seminar held in Dakar, Senegal, June 1982. Development Dialogue, 1(2).

Dey, J. 1981. Gambian women: unequal partners in rice development projects? *In* Nelson,

N., éd., African women in the development process. Frank Cass & Co. Ltd, Londres, R.-U.

Dickinson, J., Russell, B., éd. 1986. Family, economy, and state: the social reproduction process under capitalism. Garamond Press, Toronto, Ont., Canada.

D'Onofrio-Flores, P., Pfafflin, S., éd. 1982. Scientific–technological change and the role of women in development. United Nations Institute for Training and Research, New York, NY, É.-U.

Douglas, M. 1963. The Lele of Kasai. Oxford University Press, Londres, R.-U.

Doyal, L. 1981. The political economy of health. Pluto Press Ltd, Londres, R.-U.

Dreyfus, H., Rabinow, P. 1983. Michel Foucault: beyond structuralism and hermeneutics (2e éd.). University of Chicago Press, Chicago, IL, É.-U.

Duley, M., Edwards, M., éd. 1986. The cross-cultural study of women: a comprehensive guide. The Feminist Press, Old Westbury, NY, É.-U.

Dwyer, D.H. 1978. Images and self-images: male and female in Morocco. Columbia University Press, New York, NY, É.-U.

Eastman, P. 1980. L'adieu au pilon : un nouveau système de mouture mécanique utilisé en Afrique. Centre de recherches pour le développement international, Ottawa, Ont., Canada. IDRC-152f, 68 p.

Elling, R. 1981. The capitalist world-system and international health. International Journal of Health Services, 11(1), 21–51.

Elliott, C. 1977. Theories of development: an assessment. Signs, 3(1), 1–8.

El Naiem, A.A. 1984. A modern approach to human rights in Islam: foundations and implications for Africa. *In* Welch, C., Jr., Meltzer, R., éd., Human rights and development in Africa. State University of New York Press, Albany, NY, É.-U.

Elson, D. 1987. The impact of structural adjustment on women: concepts and issues. Paper presented at the Institute for African Alternatives Conference on the Impact of International Monetary Fund and World Bank Policies on the People of Africa, City University, Londres, R.-U., septembre 1987. Commonwealth Secretariat, Londres, R.-U.

Engels, F. 1884. The origin of the family, private property, and the state. International Publishers Company, Inc., New York, NY, É.-U. (1970)

Etienne, M. 1980. Women and men, cloth and colonization: the transformation of production–distribution relations among the Baule (Ivory Coast). *In* Etienne, M., Leacock, E., éd., Women and colonization: anthropological perspectives. Praeger Publishers, Inc., New York, NY, É.-U.

Etienne, M., Leacock, E., éd. 1980. Women and colonization: anthropological perspectives. Praeger Publishers, Inc., New York, NY, É.-U.

Evans, P. 1979. Dependent development: the alliance of multinational, state, and local capital in Brazil. Princeton University Press, Princeton, NJ, É.-U.

Feldman, R. 1981. Employment problems of rural women in Kenya. ILO-JASPA, Addis Ababa, Éthiopie.

_____1984. Women's groups and women's subordination: an analysis of policies towards rural women in Kenya. Review of African Political Economy, 27/28, 67–85.

Feuerstein, M.T. 1976. Rural health problems in developing countries: the need for a comprehensive community approach. Community Development Journal, 11(3), 38–52.

Firestone, S. 1970. The dialectic of sex: the case for feminist revolution. William Morrow & Co., Inc., New York, NY, É.-U.

Flora, C.B. 1982. Incorporating women into international development programs: the political phenomenology of a private foundation. Women's Politics, 2(4), 89–107.

Fortmann, L. 1981. The plight of the invisible farmer: the effect of national agricultural development policy on women. *In* Dauber, R., Cain, M.L., éd., Women and technological change in developing countries. American Association for the Advancement of Science, Washington, DC, É.-U. Selected Symposium, 53.

Foucault, M. 1973. Madness and civilization: a history of insanity in the age of reason. Random House, Inc., New York, NY, É.-U.

_____1979. Discipline and punish: the birth of the prison. Random House, Inc., New York, NY, É.-U.

_____1980a. The history of sexuality. Volume I. An introduction. Random House, Inc., New York, NY, É.-U.

_____1980b. Power/knowledge: selected interviews and other writings 1972–1977. Pantheon Books, Inc., New York, NY, É.-U.

_____1983. Afterword. *In* Dreyfus, H., Rabinow, P., Michel Foucault: beyond structuralism and hermeneutics (2e éd.). University of Chicago Press, Chicago, IL, É.-U.

Frank, A.G. 1967. Capitalism and underdevelopment in Latin America. Monthly Review Press, New York, NY, É.-U.

Galaty, J., Aronson, D., Salzman, P., Chouinard, A., éd. 1981. L'avenir des peuples pasteurs. Compte rendu de la conférence tenue à Nairobi (Kenya) du 4 au 8 août 1980. Centre de recherches pour le développement international, Ottawa, Ont., Canada. IDRC-175f, 432 p.

Gascon, G. 1986. Les femmes et la production alimentaire. Canadian Woman Studies/les Cahiers de la femme, 7(1/2), 28–30.

Geertz, C. 1983. Local knowledge: further essays in interpretive anthropology. Basic Books, Inc., New York, NY, É.-U.

George, S. 1977. How the other half dies: the real reasons for world hunger. Penguin Books, New York, NY, É.-U.

_____1979. Feeding the few: corporate control of food. Institute for Policy Studies, Washington, DC, É.-U.

Getechah, W. 1980. Le rôle des femmes dans l'aménagement des réseaux ruraux. *In* Approvisionnement en eau dans les régions rurales des pays en voie de développement. Compte rendu du colloque tenu à Zomba (Malawi) du 5 au 12 août 1980. Centre de recherches pour le développement international, Ottawa, Ont., Canada. IDRC-167f, 81–90.

Ghai, Y.P., McAuslan, J.P.W.B. 1970. Public law and political change in Kenya. Oxford University Press, Nairobi, Kenya.

Glazier, J. 1985. Land and the uses of tradition among the Mbeere of Kenya. University Press of America, Lanham, MD, É.-U.

Gordon, J. 1984. Important issues for feminist nutrition research a case study from the savanna of West Africa. *In* Research on rural women: feminist methodological questions. Institute of Development Studies, Sussex, R.-U., Bulletin, 15(1), 38–42.

Gramsci, A. 1971. Selections from the prison notebooks. Lawrence & Wishart Ltd, Londres, R.-U.

Group for the Critical Study of Colonial Discourse. 1985. Inscriptions. University of California, Santa Cruz, CA, É.-U. Bulletin, 1.

Gulliver, P.H. 1955. The family herds: a study of two pastoral tribes in East Africa, the Jie and the Turkana. Routledge & Kegan Paul Ltd, Londres, R.-U.

Gumede, M.V. 1978. Traditional Zulu practitioners and obstetric medicine. South African Medical Journal, 53(21), 823–825.

Guyer, J.I. 1986. Women's role in development. *In* Berg, R., Whitaker, J.S., éd., Strategies for African development. University of California Press, Berkeley, CA, É.-U.

Guyer, J.I., Peters, P.E., éd. 1987. Conceptualizing the household: issues of theory and policy in Africa. Development and Change, 18(2), 368 p.

Hafkin, N., Bay, E., éd. 1976. Women in Africa: studies in social and economic change. Stanford University Press, Stanford, CA, É.-U.

Hanger, J., Morris, J. 1973. Women and the household economy. *In* Chambers, R., Morris, J., éd., Mwea: an irrigated rice settlement in Kenya. Welforum Verlag, Munich, FRG.

Hanna, W., Hanna, J. 1971. Urban dynamics in Black Africa. Aldine Publishing Company, Chicago, IL, É.-U.

Hartmann, H. 1981. The unhappy marriage of Marxism and feminism: towards a more progressive union. *In* Sargent, L., éd., Women and revolution. South End Press, Boston, MA, É.-U.

Hay, M.J., Stichter, S., éd. 1984. African women south of the Sahara. Longman Group Ltd, Londres, R.-U.

Henn, J.K. 1983. Feeding the cities and feeding the peasants: what role for Africa's women farmers? World Development, 11(12), 1043–1055.

Hobley, C.W. 1922. Bantu beliefs and magic. Frank Cass & Co. Ltd, Londres, R.-U. (1983)

Hoskyns, M., Weber, F. 1985. Why appropriate technology projects for women fail? Environment Liaison Centre, Nairobi, Kenya. Ecoforum, 10(2), 6–8.

Howard, R. 1984. Women's rights in English-speaking sub-Saharan Africa. *In* Welch, C., Jr., Meltzer, R., éd., Human rights and development in Africa. State University of New York Press, Albany, NY, É.-U.

Hyden, G. 1986. African social structure and economic development. *In* Berg, R., Whitaker, J.S., éd., Strategies for African development. University of California Press, Berkeley, CA, É.-U.

Igun, U.A. 1982. Child-feeding habits in a situation of social change: the case of Maiduguri, Nigeria. Social Science and Medicine, 16(7), 769–781.

INSTRAW/UNICEF (Institut international de recherche et de formation pour la promotion de la femme/Fonds des Nations Unies pour l'enfance). 1985. Women and the International Drinking Water Supply and Sanitation Decade. Paper submitted to the World Conference to Review and Appraise the Achievements of the United Nations Decade for Women. INSTRAW, Saint-Domingue, République dominicaine.

Isely, R. 1984. Rural development strategies and their health and nutrition-mediated effects on fertility: a review of the literature. Social Science and Medicine, 18(7), 581–587.

Isis International (Service international d'information et de communication pour les femmes). 1983. Women in development: a resource guide for organization and action. Isis International, Genève, Suisse.

Jackson, C. 1978. Hausa women on strike. Review of African Political Economy, 13, 21–36.

_____1985. The Kano River Irrigation Project. *In* Women's roles and gender differences in development — case study series. Kumarian Press, West Hartford, CT, É.-U.

Jaggar, A. 1977. Political philosophies of women's liberation. *In* Vetterling-Braggin, M., éd., Feminism and philosophy. Littlefield, Adams & Co., Totawa, NJ, É.-U.

_____1983. Feminist politics and human nature. Harvester Press, Ltd, Brighton, R.-U.

Jaggar, A., Rothenberg, P. 1984. Feminist frameworks: alternative theoretical accounts of the relations between women and men (2e éd.). McGraw-Hill Co., New York, É.-U.

Janelid, I. 1975. The role of women in Nigerian agriculture. Food and Agriculture Organization of the United Nations, Rome, Italie.

Kaplinsky, R., Henley, J.S., Leys, C. 1980. Debate on "dependency" in Kenya. Review of African Political Economy, 17, 83–113.

Katz, S. 1980. Marxism, Africa, and social class: a critique of relevant theories. Centre for Developing-Area Studies, Montréal, Qué., Canada. Occasional Monograph Series, 14.

_____1985. The succession to power and the power of succession: Nyayoism in Kenya. Journal of African Studies, 12(3), 155–161.

_____1989. The problems of Europocentrism and evolutionism in Marx's writing on colonialism. Journal of Political Science, sous presse.

Kazembe, J., Mol, M. 1986. The changing legal status of women in Zimbabwe since independence. Canadian Woman Studies/les Cahiers de la femme, 7(1/2), 53–59.

Keller, E.F. 1985. Reflections on gender and science. Yale University Press, New Haven, CT, É.-U.

Kenya, Gouvernement du. 1983. Development plan, 1984–1988. Government Printer, Nairobi, Kenya.

Kenyatta, J. 1938. Facing Mount Kenya. Vintage Books, New York, NY, É.-U.

Kershaw, G. 1973. The Kikuyu of central Kenya. *In* Molnos, A., éd., Cultural source materials for population planning in East Africa. Volume 3. Beliefs and practices. East African Publishing House, Nairobi, Kenya.

Kertzer, D., Madison, O.B.B. 1981. Women's age-set systems in Africa: the Latuka of southern Sudan. *In* Fry, C., éd., Dimensions: aging, culture, and health. Praeger Publishers, Inc., New York, NY, É.-U.

Kettel, B. 1986. The commoditization of women in Tugen (Kenya) social organization. *In* Robertson, C., Berger, I., éd., Women and class in Africa. Holmes & Meier Publishers, Inc., New York, NY, É.-U.

Keyi, V. 1986. Women's collective action as a manifestation of female solidarity from pre-colonial Zimbabwe to present. York University, Toronto, Ont., Canada.

Kimati, V. 1986. Who is ignorant? Rural mothers who feed their well-nourished children or the nutrition experts? The Tanzania story. Journal of Tropical Pediatrics, 32, 130–136.

King, K. 1986. Manpower, technology, and employment in Africa: internal and external policy agendas. *In* Berg, R., Whitaker, J.S., éd., Strategies for African development. University of California Press, Berkeley, CA, É.-U.

King, M. 1966. Medical care in developing countries. A primer on the medicine of poverty and a symposium from Makerere. Oxford University Press, Nairobi, Kenya.

Kirby, V. 1987. On the cutting edge: feminism and clitoridectomy. Australian Feminist Studies, 5(Summer), 35–55.

Kitching, G. 1980. Class and economic change in Kenya: the making of an African petite-bourgeoisie. Yale University Press, New Haven, CT, É.-U.

Kneerim, J. 1980. Village women organize: the Mraru bus service. Carnegie Corporation of New York, Ford Foundation, and The Population Council, New York, NY, É.-U. SEEDS (Sarvodaya Economic Enterprises Development Services) Pamphlet Series.

Koeune, E. 1952. The African housewife and her home. Kenya Literature Bureau, Nairobi, Kenya. (1983)

Kutzner, P. 1982. Women and the problem of hunger. World Hunger Education Service, Washington, DC, É.-U. Hunger Notes, 7(8), 1–6.

_____1986a. Women farmers of Kenya. World Hunger Education Service, Washington, DC, É.-U. Hunger Notes, 11(9/10), 1–25.

_____1986b. Policy reforms and poverty in Africa: comparative views. World Hunger Education Service, Washington, DC, É.-U. Hunger Notes, 12(1), 1–23.

Laclau, E. 1977. Politics and ideology in Marxist theory. New Left Books, Londres, R.-U.

Laclau, E., Mouffe, C. 1985. Hegemony and socialist strategy: towards a radical democratic politics. Verso Editions, Londres, R.-U.

Ladipo, P. 1981. Developing women's cooperatives: an experiment in rural Nigeria. *In* Nelson, N., éd., African women in the development process. Frank Cass & Co. Ltd, Londres, R.-U. p. 123–136.

Lambert, H.E. 1956. Kikuyu social and political institutions. Oxford University Press, Londres, R.-U..

Lappé, F.M., Beccar-Varela, A. 1980. Mozambique and Tanzania: asking the big questions. Institute for Food and Development Policy, San Francisco, CA, É.-U.

Lappé, F.M., Collins, J. 1978. Food first: beyond the myth of scarcity. Ballantine Books, Inc., New York, NY, É.-U.

Lawrence, P., éd. 1986. World recession and the food crisis in Africa. Review of African Political Economy/James Curry Ltd, Londres, R.-U.

Leacock, E. 1981. Myths of male dominance. Monthly Review Press, New York, NY, É.-U.

Leacock, E., Safa, H., éd. 1986. Women's work: development and the division of labour by gender. J.F. Bergin, Publishers, Inc., South Hadley, MA, É.-U.

Leakey, L.S.B. 1933. The southern Kikuyu peoples before 1903. Volumes 1–3. Academic Press Inc. (London) Ltd, Londres, R.-U. (1977)

Leonard, D. 1986. Putting the farmer in control: building agricultural institutions. *In* Berg, R., Whitaker, J.S., éd., Strategies for African development. University of California Press, Berkeley, CA, É.-U.

Lévi-Strauss, C. 1969. The elementary structures of kinship. Beacon Press, Boston, MA, É.-U.

Lewis, B. 1984. The impact of development policies on women. *In* Hay, M.J., Stichter, S., éd., African women south of the Sahara. Longman Group Ltd, Londres, R.-U.

Leys, C. 1975. Underdevelopment in Kenya. William Heinemann, Ltd, Londres, R.-U.

Liddle, J., Joshi, R. 1986. Daughters of independence: gender, caste, and class in India. Zed Press Ltd, Londres, R.-U.

Llewelyn-Davies, M. 1979. Two contexts of solidarity among pastoral Masai women. *In* Caplan, P., Bujra, J., éd., Women united, women divided: comparative studies of ten contemporary cultures. Indiana University Press, Bloomington, IN, É.-U.

Mackenzie, F. 1986. Land and labour: women and men in agricultural change, Murang'a District, Kenya, 1880–1984. University of Ottawa, Ottawa, Ont., Canada. Thèse de doctorat.

_____1988. Perspectives on land tenure: social relations and the definition of territory in a smallholding district, Kenya. Paper presented at the Symposium on Land in African Agrarian Systems, University of Illinois, Urbana-Champaign, IL, É.-U., avril 1988.

Mahler, H. 1974. The health of the family. Keynote address to the International Health Conference of the National Council for International Health (NCIH), 16 October 1974. NCIH, Washington, DC, É.-U.

Mamdani, M. 1976. Politics and class formation in Uganda. Monthly Review Press, New York, NY, É.-U.

March, K., Taqqu, R. 1986. Women's informal associations in developing countries. Westview Press, Boulder, CO, É.-U.

Marris, P., Somerset, A. 1971. African businessmen: a study of entrepreneurship and development in Kenya. East African Publishing House, Nairobi, Kenya.

Mascarenhas, O., Mbilinyi, M. 1980. Women and development in Tanzania, an annotated bibliography. African Training and Research Centre for Women, Addis Ababa, Éthiopie.

_____1983. Women in Tanzania: an analytical bibliography. Scandinavian Institute of African Studies, Uppsala, Suède.

Matlon, P., Cantrell, R., King, D., Benoit-Cattin, M., éd. 1984. Recherche à la ferme : participation des paysans au développement de la technologie agricole. Centre de recherches pour le développement international, Ottawa, Ont., Canada. IDRC-189f, 217 p.

Mazingira Institute. 1985. A guide to women's organizations and agencies serving women in Kenya. Mazingira Institute, Nairobi, Kenya.

Mbilinyi, M. 1984. Research priorities in women's studies in Eastern Africa. Women's Studies International Forum, 7(4), 289–300.

_____1985a. "City" and "countryside" in colonial Tanganyika. Economic and Political Weekly, XX(43), 88–96.

_____1985b. Women's studies and the crisis in Africa. Social Scientist (Dar es Salaam), 13(10/11), 72–85.

_____1986. The participation of women in Tanganyikan anti-colonial struggles. Paper presented at the Biennial Conference of the Review of African Political Economy, University of Liverpool, Liverpool, R.-U., septembre 1986.

Meillassoux, C. 1972. From reproduction to production: a Marxist approach to economic anthropology. Economy and Society, 1(1), 93–105.

Mickelwait, D., Riegelman, M.A., Sweet, C. 1976. Women in rural development: a survey of the roles of women in Ghana, Lesotho, Kenya, Nigeria, Bolivia, Paraguay, and Peru. Westview Press, Boulder, CO, É.-U.

Middleton, J., Kershaw, G. 1965. The central tribes of the north-eastern Bantu. International African Institute, Londres, R.-U.

Mill, J.S., Taylor, H. 1851. The subjection of women. Virago Press Ltd, Londres, R.-U. (1983)

Miller, C. 1985. Blank darkness. University of Chicago Press, Chicago, IL, É.-U.

Millett, K. 1970. Sexual politics. Doubleday & Co., Inc., New York, É.-U.

Minson, J. 1985. Genealogies of morals: Neitzsche, Foucault, Donzelot, and the eccentricity of ethics. St Martin's Press, New York, NY, É.-U.

Mohammadi, P. 1984. Women and national planning: false expectations. Development: Seeds of Change, 4, 80–81.

Molnos, A. 1972–1973. Cultural source materials for population planning in East Africa. Volumes I–IV. East African Publishing House, Nairobi, Kenya.

Momsen, J., Townsend, J., éd. 1987. Geography of gender in the Third World. Hutchinson Publishing Group Ltd, Londres, R.-U.

Monson, J., Kalb, M., éd. 1985. Women and food producers in developing countries. Crossroads Press, Inc., Los Angeles, CA, É.-U.

Morgan, R., éd. 1970. Sisterhood is powerful. Vintage Books, New York, NY, É.-U.

_____éd. 1984. Sisterhood is global. Anchor Books, New York, NY, É.-U.

Mosley, P. 1986. The politics of economic liberalization: USAID and the World Bank in Kenya, 1980–1984. African Affairs, 85(338), 107–119.

Mueller, A. 1987. Peasants and professionals: the social organization of women in development knowledge. University of Toronto, Toronto, Ont., Canada. Thèse de doctorat.

Mullings, L. 1976. Women and economic change in Africa. *In* Hafkin, N., Bay, E., éd., Women in Africa: studies in social and economic change. Stanford University Press, Stanford, CA, É.-U.

Muntemba, M.S. 1982a. Women and agricultural change in the Railway Region of Zambia: dispossession and counterstrategies, 1930–1970. *In* Bay, E., éd. Women and work in Africa. Westview Press, Boulder, CO, É.-U.

_____1982b. Women as food producers and suppliers in the twentieth century: the case of Zambia. *In* Another development with women. Proceedings of a seminar held in Dakar, Senegal, June 1982. Development Dialogue, 1(2).

Muriuki, G. 1974. A history of the Kikuyu 1500–1900. Oxford University Press, Nairobi, Kenya.

Navarro, V., éd. 1981. Imperialism, health, and medicine. Baywood Publishing Company, Farmingdale, NY, É.-U.

Nelson, N., éd. 1981. African women in the development process. Frank Cass & Co. Ltd, Londres, R.-U.

Newman, K. 1981. Women and law: land tenure in Africa. *In* Black, N., Cottrell, A.B., éd., Women and world change: equity issues in development. Sage Publications, Inc., Beverly Hills, CA, É.-U.

O'Barr, J., éd. 1982. Perspectives on power: women in Africa, Asia, and Latin America. Center for International Studies, Duke University, Durham, NC, É.-U.

_____1984. African women in politics. *In* Hay, M.J., Stichter, S., éd., African women south of the Sahara. Longman Group Ltd, Londres, R.-U.

Obbo, C. 1980. African women: their struggle for economic independence. Zed Press Ltd, Londres, R.-U.

_____1986. Stratification and the lives of women in Uganda. *In* Robertson, C., Berger, I., éd. Women and class in Africa. Holmes & Meier Publishers, Inc., New York, NY, É.-U.

Oboler, R.S. 1985. Women, power, and economic change: the Nandi of Kenya. Stanford University Press, Stanford, CA, É.-U.

Odumosu, M.O. 1982. Mass media and immunization awareness of pregnant women in a Nigerian community. Canadian Journal of Public Health, 73(2), 105–108.

Ogunmekan, D.A. 1977. Protecting the Nigerian child against the common communicable diseases. Tropical and Geographical Medicine, 29(4), 389–392.

OIT (Organisation internationale du travail). 1977. Employment, growth, and basic needs: a one-world problem. Praeger Publishers, Inc., New York, NY, É.-U.

_____1980. Women in rural development: critical issues. OIT, Genève, Suisse.

_____1984. Rural development and women in Africa. Proceedings of the ILO Tripartite African Regional Seminar on Rural Development and Women, and Case Studies. OIT, Genève, Suisse.

_____1985. Resources, power, and women. Proceedings of the African and Asian Inter-regional Workshop on Strategies for Improving the Employment Conditions of Rural Women, Arusha, Tanzania, 20–25 August 1984. OIT, Genève, Suisse.

OIT/INSTRAW (Organisation internationale du travail/Institut international de recherche et de formation pour la promotion de la femme). 1985. Women in economic activity: a global statistical survey (1950–2000). OIT, Genève, Suisse.

Ojofeitimi, E.O., Tanimowo, C.M. 1980. Nutritional beliefs among pregnant Nigerian women. International Journal of Gynaecology and Obstetrics, 18(1), 66–69.

Okafor, F.C. 1984. Accessibility to general hospitals in rural Bendel State, Nigeria. Social Science and Medicine, 18(8), 661–666.

O'Kelly, E. 1973. Aid and self help. Longman Group Ltd, Londres, R.-U.

Okeyo, A.P. 1980. Daughters of the lakes and rivers: colonization and the land rights of Luo women. *In* Etienne, M., Leacock, E., éd., Women and colonization: anthropological perspectives. Praeger Publishers, Inc., New York, NY, É.-U.

Oleru, U.G., Kolawole, O.O.J. 1983. Factors influencing primary health care: a look at a pediatric emergency unit. Journal of Tropical Pediatrics, 29, 319–325.

O'Neil, M. 1986. Forward-looking strategies: the UN World Conference on women. Canadian Woman Studies/les Cahiers de la femme, 7(1/2), 19–21.

Onokerhoraye, A. 1984. Social services in Nigeria: an introduction. Routledge & Kegan Paul Ltd, Londres, R.-U.

Ortner, S. 1974. Is female to male as nature is to culture? *In* Rosaldo, M.Z., Lamphere, L., éd., Women, culture, and society. Stanford University Press, Stanford, CA, É.-U.

Ortner, S., Whitehead, H., éd. 1981. Sexual meanings: the cultural construction of gender and sexuality. Cambridge University Press, Cambridge, R.-U.

Orubuloye, I.O., Oyenye, O.Y. 1982. Primary health care in developing countries: the case of Nigeria, Sri Lanka, and Tanzania. Social Science and Medicine, 16(6), 675–686.

Osuala, J. 1987. Extending appropriate technology to rural African women. Women's Studies International Forum, 10(5), 481–487.

OUA (Organisation de l'unité africaine). 1980. Lagos Plan of Action for the economic development of Africa, 1980–2000. OUA, Addis Ababa, Éthiopie.

_____1982. Progress report of the Secretary-General of the Organization of African Unity and the Executive Secretary of the United Nations Economic Commission for Africa on the implementation of the Lagos Plan of Action and the Final Act of Lagos. OUA, Addis Ababa, Éthiopie.

Overholt, C., Anderson, M., Cloud, K., Austin, J., éd. 1985. Gender roles in development projects: a case book. Kumarian Press, West Hartford, CT, É.-U.

Palmer, I. 1978. Women and green revolutions. Paper presented at the Conference on the Continuing Subordination of Women and the Development Process. Institute of Development Studies, Sussex, R.-U.

_____1985. The impact of agrarian reform on women. *In* Women's roles and gender differences in development — case study series. Kumarian Press, West Hartford, CT, É.-U.

Parkin, D. 1972. Palms, wine, and witnesses: public spirit and private gain in an African farming community. Chandler Publishing Co., San Francisco, CA, É.-U.

Paulme, D., éd. 1971. Women of tropical Africa. University of California Press, Berkeley, CA, É.-U.

Payer, C. 1982. The World Bank: a critical analysis. Monthly Review Press, New York, NY, É.-U.

PNUD (Programme des Nations Unies pour le développement). 1982. Integration of women in development. PNUD, New York, NY, É.-U.

Poewe, K. 1981. Matrilineal ideology, male–female dynamics in Luapula, Zambia. Academic Press Inc. (London) Ltd, Londres, R.-U.

Poulantzas, N. 1973. Political power and social classes. New Left Books, Londres, R.-U.

_____1978. State, power, socialism. New Left Books, Londres, R.-U.

Rabinow, P., Sullivan, W., éd. 1979. Interpretive social science: a reader. University of California Press, Berkeley, CA, É.-U.

Rachlan. 1986. The Citanduy River Basin Management Project: from grass-roots experiments to full scale implementation. Institut Teknologi Bandung, Bandung, Indonésie.

Rehan, N. 1984. Knowledge, attitude, and practice of family planning in Hausa women. Social Science and Medicine, 18(10), 839–844.

RFR/DRF (Resources for Feminist Research Documentation/Documentation sur la recherche féministe). 1982. Women and agricultural production. RFR/DRF, II(1).

ROAPE (Review of African Political Economy). 1984. Women, oppression and liberation. Review of African Political Economy, 27/28, 236 p.

_____1986. Africa — the health issue. Review of African Political Economy, 36, 120 p.

Robertson, C. 1987. Developing economic awareness: changing perspectives in studies on African women, 1976–1985. Feminist Studies, 13(1), 97–135.

Robertson, C., Berger, I., éd. 1986. Women and class in Africa. Holmes & Meier Publishers, Inc., New York, NY, É.-U.

Rodney, W. 1972. How Europe underdeveloped Africa. Bogle-L'Ouverture Publications Ltd, Londres, R.-U.

Rogers, B. 1980. The domestication of women: discrimination in developing societies. Tavistock Publications, Londres, R.-U.

Rosaldo, M.Z. 1974. Woman, culture, and society: a theoretical overview. *In* Rosaldo, M.Z., Lamphere, L., éd., Woman, culture, and society. Stanford University Press, Stanford, CA, É.-U.

_____1983. Moral/analytic dilemmas posed by the intersection of feminism and social science. *In* Haan, N., Bellah, R., Rabinow, P., Sullivan, W., éd., Social science as moral inquiry. Columbia University Press, New York, NY, É.-U.

Rosaldo, M.Z., Lamphere, L., éd. 1974. Woman, culture, and society. Stanford University Press, Stanford, CA, É.-U.

Rostow, W.W. 1971. Stages of economic growth (2e éd.). Cambridge University Press, New York, NY, É.-U.

Routledge, W.S., Routledge, K.. 1910. With a prehistoric people: the Akikuyu of British East Africa. Frank Cass & Co. Ltd, Londres, R.-U.

Rubin, G. 1975. The traffic in women: notes on the "political economy" of sex. *In* Reiter, R., éd., Toward an anthropology of women. Monthly Review Press, New York, NY, É.-U.

Sacks, K. 1979. Sisters and wives: the past and future of sexual inequality. Greenwood Press, Westport, CT, É.-U.

_____1982. An overview of women and power in Africa. *In* O'Barr, J., éd., Perspectives on power: women in Africa, Asia, and Latin America. Center for International Studies, Duke University, Durham, NC, É.-U.

Sai, F. 1986. Population and health: Africa's most basic resource and development problem. *In* Berg, R., Whitaker, J.S., éd., Strategies for African development. University of California Press, Berkeley, CA, É.-U.

Said, E. 1979. Orientalism. Vintage Books, New York, NY, É.-U.

Sanday, P.R. 1981. Female power and male dominance: on the origins of sexual inequality. Cambridge University Press, Cambridge, R.-U.

Sandbrook, R. 1985. The politics of Africa's economic stagnation. Cambridge University Press, Londres, R.-U.

Saul, J. 1979. The state and revolution in Eastern Africa. William Heinemann, Ltd, Londres, R.-U.

Savané, M.-A. 1982. Introduction. *In* Another development with women. Proceedings of a seminar held in Dakar, Senegal, June 1982. Development Dialogue, 1(2), 3–9.

Schlegel, A., éd. 1977. Sexual stratification: a cross-cultural view. Columbia University Press, New York, NY, É.-U.

Schuster, I. 1981. Perspectives in development: the proplem of nurses and nursing in Zambia. *In* Nelson, N., éd. African women in the development process. Frank Cass & Co. Ltd, Londres, R.-U.

Seager, J., Olson, A. 1986. Women in the world: an international atlas. Pan Books Ltd, Londres, R.-U.

Seidman, A. 1981. Women and the development of "underdevelopment": the African experience. *In* Dauber, R., Cain, M.L. éd., Women and technological change in developing countries. American Association for the Advancement of Science, Washington, DC, É.-U. Selected Symposium, 53.

Sender, J., Smith, S. 1986. The development of capitalism in Africa. Methuen & Co. Ltd, Londres, R.-U.

Sharma, H. 1973. The green revolution in India: prelude to a red one? *In* Gough, K., Sharma, H., éd., Imperialism and revolution in South Asia. Monthly Review Press, New York, NY, É.-U.

Shikwe, R.C. 1981. Planification et organisation de la formation pour l'exloitation des ressources hydrauliques du Kenya. Compte rendu du colloque tenu à Zomba (Malawi) du 5 au 12 août 1980. Centre de recherches pour le développement international, Ottawa, Ont., Canada. IDRC-167f, 104–110.

Shivji, I. 1976. Class struggles in Tanzania. Monthly Review Press, New York, NY, É.-U.

SID (Société pour le développement international). 1984. Women: protagonists of change. Development: Seeds of Change, 4, 116 p.

Sivard, R.L. 1985. Women...a world survey. World Priorities, Washington, DC, É.-U.

Slocum, S. 1975. Woman the gatherer: male bias in anthropology. *In* Reiter, R., éd. Toward an anthropology of women. Monthly Review Press, New York, NY, É.-U. p. 36–50.

Solanas, V. 1968. S.C.U.M. (Society for Cutting Up Men) Manifesto. Olympia Press, New York, NY, É.-U.

Spender, D. 1980. Man made language. Routledge & Kegan Paul Ltd, Londres, R.-U.

Spivak, G.C. 1985. Three women's texts and a critique of imperialism. Critical Inquiry, 12(Autumn), 243–261.

Stamp, P. 1975–1976. Perceptions of change and economic strategy among Kikuyu women of Mitero, Kenya. Rural Africana, 29, 19–44.

_____1981. Governing Thika: dilemmas of municipal politics in Kenya. London University, Londres, R.-U. Thèse de doctorat.

_____1986. Kikuyu women's self help groups: towards an understanding of the relation between sex-gender system and mode of production in Africa. *In* Robertson, C., Berger, I., éd., Women and class in Africa. Holmes & Meier Publishers, Inc., New York, NY, É.-U.

_____1987. Matega: manipulating women's cooperative traditions for material and social gain in Kenya. Paper presented at the Third International Interdisciplinary Congress on Women, Dublin, Irlande, juillet 1987.

Stamp, P., Chege, R.N. 1984. Ngwatio: a story of cooperative research on African women. Canadian Woman Studies/les Cahiers de la femme, 6(1), 5–9.

Staudt, K. 1975–1976. Women farmers and inequities in agricultural werwices. Rural Africana, 29, 81–94.

_____1978. Agricultural productivity gaps: a case study in male preference in government policy implementation. Development and Change, 9(3), 439–457.

_____1985a. Women, foreign assistance, and advocacy administration. Praeger Publishers, Inc., New York, NY, É.-U.

_____1985b. Agricultural policy implementation: a case study from western Kenya. *In* Women's roles and gender differences in development — case study series. Kumarian Press, West Hartford, CT, É.-U.

Strobel, M. 1982. African women. Signs, 8(1), 109–131.

Subulola, G., Johnson, E.J. 1977. Benin City mothers: their beliefs concerning infant feeding and child care. Tropical and Geographical Medicine, 29(1), 103–108.

Sudaraska, N. 1973. Where women work: a study of Yoruba women in the market place and in the home. Museum of Anthropology, University of Michigan, Ann Arbor, MI, É.-U. Anthropological Papers, 53.

Swantz, M.-L. 1985. Women in development: a creative role denied? The case of Tanzania. C. Hurst & Co. (Publishers) Ltd, Londres, R.-U.

Taylor, J. 1979. From modernization to modes of production: a critique of the sociologies of development and underdevelopment. Macmillan Publishers Ltd, Londres, R.-U.

Terray, E. 1972. Marxism and primitive societies. Monthly Review Press, New York, NY, É.-U.

Thorne, B., Yalom, M., éd. 1982. Rethinking the family: some feminist questions. Longman Group Ltd, New York, NY, É.-U.

Tilly, L., Scott, J. 1978. Women, work, and family. Holt, Rinehart & Winston, New York, NY, É.-U.

Tinker, I. 1981. New technologies for food-related activities: an equity strategy. *In* Dauber, R., Cain, M.L., éd. Women and technological change in developing countries. American Association for the Advancement of Science, Washington, DC, É.-U. Selected Symposium, 53, 51–88.

Tinsley, S. 1985. Foreword. *In* Overholt, C., Anderson, M., Cloud, K., Austin, J., éd., Gender roles in development projects: a case book. Kumarian Press, West Hartford, CT, É.-U.

UNICEF (Fonds des Nations Unies pour l'enfance). 1980. Appropriate technology for basic services. Report of an inter-regional workshop held in Nairobi, Kenya, 19–26 March 1980. UNICEF, New York, NY, É.-U.

Urdang, S. 1979. Fighting two colonialisms: women in Guinea-Bissau. Monthly Review Press, New York, NY, É.-U.

_____1985. The last transition? Women and development. *In* Saul, J., éd., A difficult road: the transition to socialism in Mozambique. Monthly Review Press, New York, NY, É.-U.

USDA (United States Department of Agriculture). 1981. Food problems and prospects in sub-Saharan Africa. USDA, Washington, DC, É.-U.

Van Allen, J. 1972. "Sitting on a man": colonialism and the lost political institutions of Igbo women. Canadian Journal of African Studies, 6(2), 165–182.

_____1976. "Aba riots" or Igbo "women's war"? Ideology, stratification, and the invisibility of women. *In* Hafkin, N., Bay, E., éd., Women in Africa: studies in social and economic change. Stanford University Press, Stanford, CA, É.-U.

Van Onselen, C. 1976. Chibaro: African mine labour in Southern Rhodesia, 1900–1933. Pluto Press Ltd, Londres, R.-U.

Ventura-Dias, V. 1985. Modernisation, production organisation, and rural women in Kenya. *In* Ahmed, I., éd. Technology and rural women: conceptual and empirical issues. George Allen & Unwin (Publishers) Ltd, Londres, R.-U. p. 157–210.

wa Karanja, W. 1981. Women and work: a study of female and male attitudes in the modern sector of an African metropolis. *In* Ware, H., éd., Women, education, and modernization of the family in West Africa. Department of Demography, Australian National University, Canberra, Australie. Changing African Family Project Series, Monograph, 7.

Weedon, C. 1987. Feminist practice and poststructuralist theory. Basil Blackwell, Oxford, R.-U.

Were, G.S., éd. 1985. Women and development in Africa. Journal of Eastern African Research and Development, 15.

Were, M.K. 1977. Rural women's perceptions and community-based health care. East African Medical Journal, 54(10), 524–530.

Western, D., Dunne, T. 1979. Environmental aspects of settlement site decisions among pastoral Masai. Human Ecology, 7(1), 75–98.

WHES (World Hunger Education Service). 1985. Africa. WHES, Washington, DC, É.-U. Hunger Notes, 10(7/8).

Whitehead, A. 1985. Effects of technological change on rural women: a review of analyses and concepts. *In* Ahmed, I., éd. Technology and rural women: conceptual and empirical issues. George Allen & Unwin (Publishers) Ltd, Londres, R.-U.

Wicker, A.W. 1969. Attitudes versus actions: the relationship of verbal and overt behavioural response to attitude objects. Journal of Social Science, 25(41).

Wilkinson, C. 1987. Women, migration, and work in Lesotho. *In* Momsen, J., Townsend, J., éd., Geography of gender in the Third World. Hutchinson Publishing Group Ltd, Londres, R.-U.

Wilson, E.O. 1975. Sociobiology. Harvard University Press, Cambridge, MA, É.-U.

Wilson, F.R. 1982. Reinventing the past and circumscribing the future: authenticity and the negative image of women's work in Zaire. *In* Bay, E., éd., Women and work in Africa. Westview Press, Boulder, CO, É.-U.

Wily, L. 1981. Women and development: a case study of ten Tanzanian villages. Regional Commissioner's Office, Arusha, Tanzanie.

WIN (Les femmes au Nigéria). 1985a. The WIN document: conditions of women in Nigeria and policy recommendations to 2000 AD. Samaru, Zaria, Nigéria.

_____1985b. Women in Nigeria today. Proceedings of the First Seminar on Women in Nigeria, Ahmadu Bellow University, Zaria, Nigéria, 1982. Zed Press Ltd, Londres, R.-U.

Wipper, A. 1975. The Maendelao ya Wanawake organization: the co-optation of leadership. African Studies Review, 18(3), 99–120.

_____1982. Riot and rebellion among African women: three examples of women's political clout. *In* O'Barr, J., éd., Perspectives on power: women in Africa, Asia, and Latin America. Center for International Studies, Duke University, Durham, NC, É.-U.

_____1984. Women's voluntary associations. *In* Hay, M.J., Stichter, S., éd., African women south of the Sahara. Longman Group Ltd, Londres, R.-U.

Wisner, B. 1982. Mwea Irrigation Scheme, Kenya: a success story for whom? Anthropological Research Council, Boston, MA, É.-U. Bulletin.

Wollstonecraft, M. 1792. A vindication of the rights of women. Penguin Books Ltd, Harmondsworth, Middlesex, R.-U. (1975).

Wood, E.M. 1986. The retreat from class: a new "true" socialism. Verso Editions, Londres, R.-U.

Youssef, N., Hetler, C. 1983. Establishing the economic condition of woman-headed households in the Third World: a new approach. *In* Buvinic, M., Lycette, M., McGreevey, W., éd., Women and poverty in the Third World. Johns Hopkins University Press, Baltimore, MD, É.-U.

ZARD (Association de recherche et de développement de Zambie). 1985. Women's rights in Zambia. Proceedings of the Second National Women's Rights Conference held at Mindolo Ecumenical Foundation, Kitwe, Zambia, 22–24 March 1985. ZARD, Lusaka, Zambie.

_____1986. Rural women and agricultural production in Zambia: the importance of research on development issues. Canadian Woman Studies/les Cahiers de la femme, 7 (1/2), 78–84.

Sigles et abréviations

ACDI	Agence canadienne pour le développement international
AFARD	Association des femmes africaines pour la recherche et le développement
ATRCW	African Training and Research Centre for Women Centre africain de recherche et de formation pour la femme
BHSS	Nigerian Basic Health Services Scheme Régime nigérian pour les services de santé de base
BIRD	Banque internationale pour la reconstruction et le développement (Banque mondiale)
CAAS	Canadian Association of African Studies Association canadienne des études africaines
CAP	Connaissances, attitudes et pratiques
CCCI	Conseil canadien pour la coopération internationale
CDPA	Centre for Development and Population Activities Centre pour les activités en matière de développement et population
CDR	Centre de recherches pour le développement (Danemark)
CEA	Commission économique pour l'Afrique
CRDI	Centre de recherches pour le développement international
CWS/cf	Canadian Woman Studies/Les Cahiers de la femme
DANIDA	Agence danoise pour le développement international
DAWN group	Development Alternatives with Women for a New Era Groupe DAWN
DIEPA	Décennie internationale de l'eau potable et de l'assainissement
DRF/RFR	Documentation sur la recherche féministe/Resources for Feminist Research
FDH	Fondation Dag Hammarskjöld
FED	Femmes et développement
FIDA	Fonds international de développement agricole

FMI	Fonds monétaire international
FUNAP	Fonds des Nations Unies pour les activités en matière de population
INSTRAW	International Research and Training Institute for the Advancement of Women Institut international de recherche et de formation pour la promotion de la femme
IFAA	Institute for African Alternatives
ISIS	Women's International Information and Communication Service Service international d'information et de communication pour les femmes
KES	Kenyan shilling shilling kényan
KRP	Kano River Irrigation Project Projet d'irrigation de la rivière Kano
OAA/FAO	Organisation pour l'alimentation et l'agriculture
OIT	Organisation internationale du travail
OMS	Organisation mondiale de la santé
ONG	Organisation non gouvernementale
ONU	Organisation des Nations Unies
OUA	Organisation de l'unité africaine
PNUD	Programme des Nations Unies pour le développement
RCCD	Centre de recherches sur la coopération avec les pays en développement (Yougoslavie)
ROAPE	Review of African Political Economy
RSED	Rôle des sexes et développement
SEEDS	Sarvodaya Economic Enterprises Development Services
SID	Society for International Development Société pour le développement international
SIDA	Syndrome immunodéficitaire acquis
SIDA	Office central suédois pour l'aide au développement international
SLL	Sierra Leone leone leone de la Sierra Leone
Unesco	Organisation des Nations Unies pour l'éducation, la science et la culture
UNICEF/FISE	Fonds des Nations Unies pour l'enfance
UNIFEM	Fonds de développement des Nations Unies pour la femme

UNITAR	Fonds des Nations Unies pour la formation et la recherche
USAID	United States Agency for International Development Agence des États-Unis pour le développement international
USD	United States dollar dollar des États-Unis
USDA	United States Department of Agriculture Ministère de l'agriculture des États-Unis
WAG	Women's Action Group (Zimbabwe) Groupe d'action des femmes (Zimbabwe)
WHES	World Hunger Education Service
WIN	Women in Nigeria Les femmes au Nigéria
WRDP	Women's Research and Documentation Project (Tanzania) Projet de recherches et de documentation sur les femmes (Tanzanie)
YWCA	World Alliance of Young Women's Christian Associations
ZARD	Zambia Association for Research and Development Association de recherche et de développement de Zambie

Index, matière et auteurs

– A –

Afonja 27
Afshar 17, 54, 63
Agarwal 75-78, 146-149
Agence canadienne pour le développement international (ACDI) 11
Agence danoise pour le développement international (DANIDA) 11, 46
agriculteur (exploitant) 77, 80, 99, 119, 180, 181
agriculture vii, ix, 2, 4, 6, 10, 33, 34, 56, 57, 59-61, 64, 65, 67, 79, 80, 85, 88, 90, 93, 96, 99, 101, 103, 106, 110, 124, 158, 160, 175, 179, 181
Ahmed 31, 47, 54
Almond 174
Althusser 15, 25, 139, 179
Amadiume 22, 27
Amin 12, 14, 15
Anderson 60
Ardener 133, 134
Armstrong 133
Association canadienne des études africaines 14, 16
Association de recherche et de développement de Zambie (Zambia Association for Research and Development ou ZARD) 72, 121
Association des femmes africaines pour la recherche sur le développement (AFARD) 11, 102
associations féminines (associations de femmes) 82, 99, 116 et suiv., 158

– B –

Badri 11, 87, 113, 114
Banque internationale pour la reconstruction et le développement (BIRD) (voir Banque mondiale) 10, 32-34, 72, 171, 176, 178
Banque mondiale (voir Banque internationale pour la reconstruction et le développement (BIRD)) 10, 11, 32-34, 46, 57, 72, 137, 138, 171, 173, 178
Baran 12
Barrett 17, 23
Baudrillard 132, 140
Baxter 61
Bay 14, 30, 58
Beneri'a 114-116
Bennett 38
Berg 32, 33
Berger 27, 58, 88
Bernstein 16, 97
bien-être 3, 12, 59, 73, 74, 77, 83, 85, 86, 96, 98, 115, 116, 117, 119, 132, 137, 139, 140, 153, 162, 171, 176
bien-être social 59, 73, 74, 86, 137, 139, 140, 162, 176
Blair 39, 49
Boserup 14, 90, 115
Botswana 167
Brett 75
Brink 125
Briskin 23
Brownmiller 19
Bryceson 3, 4, 16, 30, 58, 64, 67, 136-138
Bryson 72
Buvinic 17

– C –

Cain 31, 54, 55
Callaway 37, 80, 133, 134
Cameroun 56, 57, 62, 168
Canadian Woman Studies/Les cahiers de la femme (CSW/cf) 31
Caplan 19, 66, 68
Carr 50, 71, 140
Cecelski 140, 148
Centre africain de recherche et de formation pour la femme (ATRCW) 11, 48, 122
Centre for Development Research (CDR) 11, 31

Centre de recherches pour le développement international (CRDI) vii, ix, x, 7, 11, 30, 31, 35, 179
Centre de recherches sur la coopération avec les pays en développement (RCCDC) 11
Centre for Development and Population Activities (CDPA) 11
Chambers 75, 76
Charlton 36, 54, 55, 69, 126
Chege 85, 86, 88
chercheurs de l'économie politique féministe 36, 121
Cherian 38, 39
Chintu-Tembo 121, 122
Chipande 139
Ciancanelli 92
Clark 27, 91-93, 157
clitoridectomie 19, 93, 142, 143
Cohen 14, 38, 80, 81
Coleman 174
collectivité 37, 38, 45, 48, 51, 54, 57-59, 66, 68, 69, 75, 77, 78, 82, 83, 85, 96, 98, 99, 101, 115, 118, 125, 133-135, 151, 157-162, 166, 168-171, 173, 176, 177, 180
Collier 23, 26, 89
Commission économique pour l'Afrique (CEA) 10, 48, 166
compensation matrimoniale 27, 83, 88-93, 95, 100, 121, 139, 157, 159
connaissances, attitudes et pratiques (CAP) 37
connaissances étouffées 151 et suiv., 174
connaissances locales 26, 113, 128, 129, 145, 149, 154, 155, 172, 178-180
Conseil canadien pour la coopération internationale (CCCI) 11
Conti 16, 82, 95
Copenhague 19
cousins 25
Coward 19, 25
création de revenus 50, 59, 67, 71-74, 132
Crummey 15
culture coopérative 97
Cutrufelli 17, 97

– D –

D'Onofrio-Flores 31
Dahl 149
Daniels 35
Dauber 31, 54
Davidson 174
Davies 14, 114
Décennie internationale de l'eau potable et de l'assainissement (DIEPA) 166
déformation 39, 60, 63, 65, 66, 68, 75, 76, 128, 161, 176, 179
déformation sexiste 63, 65, 161
démarche de l'économie politique 4, 5, 27
Département de l'Agriculture des États-Unis 56
Development Alternatives with Women for a New Era (groupe DAWN) 11
développement vii, ix, x, 1-6, 10-14, 16, 21, 22, 24-26, 28, 29-36, 38, 40, 42-50, 54-67, 70-76, 78, 80, 82, 83-87, 89, 92, 94, 96, 98-100, 102, 103, 106, 107, 110-115, 117-125, 128-130, 132, 133, 136, 139, 141, 142, 144-148, 150-156, 160-166, 168-182
développementalisme 14, 17, 23, 110, 131
Dey 57, 76
dichotomie domaine public/domaine privé 132 et suiv.
dichotomie tradition-modernité 41, 43, 68
Dickinson 23
discours 2, 19, 21, 24-26, 38, 95, 98, 99, 119, 120, 130, 133, 134-136, 141-144, 146, 151-155, 170-175, 178, 181
division du travail selon le sexe 66, 103-105, 133, 158, 159
Douglas 41, 89
Doyal 3, 42-44
Dreyfus 152, 171, 172, 174, 176
droits féminins (droits de la femme) 13, 101, 121, 122, 124, 158, 173
droits d'usage 91, 95, 100-102, 107, 114, 121, 146, 147, 158, 159
Duley 17
Dwyer 134

– E –

Eastman 167, 168
économie politique ix, 2, 4, 5, 12-17, 20, 22-24, 26-28, 36, 37, 41-44, 47, 49, 51, 54, 55, 58, 60, 65, 74, 78, 80, 87 et suiv., 111, 113, 115, 117, 121, 122, 128-130, 132, 138-141, 154, 156, 157-159, 174
économie politique féministe 4, 5, 13, 22-24, 26-28, 36, 47, 49, 51, 54, 87 et suiv., 111, 113, 115, 117, 121, 122, 128, 129, 132, 139, 140, 154, 156, 174
Edwards 17
El Naiem 122
Elling 41, 44
Elliott 17
Elson 34
enfantement 116
Engels 19, 20

environnement 1, 61, 68, 103, 145-148, 162, 166
ethnocentrisme 13, 19, 26, 40, 121, 128, 133, 151, 174
Étienne 21, 28, 95, 99, 134
études africaines 4, 5, 12-14, 16, 27, 28, 182
études de la femme (études féminines) 5, 13 et suiv., 21, 46
Evans 12
expédient technologique 60, 63

– F –

famille 3, 12, 14, 19, 20, 23, 24, 28, 37, 47, 48, 53-59, 65, 66, 68, 70, 75-78, 81, 83, 84, 86-90, 92, 94-96, 98, 99, 101, 102, 106, 110, 112, 116, 117, 136-140, 142, 143, 147, 151, 153, 159, 160, 161, 176, 179
Feldman 46, 63
féminisme libéral 18, 21-23, 31, 50, 87
féminisme radical 12, 18-22, 55, 133
féminisme socialiste 18, 20-22, 26, 87
femmes et développement (FED) ix, 4, 5, 19, 21, 25, 29-31, 35, 36, 44, 45, 48, 50, 54 et suiv., 71, 74 et suiv., 84, 102, 103, 110, 111, 113, 119, 120, 122, 130-133, 136, 139-142, 145, 147, 151, 156, 180
Feuerstein 39, 125
Firestone 19
Flora 46
Fondation Dag Hammarskjöld 46, 102
Fondation Rockefeller vii, ix, 7, 49
Fonds des Nations Unies pour l'enfance (UNICEF ou FISE) 10
Fonds international de développement agricole (FIDA) 11
Fonds monétaire international (FMI) 10
Fortmann 62, 137, 139
Forum 1985 31, 49, 67, 122
Foucault 24, 25, 151-155, 158, 170-176
foyers de recherche-action 4, 29, 44 et suiv., 112, 123, 153, 160, 162, 164, 169, 170
Frank 12, 14

– G –

Galaty 150
Gascon 50
Geertz 155
George 12, 72
Getechah 36, 177, 178
Ghai 46, 95
Glazier 95, 120, 142
Gordon 40

Gramsci 25
Groupe d'action des femmes (Women's Action Group ou WAG) 11, 48, 128
groupes d'entraides 88 et suiv., 120
Gulliver 149, 182
Gumede 36
Guyer 32, 45, 121, 136

– H –

Hafkin 14
Hanger 75
Hanna 14
Haoussa 37, 38, 78, 79, 81, 92, 97, 118, 122, 134
Hartmann 20
Hay 58
Henn 35, 56, 57, 63
héritage (transmission) 102, 137, 138, 159
Hetler 138, 139
Hobley 91
Hoskyns 66, 68-70
houe 27, 33, 88, 90, 96
Howard 121
Hussain 25
Hyden 32, 59

– I –

Ibo 90, 136, 157
Igun 39
Institut des Nations Unies pour la formation et la recherche (UNITAR) 10
Institut international de recherche et de formation pour la promotion de la femme (INSTRAW) 10
Institute for African Alternatives (IFAA) 34
irrigation 75 et suiv.
Isely 45
Isis International 11, 49, 50
islamisme (Islam) 6, 79, 81, 118, 122

– J –

Jackson 78-82, 84, 118, 134, 140
Jaggar 17, 18, 20, 21, 26, 133
Janelid 69
Johnson 123
Joshi 90

– K –

Kalb 56, 58
Kaplinsky 15, 131
Katz x, 15, 142, 174
Kazembe 27
Kenya 4, 6, 11, 18, 27, 31, 34, 36, 39, 48, 54, 64, 65, 71, 75, 77, 78, 82, 83, 86-88,

93, 95, 99-101, 103, 105, 120-122, 125, 149, 157, 164, 165, 182
Kenyatta 91, 96
Kershaw 91
Kertzer 93
Kettel 89, 113, 150
Keyi x, 85
Kikouyou 75 et suiv., 96, 100, 101, 105, 118, 119, 126, 127, 157, 178
Kimati 41, 145
King 32, 66
Kirby 126, 142, 143
Kitching 15
Kneerim 164, 165
Koeune 178
Kutzner 5, 34, 49

– L –

Laclau 15, 22, 25, 139, 154
Ladipo 23, 24, 87, 116-120
Lambert 178, 179
Lamphere 23, 132
Lappé 12
Lawrence 16
Leacock 21, 22, 28, 58, 89, 90, 99
Leakey 91, 157
Leonard 177, 178
Lévi-Strauss 26, 88, 89, 148
Lewis 17, 56, 75-78
Leys 12, 15
Liddle 90
lignage 76, 91, 93-96, 100-102, 117, 118, 121, 149, 158
Llewelyn-Davies 114
Luo 99-101

– M –

Mackenzie 25, 26, 28, 89, 91, 93, 105, 116, 126, 134, 157
Madison 93
Mahler 41, 42
Mamdani 15
March 97, 133-136
Marris 165
marxisme classique 15, 18-20
marxisme structural 15
Mascarenhas 141, 168, 169
matega 97, 119, 120, 141
Matlon 180
matriarcat 137
matrilinéarité 137, 138, 173
Mazangira 71
Mbilinyi 25, 27, 28, 30, 48, 87, 119, 128, 134, 138, 141, 143, 144, 145, 151, 155, 168, 169, 172, 181

McIntosh 23
Meillassoux 15
média(s) 12, 112, 122-124
ménage 23, 64, 65, 68, 70, 75, 77, 78, 81-83, 90, 91, 94, 96, 97, 100, 104, 106, 110, 115, 119, 136-139, 158, 160
mouture (meunerie) 164, 167, 168
Mickelwait 46, 82
Middleton 91
Mill 18
Miller 151
Millett 13
Minson 172
mode de production 15, 91, 92, 100
modernisation 14, 43, 110, 131
Mohammadi 3, 63
Mol 27
Molnos 182
Momsen 54, 56, 139
Monson 56, 58
Morgan 13, 14
Morris 75
Mosley 34
Mouffe 22, 25, 154
Mozambique 20
Mueller 25, 151, 152
Mullings 90
Muntemba 17, 27, 30, 33, 83, 102-107
Muriuki 75, 91
musulman 78

– N –

Nairobi 18, 31, 44, 49, 50, 67, 85, 86, 99, 103, 122, 182
naissance 17, 20, 160
Navarro 42
Nelson 30, 54, 57, 58
Nestel 35
Newman 77
Nigéria 6, 11, 23, 27, 37-40, 48, 54, 63, 64, 75, 78, 79, 83, 90, 116, 124, 125, 134, 157, 167
nourriture (aliments) 33, 38, 40, 42, 50, 56, 57, 63, 73, 81, 83, 92 et suiv., 145, 148
nutrition vii, ix, 2-4, 6, 12, 30, 36 et suiv., 59, 61, 77, 79, 80, 85, 105, 110, 112, 113, 124, 140, 141, 145, 158, 160, 179

– O –

O'Barr 136
O'Kelly 62
O'Neil 19
Obbo 27, 90, 95
Oboler 94, 95
Odumosu 124

Office central suédois pour l'aide au développement international (SIDA) 11
Ojofeitimi 41
Okafor 37
Okeyo 17, 27, 28, 30, 94, 99-103, 107, 120
Oleru 37
Olson 56
Onokerhoraye 63, 73
Organisation de l'unité africaine (OUA) 10, 34
Organisation des Nations Unies pour l'alimentation et l'agriculture (FAO ou OAA) 10, 166
Organisation des Nations Unies pour l'éducation, la science et la culture (UNESCO) 10, 166
Organisation internationale du travail (OIT) 10
Organisation mondiale de la santé (OMS) 10
organisation non gouvernementale (ONG) 10, 11, 34, 46, 49
organismes féminins (formes d'organisation féminine) 2, 31, 49, 50, 82 et suiv., 93, 116, 125, 134, 135, 159, 160
Ortner 19, 131, 134
Orubuloye 38
Osuala 67
Overholt 28, 45, 46
Oyenye 38

– P –

Palmer 60, 61
parenté 15, 23, 26, 32, 55, 76, 81, 88, 89, 91-93, 96, 101, 158, 159, 173
Parkin 27, 95, 120
pastoralisme 149
patriarcat 17, 19, 22, 88, 142
patrilignage 91, 121
patrilinéarité 158
Paulme 14
Payer 61, 70, 171, 172
Pfafflin 31
Plan d'action de Lagos 35
planning familial 11, 34, 37, 49, 74, 115, 116, 145, 171, 182
Poewe 138
politique ix, 2, 4, 5, 12-24, 26-28, 31-33, 36, 37, 41-47, 49, 51, 54 et suiv., 74, 75, 78, 80, 87, 88-93, 95-97, 99-103, 105-107, 111, 113, 115, 117, 121, 122, 125, 127-132, 134-144, 146, 148, 154, 156-159, 162, 169, 174, 176, 179, 181
polygynie 27, 70, 90, 95, 136, 159

population vii, 11, 12, 31, 34, 38, 41, 42, 46, 47, 49, 50, 63, 68, 69, 71, 79, 101, 103, 113-115, 119, 121, 127, 134, 136, 147, 148, 153, 162, 164, 167, 171, 175, 176, 177, 182
Poulantzas 15, 25, 139
pouvoir-connaissance 153, 172-174, 179, 181
précapitaliste 22, 23, 27, 88, 98
privé 23, 24, 28, 33, 102, 112, 114, 132-134, 136, 144, 165
problème des frontières 36-38, 46, 112, 127, 160, 180
Programme des Nations Unies pour le développement (PNUD) 10
Projet de recherche et de documentation sur la femme (Women's Research and Documentation Project ou WRDP) 11, 48
projet d'aide 179

– R –

Rabinow 152, 155, 171, 172, 174, 176
Rachlan 162, 178
racisme 48, 127
rapport entre les sexes (relations entre les sexes) 4, 14, 16-23, 26, 27, 31, 37, 43, 44, 49, 51, 54, 57-61, 66, 75, 79, 81, 82, 87 et suiv., 110, 116, 119, 127, 128, 137, 139, 141, 151, 155, 159, 174
réforme agraire 99-101
régime foncier (propriété foncière, propriété du sol) 77, 79, 100-102, 113, 116, 118, 120, 157, 159
Rehan 37, 38
relation d'aide spécialiste-bénéficiaire 170 et suiv.
religion 6, 64, 118, 122
remembrement 96, 97
Resources for Feminist Research/Documentation sur la recherche féministe (RFR/DRF) 27
Review of African Political Economy (ROAPE) 16, 28, 42, 131
Robertson 27, 30, 55, 58, 88, 130
Rodney 12, 14
Rogers 46, 137, 138, 168, 173
rôle des sexes vii, ix, x, 2, 4, 6, 7, 10, 13, 17, 24, 25, 28, 29 et suiv., 44, 46, 50, 51, 53, 54, 56, 58, 60, 75, 87-90, 94, 95, 97, 99, 100, 104, 110-113, 116, 118, 130, 142, 150, 152, 156, 162, 175
Rôle des sexes et développement vii, x, 54
Rosaldo 23, 26, 89, 131, 132, 155
Rostow 14

Rothenberg 18, 26
Routledge 91
Rubin 26, 88, 89
Russell 23

– S –

Sacks 15, 16, 22, 28, 90, 91, 94, 95, 116, 130, 131
sage-femme 118, 125
Said 25, 151
Sanday 23
Sandhu 50, 71, 140
santé vii, ix, x, 2-4, 6, 10, 33 et suiv., 55, 59, 66-68, 73, 74, 77, 78, 83, 110, 112, 113, 115, 116, 121, 122, 124, 125, 140, 141, 150, 153, 158-160, 166, 175, 179, 181
Saul 15
Savané 102
Schlegel 28
Schuster 57
Scott 23
Seager 56
Secrétariat pour les pays du Commonwealth 11, 31
Seidman 62
Sen 114-116
Sender 144
Sénégal 30, 46, 102, 122, 167
sexisme 13, 19, 59, 88
Sharma 60
Shikwe 36
Shivji 15
Sierra Leone 84, 85
Sivard 56
Slocum 13
Smith 144
sociologie du développement 14
Solanas 13
Somerset 165
Soudan 11, 61, 101, 113, 114
sous-développement 3, 11, 12, 14, 21, 47, 94, 110, 152
Spender 133
Spivak 151
Stamp 14, 15, 17, 25-27, 57, 76, 81, 87, 88, 91, 93, 99, 118, 119
Staudt 17, 30, 45, 64, 65, 74, 75
Stewart 15
Stichter 58
Strobel 55, 130
Subulola 123
Sullivan 155
Swantz 141, 148

syndrome immunodéficitaire acquis 44
système «formation et visite» 178
système fondé sur le rapport entre les sexes 16, 58, 88 et suiv., 116 et suiv., 156 et suiv.

– T –

Taita 164
Tanganyika 42, 143
Tanimowo 41
Tanzanie 11, 31, 38, 41, 44, 46-48, 56, 57, 62, 65, 68, 74, 84, 145, 168, 182
Taqqu 97, 133-136
Taylor 12, 15, 18
technologie appropriée 2, 59, 67, 68, 71
technologie et outils 67
technologie locale (technologie africaine, technologie indigène) 126
technologie traditionnelle 112, 126
Terray 15
théorie du développement 12, 14-17, 19-26, 34, 46, 55, 56, 71, 102, 120, 127, 133, 141, 142, 151, 152, 154-156, 158, 170, 172, 174, 175
théorie du sous-développement 14, 21, 152
théories féministes 17, 24
Thorne 23
Tilly 23
Tinker 56, 72, 74
Tinsley 45, 46
Townsend 54, 56, 139
tradition 5, 14, 17, 41, 43, 68, 74, 94, 95, 98, 100, 110, 119, 120, 122, 131, 142-145, 147, 170, 177, 179

– U –

United States Agency for International Development (USAID) 11
Urdang 17, 20

– V –

Van Allen 14, 17, 28, 94, 95, 134-136
Van Onselen 43
Ventura-Dias 67, 68, 71-73, 86

– W –

Wa Karanja 83
Weedon 25
Were, G.S. 39
Were, M.K. 125
Western 149, 150
Whitaker 32
Whitehead 19, 61, 134
Wicker 37

Wilkinson 139
Wilson x, 18, 44, 87, 143, 182
Wily 63
Wipper 62, 82, 85, 134, 168
Wisner 75
Wollstonecraft 18
Women in Nigeria (WIN) 11, 48, 64
Wood 22
World Hunger Education Service (WHES) 11

– Y –

Yalom 23
Yorouba 116, 136
Youssef 138, 139

– Z –

Zambie 33, 62, 72, 102-104, 121, 122
Zimbabwe 11, 27, 43, 48, 77

Siège social du CRDI
CRDI, BP 8500, Ottawa (Ontario) Canada K1G 3H9

Bureau régional pour l'Afrique centrale et occidentale
CRDI, BP 11007, CD Annexe, Dakar, Sénégal

Bureau régional pour le Moyen-Orient et l'Afrique du Nord
CRDI/IDRC, BP 14 Orman, Giza, Le Caire, Égypte

Bureau régional pour l'Afrique orientale et australe
IDRC, PO Box 62084, Nairobi, Kenya

Bureau régional pour l'Asie du Sud-Est et de l'Est
IDRC, Tanglin PO Box 101, Singapore 9124, République de Singapour

Bureau régional pour l'Asie du Sud
IDRC, 11 Jor Bagh, New Delhi 110003, Inde

Bureau régional pour l'Amérique latine et les Antilles
CIID, Casilla de Correos 6379, Montevideo, Uruguay

Veuillez adresser vos demandes d'information au sujet du CRDI et de ses activités au bureau de votre région.